CDA数字化人才系列丛书

# Microsoft 365+ Power Platform
## 企业数字化转型全攻略

王凤辉 韩家旺 ◎著

电子工业出版社
Publishing House of Electronics Industry
北京·BEIJING

## 内 容 简 介

本书汇集了作者多年在世界 500 强企业授课时学到的优秀工作方式、方法，它不仅仅是一本产品工具书，也是一种基于 Microsoft 365+Power Platform 的新的工作方式，这种新的工作方式在很多大型企业已落地并应用。本书的目标就是帮助更多的人更高效、更轻松地工作。

本书是基于目前流行的 Microsoft 365 国际版环境编写的，其中包含 Microsoft 365 中 17 个最实用的软件，本书有别于其他的工具类书籍，不仅讲述了每个应用的新功能，还站在 Microsoft 365 平台的角度去集成更多应用程序完成企业数字化、自动化业务应用。如何把企业中的人、文档、信息、工具等集成到一起，更智能地搭建可定制的通信协作平台是本书的特色。

本书适合企业各职能部门日常办公人员、企业中零基础的 Microsoft 365 技术人员、即将毕业踏入职场的大学生，以及对国际化公司岗位感兴趣的读者学习参考。

未经许可，不得以任何方式复制或抄袭本书之部分或全部内容。
版权所有，侵权必究。

**图书在版编目（CIP）数据**

Microsoft 365+Power Platform 企业数字化转型全攻略 / 王凤辉，韩家旺著．—北京：电子工业出版社，2022.4

（CDA 数字化人才系列丛书）

ISBN 978-7-121-43245-3

Ⅰ．①M… Ⅱ．①王… ②韩… Ⅲ．①软件工具－程序设计 Ⅳ．① TP311.561

中国版本图书馆 CIP 数据核字（2022）第 056370 号

责任编辑：张慧敏　　　　　　　特约编辑：田学清
印　　刷：三河市君旺印务有限公司
装　　订：三河市君旺印务有限公司
出版发行：电子工业出版社
　　　　　北京市海淀区万寿路 173 信箱　　邮编：100036
开　　本：720×1000　1/16　印张：30.5　字数：722 千字
版　　次：2022 年 4 月第 1 版
印　　次：2022 年 4 月第 1 次印刷
定　　价：109.00 元

凡所购买电子工业出版社图书有缺损问题，请向购买书店调换。若书店售缺，请与本社发行部联系，联系及邮购电话：（010）88254888，88258888。

质量投诉请发邮件至 zlts@phei.com.cn，盗版侵权举报请发邮件至 dbqq@phei.com.cn。

本书咨询联系方式：010-51260888-819，faq@phei.com.cn。

# 名家力荐

突如其来的新冠病毒疫情，让全球企业对全链路数字化转型的认知有了本质转变。Microsoft 365+Power Platform 恰逢其时地提供了数字化的平台和工具。佐敦作为一家积极拥抱新科技、新技术的企业，自 2019 年便致力于 Office 365 的推广工作。王凤辉、韩家旺两位老师倾力撰写的此书简直就是为疫情期间热情投入数字化转型的企业量身定制的。这本书不但有理论，而且有场景案例，为企业用户提供有益参考的同时，也提高了企业员工的学习效率。本书以风趣幽默的方式将技术工具的使用方法娓娓道来，是一本难得的企业数字化学习参考用书。

——佐敦（上海）投资管理有限公司　东北亚区 IT 经理　戴鹏

在过去的两年多时间中，相信大多数职场人在经历了各种不确定的考验后，都在思考一个问题：到底什么才是职场的核心竞争力？

王凤辉老师的这本新书就是从提高个人数字化能力和生产力的维度来回答这个问题的。如果你觉得自己对微软 Office 及各种数字化工具的理解和使用还停留在几年前的水平，那么我强烈推荐你要认真读读这本书，因为它不仅包含了完整的 Microsoft 365 基础知识，更集成了王老师基于大量的企业培训实践而总结的方法、技巧，可以说是"干货满满"，非常值得仔细阅读并按照书中的建议上手实操，从而让你的技能水平得到快速提升，并且拓宽工作思路。

——微软中国 Microsoft 365 高级产品市场经理　段旭东

如果你对效率工具感兴趣，那么 Microsoft 365 和 Power Platform 不容错过，王凤辉是专业的微软认证讲师，曾为约 200 家 500 强企业布道，资历深厚且经验丰富。2021 年 3 月王老师参加"微创社"二期 IT 技术图书创作活动，萌发了写书的想法，经过 2 个月的准备，5 月便签约出版社。因缘俱足自能水到渠成，此书内容全面、有深度、有前瞻性，是办公领域数字化转型最好的工具书之一。

——微软技术俱乐部（苏州）执行主席　潘淳

创新推进发展，数据集成力量。作为一名从事物流行业数十年的外企从业者，我一直在找寻一个合适的平台将公司的 ERP 数据和移动办公、云端数据集成起来，以便将一座座数据孤岛连接起来，从而实现信息数字化、流程数字化及业务数字化。通过 Microsoft 365 的 Power

Automate 平台，我们的企业搭建了多个应用场景，收集、归纳、分析、呈现了大量底层数据并使其赋能业务发展。在这个过程中，我认识了王凤辉老师，并从王老师那里系统了解了微软的 Power Automate 平台，这也激发出了我大量的数字化创新灵感。王老师的这本《Microsoft 365+Power Platform 企业数字化转型全攻略》一定会帮你探索出企业数字化转型的答案。

——Air Products 空气产品公司中国区物流总监　Robert Feng

企业数字化不仅仅包括平台的数字化，更需要公司的每个人从传统的工作方式向新的工作方式转变。Microsoft 365+Power Platform 不仅仅是一个平台，它还给用户带来了现代化的工作新方式，以应对新冠病毒疫情给各个行业带来的新挑战。我一直想在市面上寻找一本既贴近企业实际需求，又能从员工熟悉的 Office 开始的 Microsoft 365 应用书籍，现在王凤辉老师的这本新书就刚好满足了我的这一需求。这本书是从提高个人数字化能力和生产力的角度来撰写的，里面有很多关于企业数字化转型的应用场景，通过介绍各种实用的应用场景把 Microsoft 365 平台的应用工具串联起来，值得一看。希望大家学习各种技巧后在工作中事半功倍！

——强生（中国）投资有限公司　Senior Manager, Business Technology　孙立

在数字化时代，数字化转型是企业发展的必然趋势，微软作为全球数字化转型的引领者，它的 Teams 作为规模最大的团队合作平台，在从个人、企业到跨组织无缝安全的协作及商业应用等方面引领企业激活新常态，加速企业数字化转型。王凤辉老师的这本书从企业最关注的应用场景与业务需求出发，以贴近现代化混合办公的方式来撰写，本书有微软理念解读、企业实践案例，是当下个人、企业面对 IT 信息平台转型升级的必备读物，特此推荐。

——历峰商业有限公司　IT 经理　Sam Sun

这本书堪称 Microsoft 365 的终端用户宝典，其深入浅出地讲解了 Microsoft 365 的重要组件，用实务案例作为切入点，非常接地气。王凤辉老师和韩家旺老师都有十多年的培训经验，非常熟悉各类岗位人员的业务需求。作者站在一个好的平台上（Microsoft 365），并拥有丰富的经验，这都为本书提供了有效保障。

——上海南洋万邦软件技术有限公司　副总经理　竺军

# 序言：永葆好奇之心，拥抱全新世界

我很欣喜地听到王凤辉老师主笔的《Microsoft 365+Power Platform 企业数字化转型全攻略》一书即将付梓发行的消息，还记得在 2021 年年初时我跟王老师等人聊起这个想法，希望国内有作者能编写基于场景化的 Microsoft 365 的中文图书，以帮助更多的客户和用户直观地了解这些产品或服务是怎么工作的，从而将 Microsoft 365 真正应用到自己的日常工作中。

在 2021 年最后一天的清晨，我抢先阅读了该书的一部分内容，写下一点我的寄语。我感到既高兴，又感动——不仅是因为真的在年内看到了这本书，而且居然还享受到"买一送一"的年终福利（Power Platform 的部分属于"意外收获"），同时在书中我能真切感受到作者那种贴近产品内涵并尝试站在用户角度的用心讲解。

本书的写作过程充满挑战，原因在于本书不仅涉及两大平台（Microsoft 365 和 Power Platform），还要跟企业数字化转型建立联系。企业数字化转型是一个很大的命题，要想真正成功离不开高层清晰的战略、强调员工参与感和获得感的文化、贯彻到底的执行过程等，并通过一套与企业自身情况相匹配的、以及总体来说应该满足现代化、智能化、可信任等条件的工具平台来保驾护航。本书的作者是亲身实践这两大平台，并且为大量客户进行培训或咨询服务的专业人士。我很高兴作者并没有讲复杂的理论，而是发挥自己的特长，从将工具和企业数字化转型过程中很多具体工作相结合的角度，用大量的实例带领读者去实践，去体会。这就让我想起某一个视频的经典片段，调皮的小朋友问："师父，你为何可以动作如行云流水，枪扎一线，棍扫一片？"而师父挥挥衣袖说："赶紧练功去。"质朴之中透出学功夫（做学问）的真谛啊。

Microsoft 365 是一套微软企业智能解决方案，是一个云＋端的方案，并提供了丰富多样的版本，不管是个人或家庭用户，还是创业团队、商业公司、大型集团公司、学校或其他教育机构，都能找到最合适的组合。本书涵盖的内容主要是 Office 365 的核心组件，包括大家耳熟能详的"客户端五剑客"（Word、Excel、PowerPoint、Outlook 和 OneNote），以及已经成为现代办公标配的智能云服务（OneDrive、SharePoint、Teams、Planner 等）。作者通过场景带入、案例讲解的方式，力争使读者看得明白，用得自如。

虽然 Power Platform 在本书中只占相对较少的篇幅，但我也觉得这个内容安排很合理，也为本书增色不少。用户在了解了上面提到的 Microsoft 365 产品服务的应用场景并掌握了使用技能后，再结合 Power Platform 就真的能如虎添翼，从常规意义上的办公迈向了无代码开发。我非常看好这种趋势，想一想吧，每个人都可以编写自己需要的应用（App）、业务流程（Flow）

和数据分析报告（Report），甚至可以编写相对简单的机器人（Bot），这已经不是一个梦想，而是正逐渐成为一个现实。

　　写书并不容易，尤其是在充满挑战和不确定性的当下，能坚持将近一年的时间，写出这样一本将近五百页的书，我完全能想象到王老师和韩老师为之所付出的艰苦努力。在我关于王老师的很多记忆片段中，我总是能第一时间想到她那时刻充满好奇的眼睛，她总能用非常积极的态度学习、研究并解决一个个客户所提出的问题，或者钻研自己新发现的一个应用场景；而每有所获，她都很乐意通过公众号文章或视频号分享给大家。我想，相比技术而言，可能正是因为这种不断探索的心态、时刻虚心学习的思维，最终支撑她完成了这样一本著作。这既是顺理成章的好事，同时也是她个人的一个升华和飞跃。而对于广大的 Microsoft 365 及 Power Platform 用户或爱好者来说，阅读本书是一个很好的开始。我完全有理由相信王老师在不久的将来还会有更多专著面世。

陈希章

微软（亚洲）互联网工程院　高级产品经理

2021 年 12 月 31 日

# 前言

### 1. 我和微软的缘分

这本书的背后蕴藏着我想要进步的力量,这力量也许能颠覆你对工作的思考,或者助力你改变工作方式。追求被认同是我们的本能,我想把这种本能内化到这本书的每个文字里,致力于让更多的人都可以更聪明、更高效、更轻松地工作!

2008 年我经过一轮考试、两轮面试,有幸成为微软认证讲师,从事微软正版化企业的 Office 培训项目,当时课程主要涉及 Word、Excel、PowerPoint、Outlook、SharePoint Server 文档库管理等。2011 年微软在一次产品培训中提出 "Office 365" "云"的概念,我云里雾里以为是 Office 2010 的升级版,后来"现学现卖"式地穿梭于全国各大企业进行 Office 365 培训。11 年过去了,掐指算一下世界 500 强企业我已经去过了 200 多家,在这里首先要感谢我的客户。在给客户教授 Office 365 时,我学到了很多优秀、高效的工作方式,从微软 Office 365 的更新与客户日益变化的需求中我有了很多新的认知。而且"Office 工具"已逐渐升级为"Microsoft 365 新工作方式的平台"(目前微软已经把 Office 365 更名为 Microsoft 365,我们经常简称为 M365)。

### 2. 初识 Microsoft 365 和 Power Platform

中国有句古话"流水不腐,户枢不蠹",用这句话来形容 Microsoft 365 一点儿也不为过,Microsoft 365 是微软"四朵云"中的一朵,这是一朵全球用户数最多的"云",微软是一个极其重视工作效率、为企业用户着想的公司,Microsoft 365 几乎每月都有更新,而更新就意味着进步,微软在引领用户建立更智能的工作模式。在全年约 260 个工作日当中,我几乎一半的时间都在不同的企业用户软件功能讲解现场,这给了我更多了解用户需求的机会。举个例子,有一次我在客户那里讲 Teams Meeting 中还不能分组讨论,第二天就突然发现 Teams 里悄悄多了个"Breakout Rooms",我喜出望外地告诉用户:"你想要的功能 Teams

有了。"微软几乎每个月都会给用户惊喜。2019 年 11 月微软迎来了一朵新"云"——Power Platform，2020 年是微软带动用户真正实现数字化转型的关键年，疫情推动了各个企业转型的步伐，在线会议、在线培训、发票自动识别系统给各个职能部门节省了大量的时间，我熟悉的一家传统企业，其供应链上的 500 多名司机都用上了 Power Apps 开发的应用，团队自主开发的应用集成在 Teams 中，司机通过移动设备上的 Teams 可以直接填报每日的运输信息，其余工作由 Power Automate 自动完成。这是该企业在一年内企业数字化转型的成果，让人不得不赞叹该企业的团队接受新技术、新事物的速度之快！

### 3. 为什么要升级到 Microsoft 365

在培训的时候我也听到过很多用户抱怨："为什么要升级 Microsoft 365？我的文件存到微软云上会安全吗？我已经很熟悉现在的 Office 了，为什么要再换一个啊？"

我经常告诉这些用户，公司级别的决策我们不能去改变，新的工具只是给你带来了暂时的麻烦，目前我们的目标是厘清当前的问题是什么，然后我们一起去解决。很多公司往往只重视让员工知道需要做哪些事情（What），却不重视培训员工如何聪明地做这些事情（How），导致员工由于没有用上智能的工具而经常加班，使其大量的精力浪费在加班上，聪明才干发挥不出来，没有成就感。如果公司给所有的员工都配置了微软最新的 Microsoft 365 软件，这说明了公司非常重视如何让大家更聪明地工作。这个世界每天都在变，我们也要跟上，跟随优秀的人，在优秀的平台上工作会使你的成长更快。至于放到云端的文件是否安全，企业高层在花钱采购软件时都已经想到了，因此在采购时双方肯定签订了安全协议。这样我们的工作只要符合企业安全策略即可。微软在中国发售的所有软件均符合中国相关的安全法律法规，而国际版 Microsoft 365 同样是符合国际安全法规的。除此之外，微软针对 Microsoft 365 有专门的 Microsoft Intune 解决方案以帮助公司控制员工访问和共享公司信息的方式来保护公司信息，确保设备和应用符合公司安全要求。

### 4. 为什么要写这本书

每次上完课，总有人问我有没有关于 Microsoft 365 的书籍，我有时推荐到微软官方 E-Learning 上去学，但用户反馈内容太多了，跟上课时讲的不一样，我每次都没有很好的办法满足这些用户的需求。E-Learning 上的介绍虽然是全面的，但由于太全面以至于用户无法快速且准确地找到自己需要的那部分，这也是我平时要上很多定制课的原因。2021 年年初有几位前辈建议我写一本关于 Microsoft 365 应用的书籍，以与网络上的视频互补，从而帮助更多的中国用户用好 Microsoft 365。恭敬不如从命，这何况对我也是一种成长！我没用华丽的辞藻来描述它，但这本书收集了我多年在世界 500 强企业授课时学到的优秀工作方式及方法，它不仅仅是一本产品工具书，也是一种基于 Microsoft 365+Power Platform 的新的工作方式，这种新的工作方式在很多大型企业已落地并应用。2021 年是各大企业数字化转型的爆发期，如果你的企业也正在转型的路上，如果你正想要加入大型的国际化公司，这本书可以帮你和你的团队更快、更好地认识 Microsoft 365 和 Power Platform。

### 5. 本书的结构

本书的内容是基于 Microsoft 365 国际版（21 世纪互联中国版本包含的应用同样适用）展开的，包含 Microsoft 365 的 Office 客户端篇、Microsoft 365 尽在"云"端篇和高级应用篇：Microsoft 365 结合 Power Platform 流程自动化之道三大部分内容，如用 Word 协作共赢、用 Excel 直观分析数据、用 PPT 清晰表达观点等。

### 6. 内容特色

本书是基于当今流行的 Microsoft 365 国际版环境编写完成的，其中包含 Microsoft 365 中 17 个最实用的软件，本书区别于其他的工具类书籍，不仅讲述了每个应用的新功能，还站在 Microsoft 365 平台的角度去集成更多应用程序完成企业数字化、自动化业务应用。如何把企业中的人、文档、信息、工具等集成到一起，更智能地搭建可定制的通信协作平台是本书的特色。我希望让读者看到的不仅仅是一本书，而是一种全新的工作方式。

### 7. 适合对象

本书适合企业各职能部门日常办公人员、企业中 Microsoft 365 零基础的 IT 技术人员、即将毕业踏入职场的大学生，以及对国际化公司岗位感兴趣的读者。本书适合有一定 Office 办公自动化软件使用经验的读者阅读，也适合 Microsoft 365、Office 365 入门读者，但并不适合计算机入门读者。

### 8. 学习建议

读者阅读本书时最好拥有一个 Microsoft 365 账号，并且除网页版操作参考本书截图，还可以关注作者的微信公众号获取相关应用的案例文件。Microsoft 365 是一个不断更新的平台，

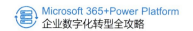

当你看到这本书时距作者撰写这本书已有一段时间，难免会有命令名称或按钮外观不一样的情况，读者也可以通过本书读者微信群获取最新的产品资讯和讨论。

## 9. 作者互动

微信公众号：一起来学 Office 365

头条号：小蚂蚁 M365

邮箱：87985231@qq.com

---

**读者服务**

微信扫码回复：43245

- 获取本书配套案例源文件
- 加入本书交流群，与作者互动
- 获取【百场业界大咖直播合集】（持续更新），仅需 1 元

# 目录

## 第 1 章 Microsoft 365 整体概览 .................................................. 001

- 1.1 什么是 Microsoft 365 ................................................................. 001
- 1.2 Microsoft 365 与 Office 365 的区别 ........................................... 001
  - 1.2.1 普通单机版 Office 与 Office 365 的区别 ........................... 001
  - 1.2.2 Microsoft 365 与 Office 365 的区别 .................................. 003
- 1.3 在任何设备上使用 Microsoft 365 ............................................... 004
- 1.4 为什么升级到 Microsoft 365 ...................................................... 005
- 1.5 如何登录 Microsoft 365 .............................................................. 007
  - 1.5.1 使用临时借用的电脑时切记退出 Microsoft 365 账号 ......... 008
  - 1.5.2 个性化 Microsoft 365 ......................................................... 009
  - 1.5.3 更改 Microsoft 365 主题外观 ............................................. 010
  - 1.5.4 更改 Microsoft 365 语言 .................................................... 010
  - 1.5.5 更改 Microsoft 365 密码 .................................................... 011

## Part I　Microsoft 365 的 Office 客户端篇

## 第 2 章 用 Word 协作共赢 ............................................................. 013

- 2.1 文档存储在云端，任意设备可访问 ............................................. 013
  - 2.1.1 文档保存在 OneDrive 防止丢失 ......................................... 013
  - 2.1.2 场景案例：Word 协作编辑，串行工作变并行效率高 ........ 015
  - 2.1.3 将本地文档保存到 SharePoint ........................................... 017
  - 2.1.4 场景案例：开启自动保存防止文档意外丢失 ..................... 018
- 2.2 Word 中自带的 AI 小智能工具 .................................................... 018
  - 2.2.1 语音听写输入文字 ............................................................. 018
  - 2.2.2 大声朗读 ............................................................................ 019

## 

- 2.2.3 段落及文档翻译 ............................................. 020
- 2.2.4 拼写检查语法校正 ........................................... 021
- 2.3 Word 粘贴链接 ..................................................... 021
- 2.4 绘图 & 墨迹书写 ................................................... 022
- 2.5 使用 Web 图片添加更多视觉效果 ............................ 023
- 2.6 场景案例：如何在移动设备上撰写 Word 文档 ........... 026

## 第 3 章  用 Excel 直观分析数据 ............................................. 029

- 3.1 Excel 自带的 AI 小智能工具 ................................... 029
  - 3.1.1 场景案例：快速填充 - 自动拆分数据 ................. 029
  - 3.1.2 场景案例：现有数据快速分析 .......................... 030
  - 3.1.3 场景案例：根据现有时间段的销售额完成预测分析 ... 033
- 3.2 Power Query 数据清洗转换 .................................. 037
  - 3.2.1 数据分析的四部曲 ......................................... 037
  - 3.2.2 数据分析对数据类型规范性要求 ....................... 038
  - 3.2.3 数据分析对数据结构化要求 ............................. 039
  - 3.2.4 Power Query 编辑器启动 ............................... 040
  - 3.2.5 Power Query 编辑器清洗不规则的数据格式 ....... 044
  - 3.2.6 Power Query 编辑器数据拆分列 ...................... 045
  - 3.2.7 Power Query 编辑器逆透视列 ......................... 046
- 3.3 Power Query 编辑器追加查询和合并查询 ................ 049
  - 3.3.1 什么是追加查询 ............................................ 049
  - 3.3.2 追加查询对数据的要求 ................................... 049
  - 3.3.3 追加查询的具体操作步骤 ................................ 049
  - 3.3.4 什么是合并查询 ............................................ 051
  - 3.3.5 合并查询对数据的要求 ................................... 052
  - 3.3.6 合并查询的具体操作步骤 ................................ 052
- 3.4 场景案例：将多张工作表数据快速合并到一张表 ....... 055
  - 3.4.1 Power Query 编辑器连接 Excel 数据源 ............. 056
  - 3.4.2 多维数据转换一维数据 ................................... 058
  - 3.4.3 M 语言的简单应用 ......................................... 062
  - 3.4.4 合并多张工作表数据 ...................................... 063
  - 3.4.5 应用数据透视表完成业务分析 .......................... 064

- 3.5 场景案例：将多文件多张表数据合并到一张表 ...... 066
- 3.6 增强性数据透视表 Power Pivot ...... 071
  - 3.6.1 数据区域与结构表的差异 ...... 071
  - 3.6.2 在 Power Pivot 中将多个表添加到数据模型 ...... 072
  - 3.6.3 场景案例：不用 VLOOKUP 函数做表链接，跨表透视分析 ...... 076
  - 3.6.4 数据透视表向下钻取 ...... 077
  - 3.6.5 切片器及时间线日期分组 ...... 079
  - 3.6.6 在 Power Pivot 中创建 DAX 度量值 ...... 082
  - 3.6.7 场景案例：描述性分析，客户购买的产品次数及产品个数分析 ...... 085
  - 3.6.8 场景案例：挖掘性分析，拜访客户的最佳时间分析 ...... 086
  - 3.6.9 场景案例：创建日期表，分析每年月的 YOY% 和 MOM% ...... 088
- 3.7 Excel 新图表可视化分析 ...... 096
  - 3.7.1 树状图：层级结构分析 ...... 097
  - 3.7.2 旭日图：环形层级结构分析 ...... 098
  - 3.7.3 直方图：数据分布分析 ...... 099
  - 3.7.4 排列图：按照发生频率大小绘制累计百分比 ...... 100
  - 3.7.5 箱形图：多数据集关联分析 ...... 101
  - 3.7.6 瀑布图：流入和流出财务数据分析 ...... 103
  - 3.7.7 漏斗图：逐渐递减的比例数据分析 ...... 104
- 3.8 Power Map 地图：地理位置的数据展示 ...... 106
  - 3.8.1 使用 Power Map 三维地图的准备 ...... 106
  - 3.8.2 在 Power Map 中用可视化数据创建三维地图 ...... 107
  - 3.8.3 向 Power Map 演示添加场景 ...... 108
  - 3.8.4 Power Map 创建热度地图 ...... 110
  - 3.8.5 三维地图切换到平面地图 ...... 110
  - 3.8.6 Power Map 三维地图视觉效果创建视频 ...... 111

## 第 4 章 用 PPT 清晰表达观点 ...... 113

- 4.1 一键帮你找到设计灵感 ...... 113
- 4.2 缩放定位：非线性跳转演示幻灯片 ...... 115
  - 4.2.1 摘要缩放定位 ...... 116
  - 4.2.2 节缩放定位 ...... 117
  - 4.2.3 幻灯片缩放定位 ...... 118

- 4.3 场景案例：旧文件再利用，在 PPT 中重用幻灯片 .................................................. 119
- 4.4 设计 PPT 必备的素材库 ........................................................................................... 121
  - 4.4.1 用好 PPT 自带的高清大图 .......................................................................... 123
  - 4.4.2 用 PPT 自带图标实现 PPT 商务效果 ......................................................... 124
  - 4.4.3 场景案例：图片拆分利器，一图变多图 ................................................. 125
- 4.5 平滑切换效果 ............................................................................................................ 129
  - 4.5.1 对象效果的平滑切换 .................................................................................. 129
  - 4.5.2 场景案例：文字平滑变形 .......................................................................... 133
  - 4.5.3 场景案例：字符平滑变形 .......................................................................... 136
  - 4.5.4 场景案例：用 3D 模型技术做产品演示 ................................................... 137
- 4.6 场景案例：录制幻灯片演示转换视频 .................................................................... 141
- 4.7 场景案例：PPT 里的屏幕录制 ................................................................................ 145
- 4.8 场景案例：PPT 在线演示，显示指定语言字幕 ................................................... 147
  - 4.8.1 PPT 可以翻译幻灯片文本 .......................................................................... 147
  - 4.8.2 PPT 演示实时翻译指定一种字幕 ............................................................. 147
  - 4.8.3 在线直播，实时翻译多种字幕 .................................................................. 148

# 第 5 章　用 Outlook 管理邮件 ..................................................................... 152

- 5.1 添加 Microsoft 365 电子邮件账号 ........................................................................... 152
- 5.2 在 Microsoft 365 主页登录 Outlook 网页版 ........................................................... 154
- 5.3 写邮件时提及某人以引起其注意 ............................................................................ 155
- 5.4 收件箱里的重点邮件 ................................................................................................ 156
  - 5.4.1 打开 / 关闭重点收件箱 ............................................................................... 156
  - 5.4.2 更改邮件的整理方式 .................................................................................. 157
- 5.5 场景案例：朗读邮件 ................................................................................................ 158
- 5.6 将邮件附件保存到 OneDrive 中 .............................................................................. 159
- 5.7 添加 OneDrive 附件权限的设置 .............................................................................. 160
- 5.8 场景案例：将邮件内容共享到 Teams ................................................................... 161
  - 5.8.1 发邮件时抄送给 Teams 一份 ..................................................................... 162
  - 5.8.2 一键将邮件共享到 Teams .......................................................................... 163
  - 5.8.3 将 Outlook 中的附件拖放到 Teams .......................................................... 164
- 5.9 在 Outlook 日历中创建 Skype/Teams 会议 ........................................................... 165
  - 5.9.1 用 Outlook 创建 Skype 会议 ...................................................................... 166

## 目录

- 5.9.2 在 Outlook 中创建 Teams 会议 ... 167
- 5.9.3 在 Outlook 中创建 Teams 会议的优缺点 ... 168
- 5.9.4 Outlook 创建会议时自动附加 Teams 会议链接 ... 168
- 5.10 用 Insights 查看每日生产力见解 ... 169
  - 5.10.1 安排休假时间 ... 171
  - 5.10.2 希望每天都有专注时间 ... 171

# 第 6 章 好用的电子笔记本 OneNote ... 173

- 6.1 什么是 OneNote ... 173
  - 6.1.1 Windows 10 自带的 OneNote ... 175
  - 6.1.2 Microsoft 365 自带的 OneNote ... 176
- 6.2 创建并保存 OneNote 笔记 ... 176
  - 6.2.1 创建 OneNote 本地笔记 ... 176
  - 6.2.2 将 OneNote 笔记保存到云端 ... 177
  - 6.2.3 在网页上访问云端 OneNote 笔记 ... 179
- 6.3 OneNote 笔记基本构成 ... 181
- 6.4 丰富多彩的记录形式 ... 182
  - 6.4.1 快捷键让你更快、更好地记录笔记 ... 182
  - 6.4.2 将 OneNote 表格转换为 Excel 工作表 ... 185
  - 6.4.3 OneNote 可把图片中的文字复制并粘贴出来 ... 186
  - 6.4.4 OneNote 提供文本、图像、音频搜索 ... 188
  - 6.4.5 使用触笔或手指标注笔记 ... 189
  - 6.4.6 一键添加 Outlook 会议和会议纪要 ... 190
  - 6.4.7 OneNote 记录任务自动同步到 Outlook 任务 ... 190
- 6.5 分享和协作 ... 191
  - 6.5.1 场景案例：通过电子邮件发送笔记页给同事 ... 191
  - 6.5.2 场景案例：会议上和同事共同编辑一个会议笔记 ... 193
  - 6.5.3 查看和审阅共享笔记本中的更改 ... 196
  - 6.5.4 场景案例：给同事共享笔记时加密保护隐私分区 ... 197
  - 6.5.5 如何停止共享笔记 ... 199
  - 6.5.6 OneNote 笔记导出 ... 199

XV

# Part II  Microsoft 365 尽在"云"端篇

## 第 7 章  OneDrive 个人云端文件库 ............................................. 202

### 7.1  OneDrive 的功能及应用场景 .................................................................. 203

- 7.1.1  OneDrive 与其他云盘的区别 ........................................................ 204
- 7.1.2  用 OneDrive 备份重要的文件 ....................................................... 205
- 7.1.3  在线创建 Office 文档 ..................................................................... 206
- 7.1.4  Microsoft 365 帮你记录使用云端文档的过程 ............................. 207

### 7.2  在 Windows 桌面客户端使用 OneDrive 同步文件 .............................. 208

- 7.2.1  Windows 7 用户与 Windows 8.1 用户使用 OneDrive 的差异 ... 208
- 7.2.2  OneDrive 文档同步到本地 Windows 资源管理器 ..................... 209
- 7.2.3  打开 Windows 存储感知助手 ........................................................ 214
- 7.2.4  场景案例：由于在线文档太多所以按需同步特定文档到本地 ..... 215

### 7.3  巧用 OneDrive 与人共享协作 .................................................................. 216

- 7.3.1  如何设置文档共享权限 .................................................................. 216
- 7.3.2  更改或停止共享文档权限 .............................................................. 220
- 7.3.3  如何查看我的共享文件及共享给我的文件 ................................. 222
- 7.3.4  场景案例：OneDrive 中一键分享超大文件给客户 .................... 223
- 7.3.5  场景案例：多人同时编辑一个需求文件 ..................................... 224
- 7.3.6  场景案例：多人编辑后查看文档版本历史记录 ......................... 226

### 7.4  在移动设备上使用 OneDrive .................................................................. 227

- 7.4.1  Android 移动设备上的 OneDrive 应用 ........................................ 227
- 7.4.2  iOS 移动设备上的 OneDrive 应用 ................................................ 228
- 7.4.3  随时随地在移动设备上访问文件 .................................................. 230
- 7.4.4  场景案例：OneDrive 移动端侧面照出正面图片 ........................ 231

## 第 8 章  团队网站：SharePoint 应用之道 ..................................... 233

### 8.1  SharePoint 网站结构和导航 .................................................................... 234

- 8.1.1  创建 SharePoint 网站 ..................................................................... 236
- 8.1.2  新式和经典团队网站介绍 .............................................................. 240
- 8.1.3  经典和新式团队网站的切换 .......................................................... 242

### 8.2  SharePoint 文档库管理 ............................................................................ 243

- 8.2.1  将文档存储在团队网站文档库中 .................................................. 243

|  |  |  |  |
|---|---|---|---|
| | 8.2.2 | 文件应该保存到 OneDrive 还是 SharePoint | 245 |
| | 8.2.3 | 停止同步云端的个别文件夹 | 246 |
| | 8.2.4 | 场景案例：共享库里限制机密文档特定人访问 | 249 |
| | 8.2.5 | 场景案例：同时编辑 Excel 文件，设置不同区域权限 | 252 |
| | 8.2.6 | 打开共享文件时，提示"文件已被 XXX 用户锁定，无法编辑" | 257 |
| | 8.2.7 | 查询文档库中文件或文件夹发生的更改 | 257 |
| 8.3 | SharePoint 列表应用和管理 | | 260 |
| | 8.3.1 | 用 Lists 创建列表 | 261 |
| | 8.3.2 | 场景案例：Lists 自动化规则 | 263 |
| | 8.3.3 | 场景案例：设置规则访问权限 | 267 |
| | 8.3.4 | 场景案例：Lists 自动化提醒 | 268 |
| | 8.3.5 | 场景案例：创建团队日历来管理公共的活动 | 270 |
| | 8.3.6 | SharePoint 创建自定义列表 | 272 |
| 8.4 | 场景案例：自定义员工休假申请单列表 | | 275 |
| | 8.4.1 | 创建员工休假申请单列表及自定义列 | 275 |
| | 8.4.2 | SharePoint 列表列的类型和选项 | 277 |
| | 8.4.3 | 管理 SharePoint 列表内容 | 283 |
| 8.5 | 场景案例：管理列表视图及自定义视图 | | 285 |
| | 8.5.1 | 自定义只显示本人提交的记录视图 | 288 |
| | 8.5.2 | 更改默认视图 | 289 |
| 8.6 | 场景案例：将 Lists 列表添加到 Teams 让所有人都跟进信息 | | 290 |
| 8.7 | 场景案例：Lists 列表共享给团队之外的特定个人 | | 293 |
| 8.8 | 场景案例：SharePoint 网站创建 Posts 新闻文章 | | 295 |

# 第 9 章 Teams：团队信息交换中心 ... 301

|  |  |  |  |
|---|---|---|---|
| 9.1 | Teams 把人聚在一起，组建团队完成沟通协作 | | 303 |
| | 9.1.1 | 开始创建一个团队 | 304 |
| | 9.1.2 | 什么时候需要创建一个频道 | 306 |
| | 9.1.3 | 专用频道管理团队中的小团队 | 307 |
| | 9.1.4 | 添加成员，管理团队权限 | 308 |
| 9.2 | 沟通：Teams 可完成的 4 种聊天方式 | | 311 |
| | 9.2.1 | 频道对话：在团队频道内发帖 | 311 |
| | 9.2.2 | 场景案例：在多个频道中发布公告 | 313 |

XVII

- 9.2.3 场景案例：发送邮件时抄送给频道一份 .................................................. 315
- 9.2.4 场景案例：把自己常用的频道固定到顶部以便及时找到 .............................. 316
- 9.2.5 聊天：一对一聊天 / 群组聊天 / 会议中聊天 ............................................. 317
- 9.2.6 场景案例：群组聊天组建临时团队 ......................................................... 318
- 9.3 会议：创建 Teams 会议进行沟通 ................................................................... 320
  - 9.3.1 Microsoft Teams 组织在线会议 ............................................................. 321
  - 9.3.2 更改参会者的 Teams 会议权限 .............................................................. 322
  - 9.3.3 参会者没有 Teams 照样参会 ................................................................. 323
  - 9.3.4 Teams 网络会议应遵循的礼仪和秩序 ..................................................... 324
  - 9.3.5 录制 Teams 会议 ................................................................................. 328
  - 9.3.6 场景案例：如何在会议时添加实时字幕 .................................................. 329
  - 9.3.7 场景案例：在会议中开启白板共享创意 .................................................. 330
  - 9.3.8 场景案例：一招让你多出几个分组讨论室 ............................................... 332
  - 9.3.9 场景案例：Teams 网络研讨会 ............................................................... 338
  - 9.3.10 Teams 的各种会议类型区别及应用场景 ................................................ 343
- 9.4 通话：用 Teams 拨打电话及语音留言 ............................................................. 344
- 9.5 协作：Teams 团队协作文档集中管理 .............................................................. 346
  - 9.5.1 Chat 聊天里协同编辑与 OneDrive 的秘密 ............................................... 346
  - 9.5.2 Teams 频道里协同编辑与 SharePoint 的秘密 .......................................... 349
  - 9.5.3 场景案例：频道里的文件默认共享，查看版本记录 .................................. 351
  - 9.5.4 场景案例：团队文档更改，系统自动发送变更通知 .................................. 352
- 9.6 连接工具：Planner 跟踪管理团队计划 ............................................................ 352
  - 9.6.1 什么是 Planner ................................................................................... 353
  - 9.6.2 场景案例：Planner 跟踪团队计划必要的"仪式" ..................................... 355
  - 9.6.3 场景案例：在 Teams 专用频道中添加 Planner 计划 ................................. 363
  - 9.6.4 在 Teams 的左侧导航中添加 Planner 查看我的任务 ................................. 365
  - 9.6.5 在移动设备上使用 Planner ................................................................... 366
- 9.7 连接工具：用 Forms 表单做好在线问卷调查 .................................................... 367
  - 9.7.1 场景案例：Teams 添加 Forms 表单做即时调研反馈 ................................. 368
  - 9.7.2 Forms 表单的保存位置 ......................................................................... 369
  - 9.7.3 利用 Forms 创建信息收集表单 .............................................................. 370
  - 9.7.4 Forms 表单通过多种分享权限来收集信息 ............................................... 376

- 9.7.5 查看 Forms 表单反馈结果 ......378
- 9.7.6 场景案例：用 Forms 创建测验考卷 ......379
- 9.8 连接工具：在 Teams 频道添加 Power Apps ......382
- 9.9 连接器让 Teams 功能无限延伸 ......384
- 9.10 Teams 移动应用 ......385

# 第 10 章 Microsoft 365 额外的增值生产力应用 ......387

- 10.1 使用 MyAnalytics 了解你的习惯，以更智能地工作 ......387
- 10.2 企业级用户的社交平台 Yammer ......389
- 10.3 用 Stream 搭建企业员工学习视频平台 ......393
  - 10.3.1 创建不同权限的组和视频频道 ......394
  - 10.3.2 上传本地视频 ......396
  - 10.3.3 在 Stream 中开启直播事件活动 ......397
- 10.4 关于 Sway：网页上流畅的高可视化演示 ......399

# Part III 高级应用篇：Microsoft 365 结合 Power Platform 流程自动化之道

# 第 11 章 Microsoft 365+Power Platform 团队无代码自动化流案例 ... 405

- 11.1 无代码轻松实现：流程自动化 ......405
  - 11.1.1 场景案例：创建 Power Automate 审批流 ......405
  - 11.1.2 场景案例：提交决策文档后启动审批流程 ......412
  - 11.1.3 场景案例：将通过审批的新文档移动到指定文件夹 ......415
  - 11.1.4 场景案例：在 Teams 上发布 Planner 新任务消息 ......419
- 11.2 适度修改：处理由 Forms 收集的信息 ......420
  - 11.2.1 Forms 表单的自动化审批流 ......421
  - 11.2.2 完成 Forms 表单审批流程 ......427
- 11.3 深度修改：全面解锁 Power Automate 流程 ......430
  - 11.3.1 满足多种需求的流 ......430
  - 11.3.2 纯手工创建基于 SharePoint 列表的审批流 ......432
  - 11.3.3 排查流中存在的问题 ......438
  - 11.3.4 运行和管理流 ......439
  - 11.3.5 Teams 中自带的审批中心 ......440

XIX

| | | |
|---|---|---|
| 11.4 | 轻松实现：Power Apps 无代码创建业务 App | 441 |
| | 11.4.1 场景案例：基于 OneDrive 的 App | 441 |
| | 11.4.2 场景案例：基于 SharePoint 列表的 App | 445 |
| | 11.4.3 场景案例：基于 Dataverse For Teams 构建应用 | 452 |
| 11.5 | 场景案例：全面解锁 Power Apps 低代码创建 App | 458 |
| | 11.5.1 Power Apps 支持多种形式的 App | 458 |
| | 11.5.2 Power Apps 可连接多种数据源 | 459 |
| | 11.5.3 从白板开始创建 App，开局很简单 | 460 |
| | 11.5.4 常用六个控件带你渐入佳境 | 462 |
| | 11.5.5 提交设置修改保存数据 | 465 |

# 第 1 章　Microsoft 365 整体概览

## 1.1　什么是 Microsoft 365

Microsoft 365 是面向全球企业的云服务平台，该平台提供了行业领先的生产力应用，它不仅有用户熟悉的 Office 客户端办公软件、Outlook 邮件日历管理，还包含 OneNote 电子笔记、OneDrive 云端存储空间、Teams 团队沟通协作与在线会议、SharePoint 团队云存储、Forms 信息收集问卷、Planner 团队项目任务分配跟踪管理等全套的远程工作和协作工具，可以满足现代化企业所需的各项智能云服务，并提供高级网络威胁防护和设备管理功能。该平台旨在帮助用户利用创新的 Office 应用、智能云服务和世界一流的安全性实现更多目标，给人们带来全面的现代化移动办公体验。Microsoft 365 的产品结构如图 1-1 所示。

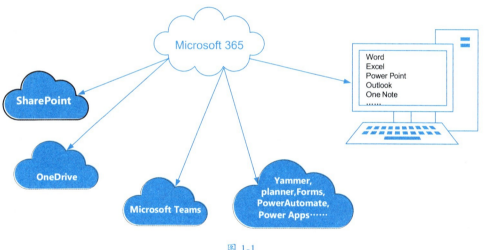

图 1-1

## 1.2　Microsoft 365 与 Office 365 的区别

### 1.2.1　普通单机版 Office 与 Office 365 的区别

普通单机版 Office 主要适用于那些喜欢一次性买断而非按月付费订阅 Microsoft 365 的用户。

相关资料显示微软最早在 20 世纪 80 年代发布的第一代 Office 是运行在 Dos 系统下的。在 20 世纪 90 年代微软发布了 Office 4.0，Office 4.0 推出了图形化界面版本，后面每隔两三年微软就发布一个版本。

从 Office 2000 到 Office 2003 是一个 Office 时代，这里不得不再说下 Office 2003，Office 2003 在当年也是一套非常庞大的软件群，它在很多细节方面做得很到位，比如新增加的阅读版式、文档比较、追踪修订、智能标签等，这奠定了其在办公领域的地位，至今还有人在用 Office 2003。

从 Office 2007 到 Office 2019 这是新时代的 Office，用户可以从文件存储格式上发现区别。例如，Word 文档存储时 Office 97 到 Office 2003 的格式扩展名是 .doc，而新 Office 的格式是 .docx，新 Office 的格式指 Office 2007 到 Office 2019 的格式。虽然每个版本组件上有少许的区别，大多数还是功能上的更新。

Office 365 是按月付费订阅的，适用于每年 / 月按需购买的组织和个人。

2011 年 6 月 28 日微软 Office 365 正式发布，付费方式从过去一次性购买企业使用许可证变为每年订阅式按需购买。该软件致力于帮助全球各大企业节省时间、金钱和释放有价值的资源。现在国际化的公司大部分采购 Office 365 全球版，它与普通的 Office 相比增加了更多功能，中国本地企业则大部分采购 Office 365 世纪互联版本，该版本可以满足中国企业用户对安全可靠的扩展云服务的需求。世纪互联版本服务由 Microsoft 授权给世纪互联使用的技术提供支持。无论是国际版 Office 365 还是世纪互联版本 Office 365 在价格上比原来单机版 Office 还便宜，这样就受到了企业用户的青睐。对企业用户而言，Office 365 既有前面版本的功能，又增加了很多新功能，满足了企业多样化的工作需求。最近这几年 Office 365 相继推出了家庭版、学生版，使 Office 365 可以支持更多的用户。

表 1-1 是对 Office 各个版本的简要划分，更细致地划分还有小型企业版、专业版及标准版，这种划分对组件多少没有影响，只是指组件内功能多少的情况不同。像 Office 2019 零售版本又分为小型企业版、家庭版、学生版和专业版，而使用 Microsoft 365 的一般是需要云端服务的中小型及大型企业，里面还划分了家庭版、个人版和企业版，企业版本又分为 E1、E3、E5 等版本，用户选起来确实有点让人眼花缭乱。那么我们在购买微软 Office 的时候，到底要如何选择才能买到最适合自己的版本或订阅方案呢？我建议到官方网站选择合适的版本再进行购买，在此我们不再赘述。

表 1-1

| 版　　本 | 组　　件 | 格　　式 | 经 典 功 能 |
| --- | --- | --- | --- |
| Office 2000～2003 仅有客户端 | Word、Excel、PowerPoint、Outlook | *.doc、*.xls<br>*.ppt、*.pst | Word、文档比较、追踪修订、Excel 数据透视等 |
| Office 2007～2019 仅有客户端（又称零售版本） | Word、Excel、PowerPoint、Outlook、OneNote、Publisher 等 | *.docx、*.xlsx<br>*.pptx、*.pst | Office 文档可以另存为 PDF 版本，增加 OneNote 电子笔记，Publisher 做 news letter 等 |

续表

| 版 本 | 组 件 | 格 式 | 经典功能 |
|---|---|---|---|
| 世纪互联版（21V）Office 365 包括客户端＋云端（仅限中国） | 客户端：Word、Excel、PowerPoint、Outlook、OneNote、Publisher 等<br>云端：OneDrive、SharePoint、Skype | *.docx、*.xlsx<br>*.pptx、*.pst | 增加 SharePoint 协作编辑、云端共享文件夹、Skype 在线音视频会议等 |
| 国际版 Office 365 包括客户端＋云端 | 客户端：Word、Excel、PowerPoint、Outlook、OneNote、Publisher 等<br>云端：OneDrive、SharePoint、Teams、Planner、Forms 等 | *.docx、*.xlsx<br>*.pptx、*.pst | 国际版比世纪互联版多了团队管理、团队协作管理任务、Forms 收集信息、商务应用流程自动化管理等 |

### 1.2.2　Microsoft 365 与 Office 365 的区别

Microsoft 365 为各种规模的企业提供了云生产力功能，可以帮助企业节省时间、金钱和释放有价值的资源。它把用户熟悉的 Microsoft Office 桌面组件与 Microsoft 下一代通信和协作服务（包括 Microsoft Exchange Online、Microsoft SharePoint Online、Office 网页版和 Microsoft Skype for Business Online）基于云的版本相结合，帮助用户通过互联网提高工作效率。

随着企业大数据时代的到来，本地数据迁移到云端是企业数字化转型的重要一步，越来越多的企业开始将普通单机版本的 Office 升级为 Office 365，随着 Office 365 的不断更新，微软为了更好地反映订阅中提供的功能和权益的范围，在 2020 年 4 月正式把 Office 365 更名为 Microsoft 365，Microsoft 365 包含前面 Office 365 中的所有内容，又增加了 Windows 10 定制安全与管理、EMS，可增强并简化企业 IT 服务。因为 Microsoft 365 名字比较新，而且微软对其包含的 Office 365 并没有做太大的改变，所以很多人还是称其为 Office 365。读者可以单击 Word 或者 Excel 应用程序【文件】菜单下的【账户】命令查看到产品信息已变为 Microsoft 365 Apps for enterprise，过去这里显示的是 Office 365，如图 1-2 所示。

对于更名的原因，微软解释道："Microsoft 365 是世界上的生产力'云'，它代表了我们对 Microsoft 生产力工具未来的愿景，Microsoft 365 是一组集成的应用程序和服务，可为你提供人工智能和其他前沿创新的服务。为了反映 Office 365 在整个 Microsoft 365 之间推动协作的事实，Office 365 将变为 Microsoft 365。"

Office 365 走向了云端，Microsoft 365 则走向了更广阔的天地，已经不再围绕办公展开，而是成为微软提供企业、教育、个人综合服务的大平台，并且针对不同平台有着不同的组件、服务组合，更有针对性。

也曾有网友这样评价 Office 365 改名为 Microsoft 365："Office 365 时代重点在强调 Office 系列组件和应用，微软最近几年从传统软件厂商转型做云服务厂商非常成功，Office 365 改为 Microsoft 365 意味着微软不再强调具体的 Windows 和 Office，而是强调云服务是企业生产力,整体对外输出云服务的各种能力,同时也说明将来全球使用微软的产品或者服务的时候,都需要通过'云'的形式进行使用,这是企业数字化转型里程碑式的转变。"

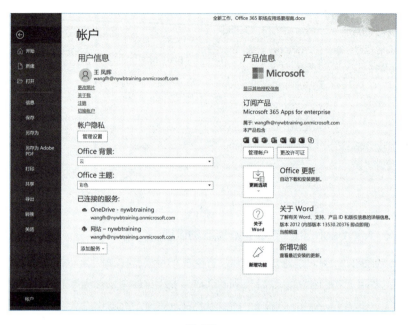

图 1-2

## 1.3　在任何设备上使用 Microsoft 365

无论身在何处,你可以在平板电脑、电脑、手机或 Web 浏览器上随时使用 Microsoft 365 创建精美的文档,深入获取各类信息,从容自信地展示,其内置的各种应用工具能更好地支持团队协作,团队成员可以共享、审阅且共同编辑文档、演示文稿和笔记,让你的团队更高效紧密地进行合作。

一个 Microsoft 365 账号可以在最多十台设备上使用,支持所有主流平台电脑或 Mac,以及移动设备,如图 1-3 所示。

图 1-3

## 1.4 为什么升级到 Microsoft 365

从单机版 Office 升级到 Microsoft 365 不仅仅是软件平台的升级，更是用户观念的根本性转变过程，根据我多年来参与企业 Office 升级培训的经验，在课堂上学员基本上分为两个群体。

左边一群人对公司花钱购买了新的软件平台欣然接受，并积极参与新平台的学习，来学习的人大多会关心以下几个问题。

（1）新的平台可以给他工作上带来的改变是什么？
（2）如何快速的熟悉这个应用？
（3）新平台可以提高多少工作效率？
（4）文件存储到云端会安全吗？

右边一群人对公司花钱购买了新的软件平台不理解，甚至不配合学习，来到培训现场也相对没有那么配合，他们的抱怨大多会关于以下几个问题。

（1）为什么要升级 Microsoft 365？
（2）我现在用得好好的软件给我换了，我不熟悉又要花很多时间去学它，我已经很熟悉现在的模式了为什么要再换一个啊？
（3）这个平台的不足之处在哪儿？
（4）它与我现在的软件兼容吗？

他们更关心的是软件升级后的影响。

无论是左边的人群还是右边的人群，他们的问题都有一定的意义，值得我去深思，他们为什么会有这些问题，企业用户邀请我来上课相信不仅仅是希望我把软件平台介绍下功能就好了，更是希望我把产品理念及新工作方式传递给用户，尤其是如何让右边的人群拥有安全感并接受这个平台。

此时我会先告诉右边的群体："我今天来介绍一下这个平台，感谢大家在百忙中放下手头工作来支持我，我觉得左边的问题'新的平台可以给我们工作上带来的改变是什么'是大家都比较关心的。"右边虽然没有提出这个问题，但对讨论这个问题他们也不会太反感，我相信他们也想知道。

首先，新的平台可以给我们工作上带来的改变是什么？例如，你们会有多人一起编辑 Excel 文件的需求吗？按照 Office 单机版情况统计，很多公司有文件服务器，你们是不是喜欢把文件放到文件服务器上？我相信你们会碰到一个人在编辑公共文件时，另外一个人是不能同时打开公共文件编辑的情况，必须一个人编辑好了关闭保存，另外一个人才可以打开编辑。这样的工作方式是串行的，一个接一个有序进行看起来很好，但会降低工作效率，而升级到 Office 365 后，你们可以同时编辑一个文件，这样子的工作就是并行的，我相信大家都想提高效率准点下班对吧？

这时会议室哄堂大笑，没有人真正想加班，加班有些是活真多没办法，有些是效率低没办法。

此时，我会继续说："不能说升级到 Microsoft 365 后一定不用加班了，如果大家把 Microsoft 365 的团队协作理念真正落地用起来后，就能实现不再为无技术含量的工作而加班。"

如果你们在全国 10 个主要城市都没有服务站，每天每个城市都需要向总部传送服务站数据，总部经理就要在每天下班前收到 10 城市用邮件发来的 Excel 数据表，这样他必须打开 10 个附件文件，然后分别复制粘贴到一张 Excel 表格中。其实总部服务站经理可以把每日需要统计的数据文件存储在云端 OneDrive 或 SharePoint 上，通过共享文件，授予 10 个城市的负责人编辑权限，等下班时大家通过授权链接打开 Excel 文件往表格里输入数据，数据直接保存在总部经理的表格里，这样总部经理就节省了 10 个复制粘贴的工作量，如果把每次的复制粘贴估算 3 分钟的话，这样并行的工作至少节省 30 分钟，这样效率直接提高了。左边的人觉得很好，现在就要试试如何共享？演示效果如图 1-4 所示。

图 1-4

这时右边的人开始说，老师那这 10 个人乱填数据怎么办呢？虽然通过邮件发送的文件数据比较乱，但我能知道是谁发的邮件，在云端了怎么看呢？其实无论在 OneDrive 还是在 SharePoint 上都有版本的管理，软件每几分钟就会保存一个版本，真要追溯乱填乱删除问题可以在版本管理看出来。除此之外，总部经理也可以在他们填数据的时候打开表格异地监控填写，每个人登录表格时会提示谁在线及用不同的颜色显示，谁编辑了总部经理可以看到他们的鼠标光标在移动，相信大家也会遵守规则。

如果你担心这 10 个人把表格发给别人怎么办呢？OneDrive 或 SharePoint 在共享文件时可以授权特定的用户，只有授权用户可以打开，非授权用户就是拿到文件链接也不能打开文件。我们可以选择企业内部共享，对于企业外部共享，可以指定共享特定的人，但是给其编辑权，阻止其下载文件，如图 1-5 所示。我们可以根据文件安全性需要灵活设置权限。

升级到 Microsoft 365 后，我们的工作方式确实是要改变了，尤其是 2020 年以来新冠病毒疫情席卷全球，我们的工作生活受到了很多的改变，我在 2020 年全年直播上课近 100 场次，根据每家企业的环境不一样，直播平台可以选择多样化，在 Microsoft 365 中企业会议平台有 Teams 和 Skype，Microsoft 365 世纪互联版有 Skype。Skype 比较简单而且也不是一个更新性产品了，微软决定未来的世纪互联版用 Teams 代替 Skype，本书对 Skype 就不做介绍了。Microsoft 365 国际版有 Teams，我们在第 9 章将重点讲 Teams。

图 1-5

## 1.5 如何登录 Microsoft 365

声明：本书默认读者已经购买了 Microsoft 365 任意版本的账号，截图用的是 Microsoft 365 国际版。

Microsoft 365 底层操作系统是 Window 10，打开 Windows10 自带的 Edge 浏览器或其他浏览器，在地址栏中输入"www.Office.com"导航到 Microsoft 365 主页，打开提示让你登录的窗口，输入 Office 365 账号用户名及密码登录，如图 1-6 所示。

图 1-6

此时企业用户还有一个 MFA 的验证，需要输入手机验证码或打电话确认，MFA 验证是 Microsoft 365 的安全管理机制，为了帮助保护企业免受在线威胁，企业在升级到 Microsoft 365 时默认设置启用了多重身份验证或 MFA（Multi-Factor Authentication）。MFA 验证通过后就登录到 Microsoft 365 主页，如图 1-7 所示。

图 1-7

① 表示用户登录的 Microsoft 365 账号及设置，单击账号头像图标可以注销账号，查看账号信息及更改"我的 Office 配置文件"等。

② 表示 Microsoft 365 应用启动器，点开九宫格图标可以查看所有的 Microsoft 365 应用。

③ 表示 Microsoft 365 应用启动器快速启动栏，我们可以通过快速启动栏快速找到需要的应用并启动。

④ 表示用户最近使用过的 OneDrive 上的文件，以及建议用户使用的文件。

### 1.5.1 使用临时借用的电脑时切记退出 Microsoft 365 账号

**场景应用**：当在浏览器里登录 Microsoft 365 账号后，关闭浏览器时我们并没有退出 Microsoft 365 账号，尤其是借用别人电脑登录时，需要注销账号才真正退出来。

单击页面右上角的【账号】图标可以看到【注销】命令，如图 1-8 所示，在这里注销表示退出登录的意思，单击【注销】命令确认退出账号后，再关闭浏览器。这个操作也适用于你拥有两个 Microsoft 365 账号时切换账号使用，当需要用另外一个账号登录 Microsoft 365 而又没有关闭浏览器窗口时，需要先注销现在的账号，然后再刷新一下浏览器，再用另一个账号登录。如果有多个账号则建议使用【新建 InPrivate 窗口】命令打开浏览器再登录，图 1-9 演示使用的是 Microsoft Edge 浏览器。

第 1 章　Microsoft 365 整体概览

图 1-8　　　　　　　　　　　　　　图 1-9

### 1.5.2　个性化 Microsoft 365

当你第一次查看应用启动器时，可看到常见的核心 Office 应用。如果其中未显示你喜欢的应用，则可进行添加，从而实现快速访问常用的 Office 应用。那么如何将自己常用的 Microsoft 365 应用固定到应用启动器呢？在屏幕顶部的 Microsoft 365 导航栏中，单击右上角的应用启动器图标。

然后单击【所有应用】命令，如图 1-10 所示，即查看所有可用的 Microsoft 365 应用。你可以通过滚动条查看应用列表，找到要添加到应用启动器的应用。将鼠标光标悬停在应用上以突出显示它，然后将鼠标光标悬停在出现的省略号上或右键单击省略号，单击【固定到启动器】命令，如图 1-11 所示。

图 1-10　　　　　　　　　　　　　　图 1-11

009

### 1.5.3 更改 Microsoft 365 主题外观

如果你留意别人的 Microsoft 365 主页也许会发现不一样，这是因为别人更改了默认主题外观，Microsoft 365 主题设置在窗口右上角顶部位置，如果你更改了 Microsoft 365 导航栏的配色方案和背景，它也会相应更改应用启动器中某些磁贴的颜色。

**操作方法：**

在屏幕顶部的 Microsoft 365 导航栏中，单击【设置】命令，如图 1-12 所示。

图 1-12

单击主题库中的某个主题，预览其在屏幕上的效果。选好主题后向下滚动页面，并单击【保存】命令，将其设置为主题。

### 1.5.4 更改 Microsoft 365 语言

默认情况下，Microsoft 365 会根据你的操作系统语言来设置默认语言，Microsoft 365 支持多国语言切换显示，你可以根据需要更改这些设置。

**操作方法：**

在屏幕顶部的 Microsoft 365 导航栏中，单击【设置】命令，在"语言和时区"下，单击【更改语言】命令，打开"设置和隐私"窗口，在"语言和区域"下可以看到你目前使用的语言，通过单击首选语言，然后单击【添加语言】按钮可以添加更多的语言，如图 1-13 所示。

第 1 章 Microsoft 365 整体概览

图 1-13

> **小贴士**
>
> 添加语言后刷新浏览器，如果发现界面并没有更换语言，别担心，一般云端系统更新没有那么快，一般在 24 小时后应该就改好了。

### 1.5.5 更改 Microsoft 365 密码

如果你能在 Microsoft 365 的【设置】命令下面可以看到【更改密码】命令，说明你的公司允许通过网站更改密码，你可以在此处更改 Microsoft 365 密码，只需单击【更改密码】命令，按照提示操作即可。

如果你没看到【更改密码】命令，可以单击右上角【我的账户】[①]命令，选择【查看账户】命令可以看到【密码】命令，单击它之后如果这里允许更改密码，那说明你的公司允许用户通过浏览器更改密码。如图 1-14 所示。

如果你单击【密码】命令，提示"你无法在此处更改密码"，如图 1-15 所示，说明你所在的公司不允许在此网站上更改密码。一般企业 IT 部门会根据密码策略 90 天更改一次密码，特定设置可让用户密码在特定天数后过期自行修改密码。为保证用户的密码安全企业开启了 MFA 多因子验证。关于密码设置问题每家公司策略不同，企业用户可以咨询企业 IT 管理员，个人用户可以直接通过网站更改密码。

---

① 软件图中"帐户"的正确写法应为"账户"。

011

图 1-14

图 1-15

# Part I
# Microsoft 365 的 Office 客户端篇

## 第 2 章　用 Word 协作共赢

### 2.1　文档存储在云端，任意设备可访问

无论你是 Word 新手还是老手，保存文档是你工作中必备的工作步骤之一，不管你之前用的什么 Office 版本，Word 文档默认保存在本地磁盘"我的文档"文件夹中。目前，Microsoft 365 版本的客户端程序中的 Word 又多了两种保存在云端的方式，即保存在 OneDrive 和 SharePoint 中，如图 2-1 所示。

图 2-1

#### 2.1.1　文档保存在 OneDrive 防止丢失

在 Word 中将文档保存到 OneDrive 里（OneDrive 的详细介绍见第 7 章）之后，用户就可以从任意设备访问文档，文档也可从任何设备打开，无论你是计算机、平板电脑还是手机。

### 操作方法：

在 Word 里新建文件后，依次单击【文件】→【另存为】命令，选择 OneDrive 并为此文档输入名称，然后选择【保存】命令，如图 2-2 所示。如果你还没有登录 Microsoft 365 账号，系统会提示让你登录，你需要先登录 Microsoft 365 才可以保存在 OneDrive 中。

图 2-2

### 小贴士

建议将个人文件保存到"OneDrive - 个人"，将工作文件保存到公司的 OneDrive 中，也可以保存到列表中的其他位置。

保存后，如果在另一台设备上登录 Office 365，此文档会显示在最近使用的文件列表中，如果打开文档，可在上次离开的位置继续操作文档。

### 拓展学习：什么是个人版的 OneDrive？

如果你还没有个人的 OneDrive，你可以根据 Outlook 网站的提示申请一个免费的 OneDrive 使用。在这里不得不提到个人 Microsoft 账号，它其实就是当初的 Hotmail，你还记得 10 多年前的 MSN 吗？那时候我们有自己的空间相册，可以发布自己的简单动态，这些也是我们社交的一部分，随着微软 MSN 中国的关闭，我们也不得不告别曾经的 MSN 社交圈，其实 MSN 只是关掉了社交，如果你正在查找 Hotmail 如何登录？恭喜你，你找到了！微软重新设计了 Hotmail 并将其重新发布为 Outlook。目前 Outlook 里所有功能都是免费的，你可以在浏览器里输入"Outlook.com"，在页面中去登录一下你的 MSN 账号试试。

如果你还不知道 MSN 是什么，也没关系，那我可以确定你一定是位年轻的读者。

## 2.1.2 场景案例：Word 协作编辑，串行工作变并行效率高

多人实时在线编辑中的文件无须反复上传下载，那么如何与同事一起编辑文档或者 Excel 表格，并且快速汇总数据？如果你把文档保存到 OneDrive，那么你就可与他人共享该文档，对方收到文档文件链接后，单击链接即可直接在线编辑，然后与你一起协作编辑。他们甚至无须使用 Word 便可打开文档，相关介绍，如图 2-3 所示。

图 2-3

### 案例背景：

以前 Mary 和同事之间若要共同修改一个文档，经常需要用微信或邮件来回发送好几次，有时就当面一句一句指点修改，效率慢，版本文件多，大家有可能看的还不是同一个版本。这次 Mary 把起草好的项目方案通过 OneDrive 共享，其他人可以直接"实时在线交流"。大家可以对某一个文本段落进行编辑，同时大家的编辑记录会被记录成版本，供日后回溯。另外，其他协作者正在编辑的内容通过"高亮名字"功能可以实时查看。如果遇到像合同这样比较机密的文件，可用"限制编辑"功能，以限定其他协作者的编辑区域，完美解决多人协作时有人误删重要数据的问题。

### 操作方法：

#### 第 1 步：共享文档

（1）Mary 在本地 Word 创建了项目方案文件，撰写了基本的格式，她把文件共享给 user01 用户，在 Word 窗口右上角单击【共享】按钮或依次单击【文件】→【共享】命令，如图 2-4 所示。

图 2-4

> **小贴士**

如果文件尚未保存到 OneDrive 上，此时系统会提示将文件副本上传到 OneDrive 以便进行共享，你可以先选择上传到哪个账号的 OneDrive，如图 2-5 所示。

（2）打开"发送链接"对话框，如图 2-6 所示，从下拉列表中选择要共享的人员，或者输入姓名或电子邮件地址。输入共享时想要添加的信息（可选项），然后单击【发送】按钮。

图 2-5　　　　　　　　　　　　　　　　图 2-6

（3）单击【发送】按钮后，Outlook 自动发送指向此文档的链接，如果需要单独发送链接，将链接复制粘贴到邮件或聊天信息中，你可以单击【复制链接】命令。

#### 第 2 步：共同编辑文档

共享文档后，Mary 可以与 user01 同时处理编辑该文件。现在的 Office 为获得最佳体验，可在用户没有安装 Word 的情况下，在其浏览器中使用 Word Online 打开文档并支持协作编辑，也可在 Word 客户端打开文档协同编辑，并查看实时更改。除此之外，我们也可以看到正在编辑该文档的其他人员的姓名。彩色标志会向你精确显示每个人在文档中进行处理的位置，如图 2-7 所示。

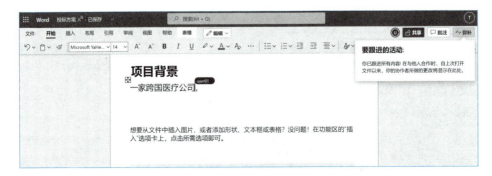

图 2-7

新功能【弥补】：在 Word Online 窗口的右上角单击【弥补】命令表示你已跟进所有内容，在与他人合作时，自上次打开文件以来你的协作者所做的更改都将显示在此处。

### 小贴士

不仅仅是 Word 文档，Excel 表格、PPT 演示文稿也能与同事或领导一起协同编辑。关于文档共享时的权限管理及多人编辑后的版本管理将在 OneDrive 章节介绍。

## 2.1.3 将本地文档保存到 SharePoint

在 2.1.2 节我们讲述了将文档保存到 OneDrive 并与其他人协作编辑的过程。如果你希望文档保存在 SharePoint 的团队网站（Team Site）文档库里，则具体操作方法如下：

在 Word 里新建文件后，依次单击【文件】→【另存为】命令，如图 2-8 所示，选择 OneDrive 并为此文档输入名称，然后选择【保存】命令，通过目录查找不同的文档库，然后再保存在指定的文档库里，此时系统可能会提示让你登录 Microsoft 365，你需要先登录 Microsoft 365 才可以将文档保存在 SharePoint 网站中。无论是 SharePoint 网站还是 OneDrive，两者都是 Microsoft 365 云端的存储空间，团队成员之间协作编辑的方式基本上相同（见 2.1.2 节场景案例）。

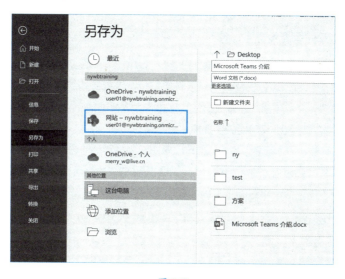

图 2-8

### 小贴士

OneDrive 是个人的云端存储空间，SharePoint 网站属于团队性质的云端存储空间。我们可以根据每个文档的需要选择合适的路径，这在 OneDrive 章节会讲到。

## 2.1.4 场景案例：开启自动保存防止文档意外丢失

### 案例背景：

Mary 创建文档后按照前面的步骤将文档保存在 OneDrive 中，然后她就投入了文稿的撰写工作中，而存储在云端（OneDrive/SharePoint）中的文档会自动开启自动保存功能，以防止文档意外丢失。此时 Mary 在 Word 窗口中可以看到【自动保存】命令是开启状态，如图 2-9 所示。通过这个功能我们就不用担心文档写到一半计算机意外关闭而丢失了。

图 2-9

## 2.2 Word 中自带的 AI 小智能工具

### 2.2.1 语音听写输入文字

现在 Word 中添加了一个实用的工具，只要我们说话，屏幕上就会显示文本，我们说出要添加的标点符号的名称也可以在文本中插入标点符号。这就是新的内容创作方式，尤其是当某个人打字比较慢，又特别累的时候，语音听写功能可以帮助他表达想法、创建草稿或大纲，还有捕获笔记。打开语音听写功能的步骤如下。

依次单击【开始】→【听写】命令，你可以单击切换多种语言输入，我测试了汉语和英语，默认情况下，听写语言会根据你目前在 Office 中的设置选择文档语言。

单击【设置】的图标可以对语音听写功能进行设置，如图 2-10 所示，设置功能如下。

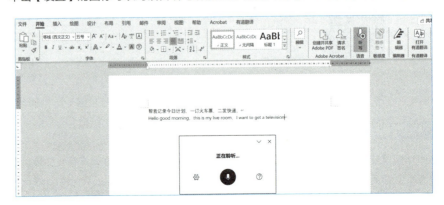

图 2-10

口语：在下拉列表中查看和更改语言。

自动标点：打开或关闭选中标记（如果可用于所选语言）。

语音听写功能适用于 Word、Outlook 和 PowerPoint 等软件，Word 听写支持的语言如表 2-1 所示。（Microsoft 365 每个月都有更新，具体更新哪些部分本人无法提前预知，预览版仅限参考。）

表 2-1

| 支持的语言 | 预览语言 * |
| --- | --- |
| 中文（中国） | 丹麦语 |
| 英语（加拿大） | 荷兰语（荷兰） |
| 英语（英国） | 英语（澳大利亚） |
| 英语（美国） | 英语（印度） |
| 法语（法国） | 芬兰语 |
| 德语（德国） | 法语（加拿大） |
| 意大利语（意大利） | 印地语 |
| 西班牙语（墨西哥） | 日语 |
| 西班牙语（西班牙） | 韩语 |
|  | 挪威语（博克马尔语） |
|  | 波兰语 |
|  | 葡萄牙语（巴西） |
|  | 葡萄牙语（葡萄牙） |
|  | 俄语 |
|  | 瑞典语（瑞典） |
|  | 泰语 |

\* 预览语言可能准确度较低或标点支持有限。

### 2.2.2　大声朗读

Mary 戴着 1200 度的眼镜忙碌一天了，快要下班时她正想早点下班回去休息下，这时她的下属 user01 发来了今日需要发出去的客户计划书，user01 担心 Mary 太累，教了 Mary 一招，可以依次单击【审阅】→【大声朗读】命令（如图 2-11 所示），把计划书读出来，这就可以不用用眼审读了。

图 2-11

在该功能的设置中可以设置朗读速度、前进、后退、暂停、朗读速度、语音选择，如图 2-12 所示。语音有两个女生音色，一个男生音色，用户可以挑选喜欢的声音。

图 2-12

### 2.2.3 段落及文档翻译

在 Microsoft 365 版本的 Word 中，Word 提供了翻译文档的功能，可以轻松对大篇幅文档进行实时翻译，一般翻译的不是以用户的母语编写的文档，这样用户不需要离开 Word 就可以将文档翻译为用户的母语。

操作方法：

1. 翻译整个文档

依次单击【审阅】→【翻译】→【翻译文档】命令，如图 2-13 所示。

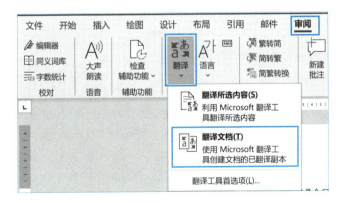

图 2-13

在"源语言"的下拉列表中选择【自动检测】命令，在"目标语言"下拉列表中选用【简体中文】命令，然后单击【翻译】按钮（如图 2-14 所示）。

2. 翻译所选文字

首先，在文档中，突出显示要翻译的文字。然后，依次单击【审阅】→【翻译】→【翻译所选文字】命令，选择你想译成的语言以查看翻译。最后，单击图 2-15 所示的【插入】按钮，这时已翻译的文本将替换原来突出显示的文本。

图 2-14

图 2-15

### 2.2.4 拼写检查语法校正

Word 会自动检查拼写和语法，并用红色波浪下画线标记拼写错误的单词。蓝色双下画线表示语法错误。这些功能可以让你自信地写作，进一步提升你的写作水平。

将鼠标光标置于某段文字末尾，并按【Enter】键开始新的段落，写下一个具有一些拼写错误或语法错误的句子，然后按【Enter】键结束该段落。

右键单击标有下画线的文本或按【F7】键，选择建议项，更正错误，如图 2-16 所示。

图 2-16

## 2.3 Word 粘贴链接

需要在 Word 中粘贴网站地址时，要先在浏览器中复制网站地址，当在 Word 中粘贴时，此时粘贴的不是一个网站地址，而是带有这个网站地址超链接的网站名称，如同我们在旧版本上先写入文本再给文本插入超链接的效果是一样的，这时我们会发现在 Microsoft 365 环境中的 Word 中插入超链接变得如此简单。

如图 2-17 所示，复制浏览器中的网址。

图 2-17

粘贴到 Word 中的网址自动带上超链接对应的标题名称而不是一串如图 2-17 所示的网站地址，效果如下：

nywbtraining - Teams - 地区订单信息统计 - 所有文档 (sharepoint.com)

## 2.4 绘图 & 墨迹书写

Word 中的墨迹书写功能是否可用取决于你使用的 Office 的版本，目前仅是 Microsoft 365 订阅产品拥有此功能（适用于 Word、Excel、PowerPoint），单击【绘图】选项卡，你可以看到五颜六色的绘图工具笔和将墨迹转换为形状等功能，如图 2-18 所示。

图 2-18

如果你的版本支持墨迹书写，你可在支持触摸的设备上，用手指、数字笔或鼠标绘图。

如果你有一个支持触摸的设备并且正在使用数字笔，则默认情况下，当用笔单击文档画布时，它会立即开始绘制，如图 2-19 所示。

**Microsoft Office 中的数字墨迹**

图 2-19

单击绘图工具栏下的【鼠标指针】按钮，你可以关闭手绘模式。

### 小贴士

如果你是订阅 Microsoft 365 产品的用户，但你在工具栏上没看到【绘图】工具栏，可能是你没有开启此功能，开启步骤如下：

依次单击【文件】→【选项】→【自定义功能区】→【主选项卡】命令，勾选【绘图】复选框，如图 2-20 所示，操作完成后单击【确定】按钮，这样 Word 工具栏里就添加了绘图工具。

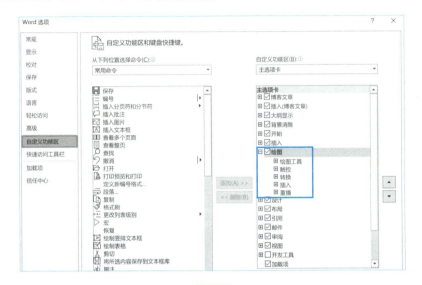

图 2-20

用绘图可以做些什么呢？

如果我们在讲述项目方案时没有用翻页笔，这个绘图就可以代替激光笔在文档区域进行标记绘画，随后可以用橡皮擦除。

如果你的电脑是触屏电脑，可以直接用 surface 笔或手指随意涂画，还可以将墨迹转为形状、数学公式，墨迹还可以重播过程，非常适合教学及头脑风暴。

用墨迹转换位形状，创建手写签名。

### 小贴士

Word 墨迹编辑器和 PowerPoint 将墨迹转换为文本功能中的墨迹识别功能均支持多种语言的转换，但受 Office 支持的所有语言并非都可转换。

## 2.5 使用 Web 图片添加更多视觉效果

### 1. 联机图片

在 Word 中插入图片时你可以插入 Web 上的图片，系统会自动导航到 Bing 搜索引擎，帮助你收集适合的图片。

操作方法：

依次单击【插入】→【图片】→【联机图片】命令，如图 2-21 所示。

图 2-21

联机图片分为很多种类型，你可以通过搜索查找自己需要的图片，如图 2-22 所示。

图 2-22

2. 商务图标

在你利用 Word 撰写新闻稿时，需要在文章内容中加入一些独特的图形标志，这样会使内容更加生动形象，让内容变得更加具有独特色彩。

操作方法：

依次单击【插入】→【图片】→【图标】命令，界面如图 2-23 所示。

3. 3D 模型

在 Microsoft 365 版本的 Word 中，可插入和操作 3D 模型图像，以便人们从所有角度查看，使文档更有创意并突出显示功能。

## 操作方法：

单击【3D 模型】选项卡，选择电脑里存储的 3D 模型图。插入 3D 模型后，选择模型并使用对象中心的 3D 控件进行旋转并倾斜，以从顶部查看或查找合适的角度，恰如处理常规图像一样，用户还可以通过拖动图像角部的图像控制点，来放大或缩小图像，如图 2-24 所示。

图 2-23

图 2-24

在图 2-24 中，单击【3D 模型】选项卡，然后从功能区的【3D 模型视图】中选择视图，使用【3D 模型视图】可以调整图像角度。

3D 图像平移与缩放：选择 3D 模型，然后单击【3D 模型】选项卡，从功能区中单击【平移与缩放】命令。图像右侧的小放大镜可让你在框架内放大或缩小模型。往外拖曳是尝试放大，往里拖曳是尝试缩小，单击并在框内拖动图像以移动显示 3D 图像的某一部分，如图 2-25 所示。

图 2-25

## 2.6 场景案例：如何在移动设备上撰写 Word 文档

**案例背景：**

无论是在工作场所、家里还是在路上，即使你没带电脑，你也可以随时随地通过信任的移动设备访问浏览器，在 Microsoft 365 网页版中创建 Word 文件。

**操作方法：**

第 1 步：在 Word 网页版中创建文档。

使用你的 Microsoft 365 账号登录主页，选择左上角位置的加号就可以选择要创建的 Office 文档类型，你可以看到 Word 在第一个位置，选择 Word 文档系统即可自动创建一个空白文档，如图 2-26 所示。

图 2-26

## 第 2 章 用 Word 协作共赢

第 2 步：重命名文档。

Word 文档创建后，默认的文件名是"文档 -001"，若想重命名文档我们可以选择顶部的标题并输入新的名称，在 Word 网页版编辑文档时系统会自动保存所有更改，文档默认保存在 OneDrive 中，如图 2-27 所示。

图 2-27

在这个新文档中你可以添加文本、图像、页面布局和设置格式（网页上编辑 Word 几乎与客户端编辑一样，在此不再重复），直接与他人共享工作或进行协作，无论他们身在何处只要有网络的地方就可以读取到你共享的文档。

第 3 步：添加批注并 @ 某人。

当别人给你共享文档而你正在出差的路上时，你可以使用手机或其他移动设备通过邮件的链接打开共享文档，当你阅读时，如果你想添加个人意见，可以选择【审阅】→【新建批注】或选择窗口右上角的 批注 进行编辑。

如果你在计算机上打开查看文档，并没有下载，你也可以在文档中右键单击并依次单击【批注】→【新建】命令。输入批注内容后，并选择 进行发送，如图 2-28 所示。

图 2-28

发送后，此时文档中有备注的位置会出现批注标志 。若要在批注中再次提及某人，请

输入 @ 及其姓名，然后选择所需的姓名，再写入你的建议文本，然后单击 ▶ 发送，如图 2-29 所示。

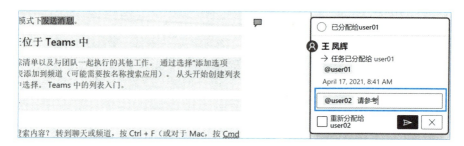

图 2-29

第 4 步：审阅批注。

依次单击【审阅】→【显示批注】命令，显示文档中的所有批注，选择【上一个】或【下一个】命令在批注间移动。

若要删除批注，请单击【审阅】→【删除】命令。

注释性批注可以让团队成员获得更好的协作体验，如图 2-30 所示。

图 2-30

# 第 3 章　用 Excel 直观分析数据

无论是 Excel 新手还是高手，都可通过本章内容了解最受欢迎的 Microsoft 365 版本在 Excel 数据分析方面的新功能（相关方法也适用于 Excel 2016 以上版本）。通过实际示例和可视化效果，你可以像专业人士那样进行快速填充、智能数据清洗转换、增强性数据透视分析、新的可视化数据分析等操作。

## 3.1　Excel 自带的 AI 小智能工具

### 3.1.1　场景案例：快速填充 – 自动拆分数据

**案例背景：**

一家公司的 IT 工程师从信息系统里导出了一个部门的人员列表，只有邮箱，缺少名字列和姓氏列，他们公司的邮箱命名规则是名 . 姓 @nywbtraining.onMicrosoft.com，如果一个个输入姓名则太麻烦，这时他可以用 Excel 新功能——快速填充完成。

**操作方法：**

单击"名字"列，在包含"Nancy"的单元格按下【Enter】键，在 B3 单元格输入"Andy"时会出现建议列表提示，你可以单击提示自动输入，不需要手动完整输入，如图 3-1 所示。

| | A | B | C |
|---|---|---|---|
| 1 | 电子邮件 | 名字 | 姓氏 |
| 2 | Nancy.Smith@nywbtraining.onmicrosoft.com | Nancy | Smith |
| 3 | Andy.North@nywbtraining.onmicrosoft.com | Andy | |
| 4 | Jan.Kotas@nywbtraining.onmicrosoft.com | Jan | |
| 5 | Mariya.Jones@nywbtraining.onmicrosoft.com | Mariya | |
| 6 | Yvonne.McKay@nywbtraining.onmicrosoft.com | Yvonne | |

图 3-1

快速填充功能会在你键入一致模式的内容时检测，并提供单元格填充建议。

试试使用另一种方式来快速填充：单击包含"Smith"的单元格之后按【Ctrl】+【E】键（【Ctrl】+【E】键是快速填充快捷键）。可在建议提示按钮上撤销快速填充（如图 3-2 所示）。

快速填充功能除了用快捷键，你也可以在 Excel 窗口中找到它的位置，依次单击【开始】→【填充】→【快速填充】命令，如图 3-3 所示。现在，所有姓氏在其各自列中。

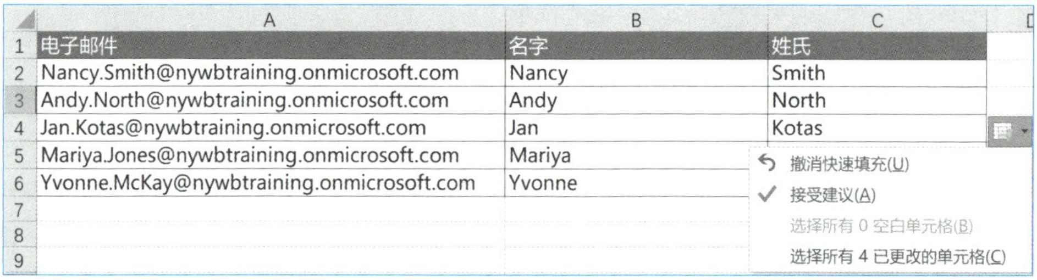

图 3-2

图 3-3

### 3.1.2 场景案例：现有数据快速分析

在 Excel 里当我们选取了一个数据范围之后，右下角就会显示一个快速分析工具，它会列出常用的分析与绘图工具，帮助我们快速制作出图文并茂的报表，大幅提高我们的工作效率。

**案例背景：**

假设我们有一张各不同产品类别销售金额的数据表格，其中的月份销售金额只是单纯以数字呈现，让人不容易看出整张表格的重点是哪，比如哪种产品比较好卖。

当我们用鼠标选择了表格的一个范围之后，在该范围的右下角就会出现一个【快速分析】功能按钮，请单击该按钮。单击【快速分析】功能按钮之后，我们就可以选择想要使用的快速分析功能，功能包括【格式化】、【图表】、【汇总】、【表格】、【迷你图】，如图 3-4 所示。

**操作方法：**

#### 1. 格式化

【快速分析】里的【格式化】命令就是最常用的条件格式，一般要根据个人的分析需要选择不同的规则，在表格中突出显示这些数据。例如，单击【图标集】命令，表格中每个单元格中的数据会自动添加三个方向不同且颜色不同的箭头，让你明确知道绿色的向上箭头是数值较大，红色的向下箭头是数值较小的，那么黄色水平箭头的数据是占中等位置，这样你就可以不用去看密密麻麻的数字而直接根据箭头判断出数据的大小。如图 3-5 中的数据显示三个月以来最好卖的产品是肉类的牛肉和鸡肉。

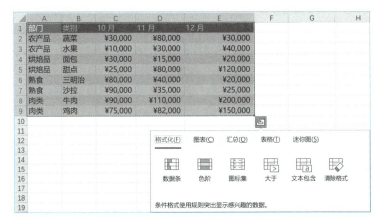

| 部门 | 类别 | 10 月 | 11 月 | 12 月 |
|---|---|---|---|---|
| 农产品 | 蔬菜 | ¥30,000 | ¥80,000 | ¥30,000 |
| 农产品 | 水果 | ¥10,000 | ¥30,000 | ¥40,000 |
| 烘焙品 | 面包 | ¥30,000 | ¥15,000 | ¥20,000 |
| 烘焙品 | 甜点 | ¥25,000 | ¥80,000 | ¥120,000 |
| 熟食 | 三明治 | ¥80,000 | ¥40,000 | ¥20,000 |
| 熟食 | 沙拉 | ¥90,000 | ¥35,000 | ¥25,000 |
| 肉类 | 牛肉 | ¥90,000 | ¥110,000 | ¥200,000 |
| 肉类 | 鸡肉 | ¥75,000 | ¥82,000 | ¥150,000 |



图 3-4

| 部门 | 类别 | 10 月 | 11 月 | 12 月 |
|---|---|---|---|---|
| 农产品 | 蔬菜 | ↓¥30,000 | → ¥80,000 | ↓ ¥30,000 |
| 农产品 | 水果 | ↓¥10,000 | ↓ ¥30,000 | ↓ ¥40,000 |
| 烘焙品 | 面包 | ↓¥30,000 | ↓ ¥15,000 | ↓ ¥20,000 |
| 烘焙品 | 甜点 | ↓¥25,000 | → ¥80,000 | → ¥120,000 |
| 熟食 | 三明治 | →¥80,000 | ↓ ¥40,000 | ↓ ¥20,000 |
| 熟食 | 沙拉 | →¥90,000 | ↓ ¥35,000 | ↓ ¥25,000 |
| 肉类 | 牛肉 | →¥90,000 | → ¥110,000 | ↑ ¥200,000 |
| 肉类 | 鸡肉 | →¥75,000 | → ¥82,000 | ↑ ¥150,000 |

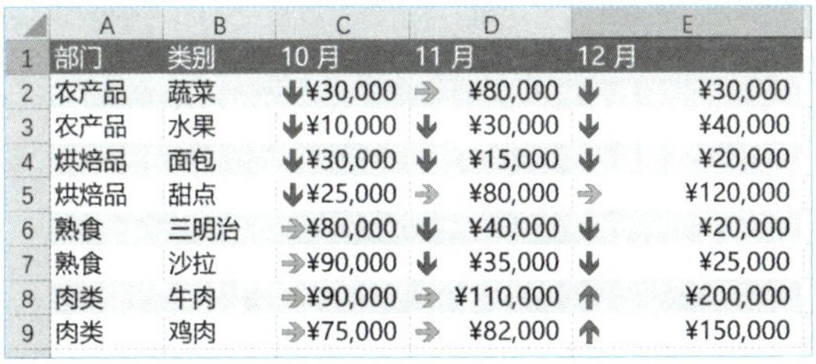

图 3-5

## 2. 图表

【快速分析】中的【图表】命令可以让你根据数据制作簇状柱形图、散点图等图表，出来什么图表示 Excel AI 判断你的数据适合什么样的图表类型，你可以根据需要单击不同的图表预览不同的图表样式，再选择一张自己需要的图表类型。例如，单击【簇状柱形图】命令，即插入一个与表格数据对应的柱形图，然后按下鼠标左键拖动以调整图表大小，大小调整完成后再将其移动到合适的位置。

通过图 3-6 也可以一眼看出肉类的牛肉和鸡肉销售量比较高，如图 3-6 所示。

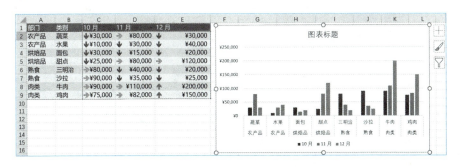

图 3-6

### 3. 汇总

【快速分析】中的【汇总】命令可以根据数据进行自动计算，并自动添加一行或一列，显示自动求和、平均数、汇总百分比等分析结果，你可以通过预览的方式先查看求和、平均值、计数等分析结果，直到确定需要哪种分析再单击鼠标。例如，单击【求和】命令，即会在表格下自动增加一行，显示每一行数据的合计，如图 3-7 所示。

图 3-7

### 4. 表格

【快速分析】中的【表格】命令可以将选中区域转换成表格（从区域转化为表格，是一种结构化表形式），或者转换成数据透视表进行深度分析。例如，单击第三个【数据透视表】命令，即自动创建一个新工作表，并将选中区域数据转换成数据透视表，显示数据的分析结果。按照每个部门每个月汇总销售数据，并显示每月的汇总这一要求得到的表格，如图 3-8 和图 3-9 所示。

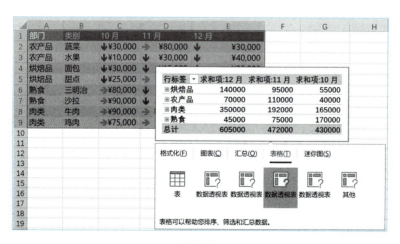

图 3-8

|   | A | B | C | D |
|---|---|---|---|---|
| 1 |   |   |   |   |
| 2 |   |   |   |   |
| 3 | 行标签 | 求和项:12月 | 求和项:11月 | 求和项:10月 |
| 4 | ⊞烘焙品 | 140000 | 95000 | 55000 |
| 5 | ⊞农产品 | 70000 | 110000 | 40000 |
| 6 | ⊞肉类 | 350000 | 192000 | 165000 |
| 7 | ⊞熟食 | 45000 | 75000 | 170000 |
| 8 | 总计 | 605000 | 472000 | 430000 |

图 3-9

**5. 迷你图**

【快速分析】中的【迷你图】命令是在选中区域后面显示一个折线图、柱状图或盈亏图，如单击第一个【折线图】命令，则系统会自动在数据的右侧创建一个折线迷你图，这样我们可以就看出第三季度熟食销售额略有下降，其他产品的销售额都呈上升趋势，如图 3-10 所示。

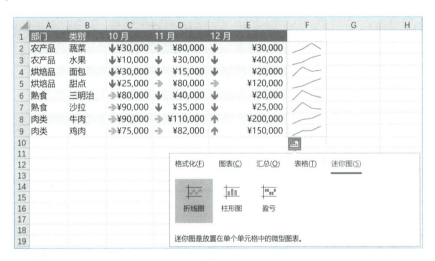

图 3-10

### 3.1.3 场景案例：根据现有时间段的销售额完成预测分析

**案例背景：**

场景描述：一家公司的销售人员从销售系统里导出了上个月的利润数据，如图 3-11 中表内的 A、B 列数据，老板很希望根据这些数据预测下个月的利润如何。

**操作方法：**

若要使用 Excel 预测趋势功能，你的数据内容必须是第一列是日期第二列是数据，这样才可以将其用于创建预测。选中 A、B 两列的数据后，依次单击【数据】→【预测工作表】命令，如图 3-12 所示。

| | A | B |
|---|---|---|
| 1 | 日期 | 利润 |
| 2 | 2021/3/2 0:00 | 18656 |
| 3 | 2021/3/3 0:00 | 16374 |
| 4 | 2021/3/4 0:00 | 3984 |
| 5 | 2021/3/5 0:00 | 18513 |
| 6 | 2021/3/6 0:00 | 16865.7 |
| 7 | 2021/3/7 0:00 | 32304.72 |
| 8 | 2021/3/8 0:00 | 14088.9 |
| 9 | 2021/3/9 0:00 | 16104 |
| 10 | 2021/3/10 0:00 | 19658.4 |
| 11 | 2021/3/11 0:00 | 34093.35 |
| 12 | 2021/3/12 0:00 | 18279.75 |
| 13 | 2021/3/13 0:00 | 1974 |
| 14 | 2021/3/14 0:00 | 5093.95 |
| 15 | 2021/3/15 0:00 | 24346.32 |
| 16 | 2021/3/16 0:00 | 26171.5 |
| 17 | 2021/3/17 0:00 | 17804 |
| 18 | 2021/3/18 0:00 | 12165.9 |
| 19 | 2021/3/19 0:00 | 10267.04 |

图 3-11

图 3-12

"创建预测工作表"对话框中为预测的可视化表示选择是线条图还是柱形图，在【预测结束】中，挑选结束日期，然后单击【创建】按钮，如图 3-13 所示。

图 3-13

这时，Excel 会创建一个新工作表出来，其中包含历史值和预测值，以及表达数据的预测图表，如图 3-14 所示。预测工作表可以帮助你预测将来的利润、销售额、库存需求或消费趋势之类的信息。

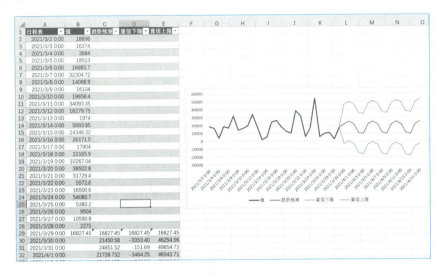

图 3-14

**预测选项设置**：在图 3-13 所示的对话框中，如果要更改预测的任何高级设置，请单击【选项】命令，这时我们可以看到预测选项设置，如图 3-15 所示。

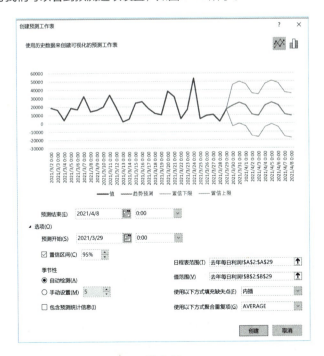

图 3-15

- 趋势预测：表示一般的预测趋势。
- 置信上限：置信区间是每个预测值的范围（上限和下限），置信区间越小，表示对预测信心越高，表示越乐观的预测高值。
- 置信下限：与置信上限相反，表示越悲观的预测低值。

表 3-1 中的数据参数说明来自微软官网，读者可以参考每个选项说明做相关的调整。

表 3-1

| 预测选项 | 说　　明 |
| --- | --- |
| 预测开始 | 挑选预测的开始日期。如果选择的日期在历史数据结束之前，将仅把开始日期之前的数据用于预测（这有时称为"后报"）<br>提示：<br>- 在上一个历史点之前开始预测可以感知预测准确性，因为可以将预测的系列与实际数据进行比较。但是，如果太早开始预测，生成的预测未必可以代表使用所有历史数据获得的预测，而使用所有历史数据生成的预测更准确；<br>- 如果数据具有季节性，则建议在最后一个历史点之前开始预测 |
| 置信区间 | 选中或取消选中【置信区间】可以将其显示或隐藏。置信区间是每个预测值的范围；根据预测（正态分布），如果未来点的置信区间为 95%，则应该会失败。置信区间可以帮助人们了解预测的准确性。区间越小，表示人们对特定点的预测信心越高。可以使用上下箭头更改 95% 这一默认置信级别 |
| 季节性 | 季节性是用于表示季节模式的长度（点数）的数字，可以自动检测到。例如，在年度销售周期中，每个点表示一个月，季节性为 12。可以通过选择【手动设置】并选取数字来覆盖自动检测<br>注意：手动设置季节性时，请避免少于 2 个历史数据周期的情况，如果周期少于 2 个，Excel 将不能确定季节性的组件；如果季节性严重不足，将导致算法无法检测，预测将还原为线性趋势 |
| 时间线范围 | 此处更改用于以下时间线的范围，此范围需要匹配【值范围】 |
| 值范围 | 此处更改用于值系列的范围，此范围需要与【时间线范围】相同 |
| 使用以下方式填充缺失点 | 为了处理缺少点，Excel 使用插值，也就是说，只要缺少的点不到 30%，都将使用相邻点的权重平均值补足缺少的点。若要改为将缺少的点视为零，请单击列表中的【零】命令 |
| 使用聚合重复项 | 如果数据中包含时间戳相同的多个值，Excel 将计算这些值的平均值。若要使用其他计算方法，请从列表中选择想要的计算 |
| 包括预测统计信息 | 如果希望将有关预测的其他统计信息包含在新工作表中，请选中此项。执行此操作会添加使用预测生成的统计信息表 |

**预测数据时使用的公式**：使用公式创建预测时，公式会返回一个表，其中包含历史数据、预测数据和一个图表。预测使用基于现有时间的数据和指数平滑 (ETS) 算法的 AAA 版本预测未来值。

该表中可以包含以下列，其中三个列为计算列：

（1）历史时间列（基于时间的数据系列）；

（2）历史值列（相应的值数据系列）；

（3）预测值列（使用 FORECAST.ETS 计算所得）；

（4）表示置信区间的两个列（使用 FORECAST.ETS.CONFINT 计算所得），只有当在框的【选项】部分中选中了【置信区间】时才显示这些列。

## 3.2 Power Query 数据清洗转换

Power Query 提供了轻松清洗数据、组合数据、优化数据等功能，以在后续过程中更好地对数据进行分析。无论你是 Excel 什么级别的用户，都可以通过 Power 完成如下事务。

（1）数据的获取：从不同源，不同结构中以不同形式获取数据并按统一格式进行横向合并、纵向追加合并、条件合并数据。

（2）数据转换：将原始数据转换成希望的结构格式。

（3）数据处理：为后续数据分析进行数据的补充处理，如加入新列、新行，处理某些单元格值。

如果你会使用 Power Query 中强大的 M 函数，那么只要使用几行简单的代码可以快速完成数据的获取、转换、处理工作。因为本书的目标是为非开发用户所写的，本节不涉及 M 语言的说明。如果读者对 M 语言感兴趣可以去微软官网学习。

### 3.2.1 数据分析的四部曲

在这里我们可以把 Excel 分析数据的整个过程比喻成洗菜→切菜→炒菜→吃菜这四个步骤，如图 3-16 所示。

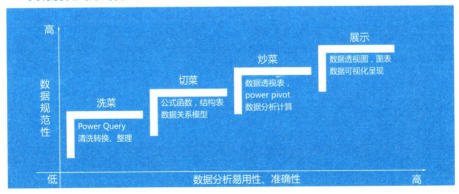

图 3-16

第一步：洗菜。

企业的数据可能来自系统及人工的录入，你从各个渠道获取的数据都可能存在不符合数据格式要求的情况，此时第一步就要清洗数据，不同的数据就像你购买的不同食材，不同的食材有不同的清洗方式。

第二步：切菜。

洗菜完毕就要开始切菜，如果你要求切出不同的花式形状，则可能需要使用不同的工具（像不同的公式、函数完善数据），之后把数据添加到数据模型准备分析数据（为炒菜做准备）。

第三步：炒菜。

数据分析就像炒菜，番茄炒蛋7分钟肯定可以入盘了，咖喱鸡土豆可能久一点儿，但也不会超过20分钟。也就是说真正用在拖曳生成分析报表的时间不会花太多，无论是Power Pivot还是普通的数据透视表都是找到你目标的字段拖曳即可。这些之所以花的时间这么短，肯定是在第二步各种准备已经完成了。

第四步：展示。

等你的报表做好展示给老板时不仅要漂亮还要实用，要能够给老板一些业务决策分析建议，如果能让老板一眼发现敏感数据，做出决策性指导那就说明你做的报表很成功。像番茄炒蛋、咖喱鸡土豆都入盘了端上去的时候要色香味俱全，客人吃下去赞不绝口，下次还来光临。那反过来客人吃番茄炒蛋时发现还有点碎的蛋皮，如果你是客户要不要退货？以后很难让这个客户再来了。数据报表也是如此，老板如果发现数据计算上的低级错误那将会产生多么不好的印象！数据的清洗环节（洗菜、切菜）是数据分析的基础，不仅影响到数据分析的过程，数据的准确性也可能受到影响。

### 3.2.2 数据分析对数据类型规范性要求

分析数据前，我们先介绍一下规范的数据格式对分析的影响，默认规范的Excel单元格格式应该具备以下特点：

（1）数字/日期靠右对齐；

（2）文本靠左对齐；

（3）数字大于11位显示科学计数法；

（4）数字大于15位则15位后显示为0，如果想要显示大于15位的数字必须把单元格变成文本格式，再输入长数字；

（5）如果不符合条件的话在公式函数计算或者数据分析时会出现各种提示性错误（如图3-17所示），所以我们在开始分析数据前要先清洗数据。

| | A | B |
|---|---|---|
| 1 | 常规 | 123 |
| 2 | 数值 | 123.00 |
| 3 | 货币 | ¥123.00 |
| 4 | 百分比 | 20.00% |
| 5 | 日期 | 2014/10/7 |
| 6 | 分数 | 1/2 |
| 7 | 科学计数 | 1.23457E+12 |
| 8 | 文本 | 123 |
| 9 | 文本 | test |

| 数据格式不统一导致公式无效 | |
|---|---|
| #VALUE! | 计算的单元格类型不匹配 |
| #div/0 | 0不能做除数 |
| #N/A | Vlookup/Match 匹配不到 |
| #REF | 单元格引用变动导致表格报错。 |

图 3-17

例如，在图 3-18 的数据中有几个日期字段，那么到底哪列的日期字段类型是正确的呢？

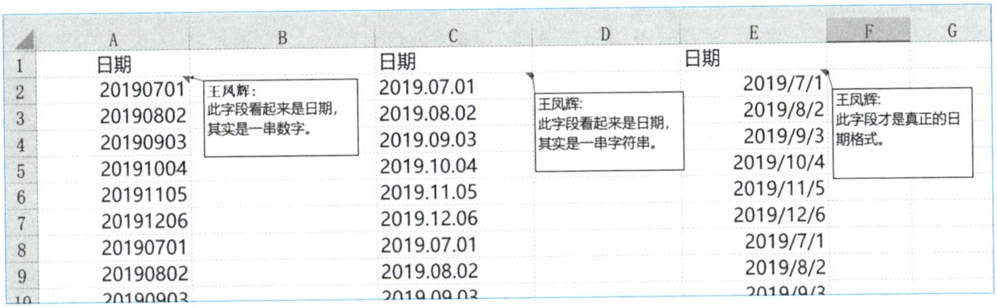


图 3-18

在图 3-18 中，三列日期中唯有 E 列的日期是正确的日期格式。也许你下载了本节的练习文件，发现你的日期是“2019-7-1”这个格式，中间是中杠的分隔符，这也是 Windows 常见的正确日期格式。如果你不能确定你的电脑到底是什么格式，请看 Windows10 桌面的右下角日期和时间，那里显示的格式就是你电脑最标准的格式，如图 3-19 所示。

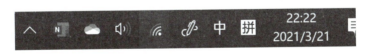

图 3-19

### 3.2.3 数据分析对数据结构化要求

Excel 在分析数据时对数据结构也是有一定要求的，例如你如果创建一个数据透视表，那么 Excel 要求数据表格结构必须是一维度表，数据表里不能包含多层表头（多维度表），必须是连续的无空行空列的一个区域，字段所在行不能有合并单元格，日期是规范格式，文本型数字要转换为数值格式。表格的结构要求见表 3-2。

表 3-2

| 项　目 | 特　征 |
|---|---|
| 表格结构 | 表格结构是一维表 |
| | 不能包含多层表头 |
| | 无空行空列 |
| 字段名称 | 字段名不能为空 |
| | 字段所在行无合并单元格 |
| 数据 | 日期是规范格式 |
| | 文本型数字要转换为数值格式 |

用过数据库的读者应该知道，任何一个数据库系统存储的数据都是一维度的表，但对于数据库不是很熟悉的读者可能还分不清一维表与二维表有什么差异。如图 3-20 所示，二维表的数据是横向纵向交叉查看都能把数据信息表达完整，一维表则每一条记录都是横向查看才可以把整条数据信息表达完整。

**小贴士**

Excel 数据透视表对数据源的要求就是一维表的结构，那么如何把二维表转换为一维表呢，详见 3.2.7 节。

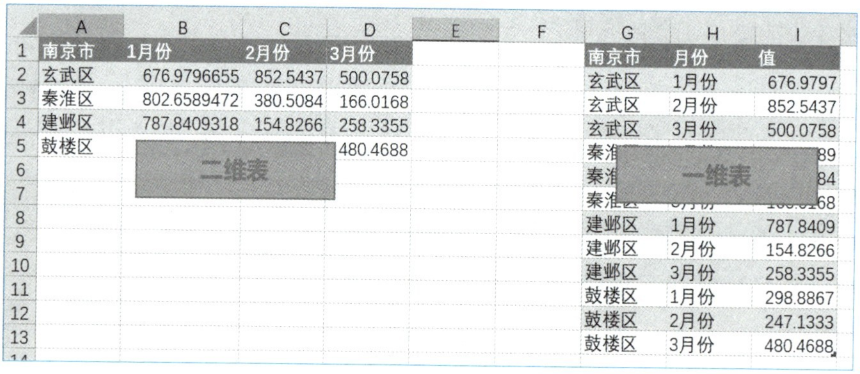

图 3-20

### 3.2.4 Power Query 编辑器启动

Power Query 编辑器增强了 Excel 的自助式商业智能分析能力，其可在 Excel 里创建连接到外部数据、转换数据和创建数据模型的工作簿，从而可跨各种数据源，并在发现、组合和优化数据之后再在 Excel 里进行数据分析。

在 Excel 窗口选择任意单元格，然后依次单击【数据】→【获取和转换数据】命令，如图 3-21 所示，这里提供了连接各种数据源，数据源连接后系统自动启动 Power Query 编辑器。

第 3 章 用 Excel 直观分析数据

图 3-21

> **小贴士**
>
> Power Query 编辑器在 Excel 2016 版本中称为"获取和转换",用法和 Microsoft 365 版本的 Excel 一样,仅支持的数据源种类略有不同。

Power Query 编辑器数据源连接的数据源有 40 多种,读者可以单击【获取数据】命令看到各种数据源类型(如表 3-3,此表的数据来源于微软官方网站)。

表 3-3

| 数据源分类 | 来 源 |
| --- | --- |
| 来自文件(7 种) | Excel 工作簿 / 文本 /CSV/XML/JSON/PDF/ 从文件夹 /SharePoint 文件夹 |
| 来自数据库(11 种) | SQL Server 数据库 /Microsoft Access 数据库 /Analysis Services/SQL Server Analysis Services 数据库 /Oracle 数据库 /IBM Db2 数据库 /MySQL 数据库 /PostgreSQL 数据库 /Sybase 数据库 /Teradata 数据库 /SAP HANA 数据库 |
| 来自 AZURe(7 种) | Azure SQL 数据库 /Azure Synapse Analytics/Azure HDInsight(HDGS)/Azure Blob 存储 /Azure 表存储 /Azure Data Lake Storage/Azure 数据资源管理器 |
| 来自 Power BI 的数据集(1 种) | Microsoft 账号 Power BI Desktop 发布云端的数据集 |
| 来自在线服务(5 种) | SharePoint 联机列表 /Microsoft Exchange online/Dynamics 365(在线)/Salesforce 对象 /Salesforce 报表 |
| 自其他来源(11 种) | 表格 / 区域 / 网站 /Microsoft Query/SharePoint 列表 /OData 源 / Hadoop 文件(HDFS)/Active Directory/Microsoft Exchange/ODBC/OLEDB/ 空白查询 |

**打开 Power Query 编辑器的过程**:Power Query 编辑器仅在加载、编辑或创建新查询时显示,它有点像 Excel VBA 窗口,在编辑和使用时才需要启动窗口,若要查看 Power Query 编辑器而不加载或编辑现有工作簿,可以依次单击【数据】→【获取数据】→【启动 Power Query 编辑器】命令,如图 3-22 所示。

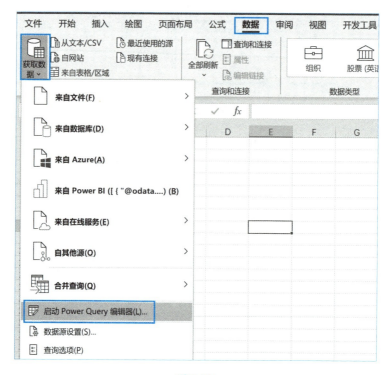

图 3-22

启动后,因为没有加载任何数据所以 Power Query 编辑器显示空数据,先关闭 Power Query 窗口,接着我们来加载一些数据探索一下 Power Query 编辑器到底如何清洗数据。

在 Excel 窗口中选中数据表中的任意单元格,依次单击【数据】→【来自表格/区域】命令。弹出"创建表"对话框,在【表数据的来源】处系统会自动选择一个连续的区域,如果区域选择错误,可以手动修改区域范围;如果需要数据中第一行是标题,则勾选【表包含标题】复选框,如果表格中不需要标题,可以去掉勾选,如图 3-23 所示,然后单击【确定】按钮。

Power Query 编辑器窗口共有四个选项卡,即【主页】、【转换】、【添加列】、【视图】;工作区共分为四个部分,即查询区、表格区、公式区、步骤区(如图 3-24 所示)。

① 在窗口的左侧显示加载到 Power Query 编辑器的表格名称,此处可以对表进行复制、删除、重命名等操作。

② 在窗口中间位置显示的表格的数据,与 Excel 显示的数据差不多,在此处我们可以看到每个字段名左侧显示的字段类型,如符号 ABC 表示文本格式,符号 123 表示数字格式,符号日历表示日期格式,单击符号图标可以在下列表单中看到其他的字段类型,随时可以更改。

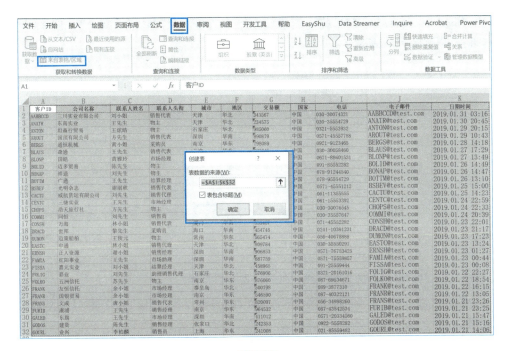

图 3-23

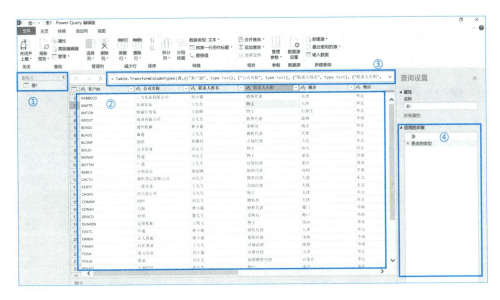

图 3-24

③ 在数据的上侧显示的是表格的函数（M 函数），如果你没有看到这一栏，单击【视图】选项卡，勾选【编辑栏】复选框就可以显示公式函数栏了，如图 3-25 所示。

④ 在窗口的右侧显示"查询设置"窗格用于编辑属性和查询步骤。例如，你更改了某一

043

列字段的类型，重命名了某个表格，或者删除了一些内容等动作都会被记录下来。如果你操作错了可以删除步骤重新操作。

图 3-25

### 3.2.5 Power Query 编辑器清洗不规则的数据格式

接着上面的步骤，数据已经被加载到 Power Query 编辑器了，接下来清洗不规则的数据格式。

字段类型转换过程如下。

单击"交易额"字段旁边的符号 123 更改其类型为货币，这时会弹出对话框提示我们选择类型的转换是【替换当前转换】还是【添加新步骤】，如果想保留原来数据的类型，又想更改的新步骤，请单击【添加新步骤】命令，如果不想显示目前的类型是通过操作步骤更改的则直接单击【替换当前转换】命令，如图 3-26 所示。

**小贴士**

其他的数据类型都是同样转换的，该操作比 Excel 的转换速度快，而且不容易出错，像这种数值转货币类型看起来很简单，但有时候明明看着都是数值，但数据就是文本格式，从而导致计算出错。

图 3-26

### 3.2.6 Power Query 编辑器数据拆分列

数据表格的“日期时间”列是合在一起的日期时间，如果需要把日期和时间分开，则我们会发现日期和时间之间是按照空格分隔的，可以依次单击【转换】→【拆分列】→【按分隔符】命令进行更改，如图 3-27 所示。

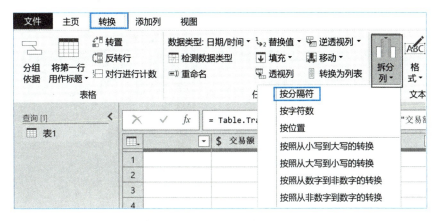

图 3-27

日期时间按照分隔符空格拆分后 如图 3-28 所示。

这样本数据表中所有的数据格式都清洗好了，然后依次单击【主页】→【关闭并上载】命令，即可将数据加载到 Excel 中，如图 3-29 所示。

进入 Excel 窗口后，我们就可以和以前的数据一样，对数据做筛选、排序、数据透视等分析了，如图 3-30 所示。

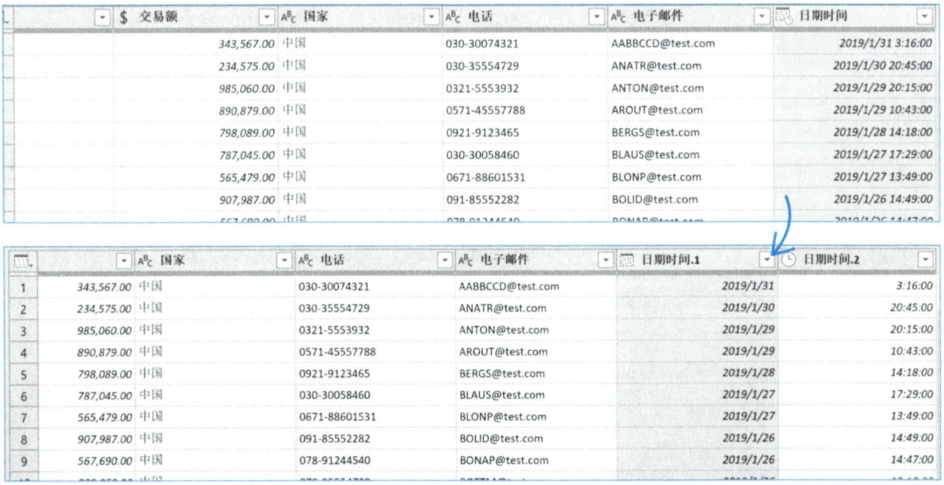

| $ 交易额 | 国家 | 电话 | 电子邮件 | 日期时间 |
|---|---|---|---|---|
| 343,567.00 | 中国 | 030-30074321 | AABBCCD@test.com | 2019/1/31 3:16:00 |
| 234,575.00 | 中国 | 030-35554729 | ANATR@test.com | 2019/1/30 20:45:00 |
| 985,060.00 | 中国 | 0321-5553932 | ANTON@test.com | 2019/1/29 20:15:00 |
| 890,879.00 | 中国 | 0571-45557788 | AROUT@test.com | 2019/1/29 10:43:00 |
| 798,089.00 | 中国 | 0921-9123465 | BERGS@test.com | 2019/1/28 14:18:00 |
| 787,045.00 | 中国 | 030-30058460 | BLAUS@test.com | 2019/1/27 17:29:00 |
| 565,479.00 | 中国 | 0671-88601531 | BLONP@test.com | 2019/1/27 13:49:00 |
| 907,987.00 | 中国 | 091-85552282 | BOLID@test.com | 2019/1/26 14:49:00 |

| | 国家 | 电话 | 电子邮件 | 日期时间.1 | 日期时间.2 |
|---|---|---|---|---|---|
| 1 | 343,567.00 中国 | 030-30074321 | AABBCCD@test.com | 2019/1/31 | 3:16:00 |
| 2 | 234,575.00 中国 | 030-35554729 | ANATR@test.com | 2019/1/30 | 20:45:00 |
| 3 | 985,060.00 中国 | 0321-5553932 | ANTON@test.com | 2019/1/29 | 20:15:00 |
| 4 | 890,879.00 中国 | 0571-45557788 | AROUT@test.com | 2019/1/29 | 10:43:00 |
| 5 | 798,089.00 中国 | 0921-9123465 | BERGS@test.com | 2019/1/28 | 14:18:00 |
| 6 | 787,045.00 中国 | 030-30058460 | BLAUS@test.com | 2019/1/27 | 17:29:00 |
| 7 | 565,479.00 中国 | 0671-88601531 | BLONP@test.com | 2019/1/27 | 13:49:00 |
| 8 | 907,987.00 中国 | 091-85552282 | BOLID@test.com | 2019/1/26 | 14:49:00 |
| 9 | 567,690.00 中国 | 078-91244540 | BONAP@test.com | 2019/1/26 | 14:47:00 |

图 3-28

图 3-29

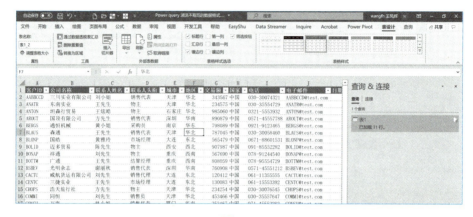

图 3-30

这时我们还可以看到窗口右侧多了一个"查询 & 连接",如果在这部分中有表的名字,说明此文件里的 Power Query 编辑器是有数据的。如果想再次进入 Power Query 编辑器编辑数据,可以单击表数据区域任意单元格,这时 Excel 窗口会多出一个【查询】选项卡,在此选项卡中单击【编辑】命令就可以再次进入 Power Query 编辑器,如图 3-31 所示。

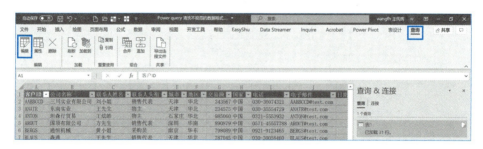

图 3-31

### 3.2.7　Power Query 编辑器逆透视列

Power Query 编辑器逆透视列是把多列数据逆变转换为少数几列数据的功能。在 Excel 工作表中,有时需要把多列数据转换到多行中,像工作中经常会遇到二维表,但是在 Excel 数据统计分析中,二维表再结合其他数据分析会带来很多问题,比如数据透视表就要求数据源为一维表。目前利用 Power Query 编辑器把二维表变为一维表是 Excel 里最简单的方法，二维表与一维表如图 3-32 所示。

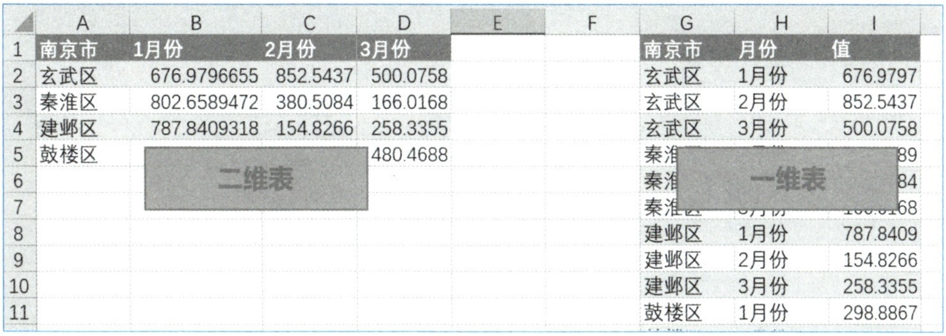

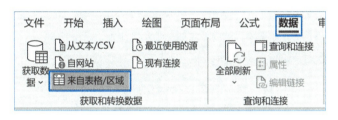

图 3-32

第 1 步，选中 A1:D5 区域数据，然后依次单击【数据】→【来自表格/区域】命令，如图 3-33 所示，这样 Excel 会自动将数据区域转换为结构表，并进入 Power Query 编辑器。

图 3-33

第 2 步，在 Power Query 编辑器里选择要设置的某列或某几列，在此选择 1 月至 3 月所有的列（先选择 1 月列，按住【Shift】键选择 3 月列），然后依次单击【转换】→【逆透视列】命令，如图 3-34 所示。

图 3-34

**第 3 步**，查看逆透视列的结果，此时数据由二维表转变为一维表，然后双击"属性"字段，将其更改为【月份】，如图 3-35 所示。其他字段的类型根据 3.2.2 章节的数据类型规范检查并更改。

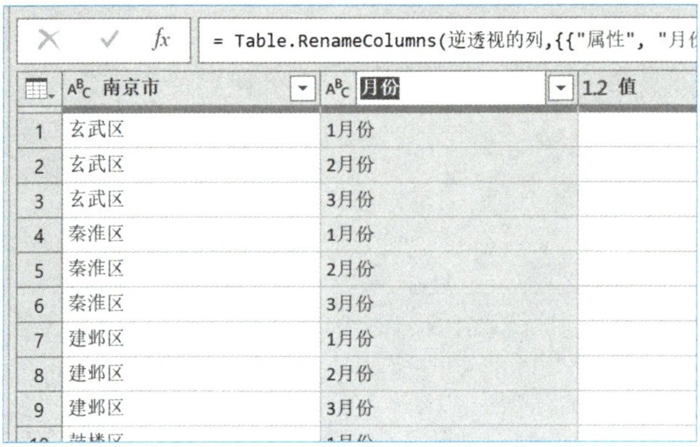

图 3-35

**第 4 步**，加载数据依次单击【主页】→【关闭并上载】命令，如图 3-36 所示，把转换后的数据结果传送到 Excel 表格中，这样就生成一个新工作表，转置完毕，这时工作表右侧提示"已加载 N 行"数据，如图 3-37 所示。

图 3-36

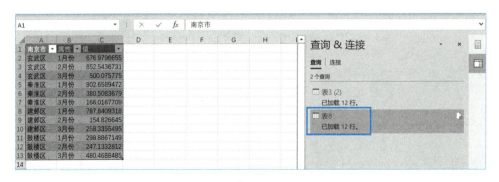

图 3-37

## 3.3　Power Query 编辑器追加查询和合并查询

### 3.3.1　什么是追加查询

追加查询（Append Query）：追加查询就是把表格结构相同表的后续表数据从尾部追加到前一个表，又称为尾部追加表，如图 3-38 所示，可以创建一个新查询，其中包含第一个表的所有行，后面跟上第二个表的所有行。追加操作至少需要两个表或以上。这些表（查询）可以基于不同的外部数据源。

图 3-38

### 3.3.2　追加查询对数据的要求

追加查询操作基于两个表中的列标题名称一致，而不是其相对列位置一致。后面的表就会追加到所有表中的所有匹配列。如果表中没有匹配的列，则空值将添加到不能匹配的列。按选择顺序追加表，从第一张主表开始可以执行两种类型的追加操作，使用内联追加，将数据追加到现有表，直到得到最终结果。

### 3.3.3　追加查询的具体操作步骤

第 1 步，在操作追加查询前，请先把数据表格加载到 Power Query 编辑器，如在 1 月数据中选择一个单元格，然后依次单击【查询】→【来自表 / 区域】命令，把 1 月添加到 Power Query 查询里。关闭 Power Query 编辑器时，弹出一个对话框询问是否保留更改，若这时选择【保留】命令那么系统将自动关闭 Power Query 编辑器，如图 3-39 所示。

图 3-39

再用同样的方法把 2 月和 3 月的数据都添加到 Power Query 编辑器里，如图 3-40 所示。

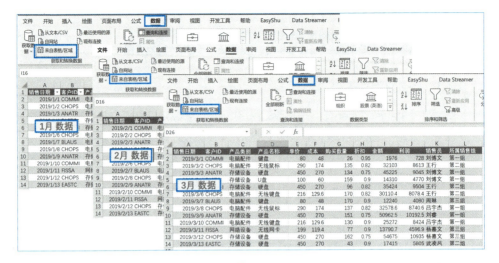

图 3-40

第 2 步，现在 Power Query 编辑器里有三个查询表，依次单击【主页】→【追加查询】→【将查询追加为新查询】命令，如图 3-41 所示。

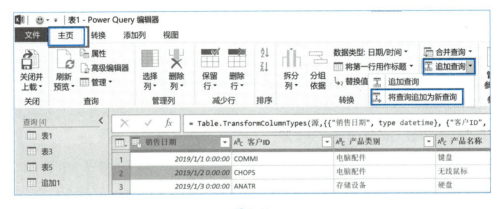

图 3-41

第 3 步，将出现"追加"对话框。此时要选择【三个或多个表】，在【可用表】框中分别选择"表 3"和"表 5"，单击【添加】按钮，将表添加到【要追加的表】框中，使用该框右侧箭头更改序列，设置完成后单击【确定】按钮，如图 3-42 所示。

这时一张新的追加查询表出现在查询里，如图 3-43 所示。

最后需要把数据上载到 Excel 里，在 Power Query 编辑器里依次单击【文件】→【关闭并上载】命令，这样三个月的数据就追加到一张表格了。

第 3 章 用 Excel 直观分析数据

图 3-42

图 3-43

### 3.3.4 什么是合并查询

合并查询（Merge Query）：合并时，可以连接 Excel 内、外部数据源中的两个表合并查询。此外，合并功能具有直观的用户界面，可帮助用户轻松连接两个相关表。像用 Excel 里的 VLOOKUP 函数可以将多张表"肩并肩"扩展为一张大宽表，如图 3-44 所示。

图 3-44

051

### 3.3.5 合并查询对数据的要求

合并查询是基于两个现有查询创建新查询。一个查询结果包含主表中的所有列，其中一列充当包含与辅助表关系的单个列。相关表中包含基于相同列值与主表中每一行可匹配的所有行。展开操作将相关表中的列添加到主表中。

合并查询有两种类型的合并操作。

（1）嵌入合并：将数据合并到现有查询中，直到达到最终结果，结果是当前查询末尾的新步骤。

（2）中间合并：为每个合并操作创建新查询。

> **小贴士**
>
> 在此建议大家选择新建查询，以便事后在数据需要核对时进行查询。

### 3.3.6 合并查询的具体操作步骤

例如：销售员信息表里存放了 7 名员工的信息，销售表里存放了 7 名员工销售金额，如果需要查看或分析每个部门的销售金额是多少，过去需要通过"员工 ID"字段用 VLOOKUP 函数把"部门"字段匹配到销售表里，现在可以用 Power Query 编辑器快速把他们合并到一张表里，如图 3-45 所示。

图 3-45

第 1 步，在操作合并查询前，请先把"员工信息表"加载到 Power Query 编辑器当中，如在"员工信息表"中选择一个单元格，然后依次单击【查询】→【来自表/区域】命令，并且在关闭 Power Query 编辑器时保存更改。

用同样的办法再把"销售表"加载到 Power Query 编辑器。

第 2 步，依次单击【主页】→【合并查询】→【将查询合并为新查询】命令，如图 3-46 所示。直接单击【合并查询】命令的默认操作是执行内联合并，此时建议使用【将查询合并为新查询】命令,其表示新建一个查询,如果做错了,不会影响到原始表格。随后将显示"合并查询"对话框。

图 3-46

第3步,从第一个下拉列表中选择主表为"销售表",然后通过选择列标题 ID 选择连接列。在下一个下拉列表中选择相关表为"员工信息表",然后通过选择列标题"员工 ID"选择匹配的列。在此默认的连接种类[①]:左外部(第一个中的所有行,第二个种的匹配行)表示保留主表"销售表"中的所有行,并引入相关表"员工信息表"中的任何匹配行。最后显示所选内容匹配第一个表中的 77 行(共 77 行),单击【确定】按钮,如图 3-47 所示。

图 3-47

---

① 软件图中"联接"的正确写法应为"连接"。

结果如图 3-48 所示,左侧查询中显示"合并 1",数据里多一个"员工信息表"。

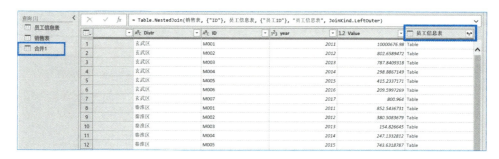

图 3-48

### 小贴士

(1)此时保证在主表和相关表的预览版中选择要匹配的相同数量的列。列的比较基于每个表中的选择顺序。匹配列必须具有相同的数据类型,如文本或数字格式。

(2)从主表和相关表中选择列后,Power Query 编辑器会显示一组顶部行中的匹配项数,所选内容匹配第一个表中的 77 行,如图 3-47 所示。此操作会验证合并操作是否正确,或者是否需要进行更改才能获得所需的结果。

(3)连接类型:默认连接操作是内部连接,但从"连接种类"下拉列表中,可以选择以下类型:

① 内部连接,仅引入主表和相关表中的匹配行;

② 左外部连接,保留主表中的所有行,并引入相关表中的任何匹配行;

③ 右外部连接,保留相关表中的所有行,并引入主表中的任何匹配行;

④ 完全外部,引入主表和相关表中的所有行;

⑤ 左反连接,仅引入主表中没有相关表中的任何匹配行的行;

⑥ 右反连接,仅引入相关表中没有主表中任何匹配行的行;

⑦ 交叉连接,通过将主表中的每一行与相关表中的每一行组合在一起,返回两个表中的行的笛卡尔值。

部分应用场景说明见表 3-4。

表 3-4

| 连 接 | 解 释 | 举例(订单为主表,客户为相关表) |
| --- | --- | --- |
| 左外部连接(Left Outer) | 保留左表所有行,右表没有匹配的数据则为空 | 列出所有订单,捎带客户信息 |
| 右外部连接(Right Outer) | 保留右表的所有行,左表没有匹配的数据为空 | 列出所有客户信息,捎带订单信息 |

| 连　　接 | 解　　释 | 举例（订单为主表，客户为相关表） |
|---|---|---|
| 完全外部（Inner） | 保留两表完全匹配的行，删除不匹配行 | 仅列出今年产单的客户及订单信息 |
| 左反连接（Left Anti） | 保留左表中没有与右表匹配的行 | 列出缺失客户信息的订单 |
| 右反连接（Right Anti） | 保留右表中没有与左表匹配的行 | 列出没有产单的客户 |

第4步，展开表"员工信息表"列，在"数据预览"中，选择列标题旁边的【展开】命令，在【展开】命令的下拉列表中，选中或取消选中需要的列以显示想要的结果，单击【确定】按钮，如图3-49所示。

> **小贴士**
>
> 在图3-49中，若要聚合统计列值，请选择【聚合】，再单击【确定】按钮。

图 3-49

第5步，对展开列后的结果，如果觉得名称"员工信息表.部门"太长，可以重命名新列，双击每一列的列标题，直接输入列的新名称，此时要注意字段类型。

第6步，数据合并完成后，需要把数据上载到Excel里，依次单击Power Query编辑器的【文件】→【关闭并上载】命令，这样"员工信息表"和"销售表"的数据就合并到一张表格了。

## 3.4 场景案例：将多张工作表数据快速合并到一张表

**案例背景：**

Jerry是华东区销售总监，他想分析过去7年关键城市的销量，Mary是Jerry的助理，她从上海、浙江、江苏 三省销售经理那里要来了三地的数据及销售员的信息,如图 3-50 所示。那么如何把这三地的数据合并为一张表格,并分析近几年的销售趋势呢?

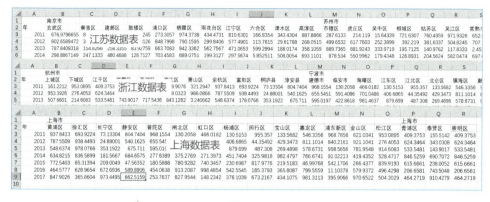

图 3-50

看到这个三个工作表后,可以先使用 Power Query 编辑器将数据整理,统一变成一维数据,再把三地的数据合并到一张数据表里,然后再通过数据透视表完成数据分析。这些步骤将在 3.4.1 至 3.4.4 节中讲解。

 操作方法:

### 3.4.1　Power Query 编辑器连接 Excel 数据源

**第 1 步:** Mary 新建了一个 Excel 文件,连接华东区三个地区的数据,她通过依次单击【数据】→【获取数据】→【来自文件】→【从工作簿】命令来连接三个地区的数据,如图 3-51 所示。

图 3-51

第 2 步，从弹出的导入数据的对话框中根据路径提示找到文件，选择"华东区数据"文件 单击【导入】按钮，如图 3-52 所示。

图 3-52

打开导航器，先勾选【选择多项】复选框，然后勾选"华东区数据"下的"Jiangsu""Shanghai""ZheJiang"三张表格，再单击【转换数据】按钮即可将多维数据转换一维数据，如图 3-53 所示。

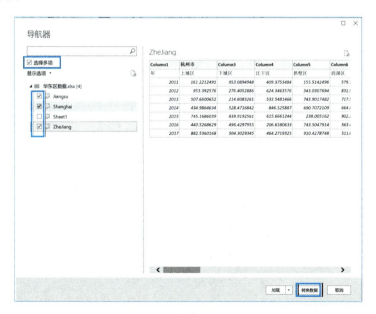

图 3-53

> **小贴士**
>
> 在对话框下方还有一个【加载】按钮,它可以直接加载数据到 Excel 中,这意味着数据无论是结构还是类型都符合数据规范,可以直接进行数据分析(类似在超市里商家已经洗好、切好、拌好菜,买回来加热就可以吃的情况),显然这里的数据不符合直接加载的情况,这里的数据都是多维数据,需要清洗。

### 3.4.2 多维数据转换一维数据

进入 Power Query 编辑器,完成多维数据转换一维数据。

第1步,分析 Power Query 编辑器应用步骤,删除多余的步骤。

选择左侧的"Jiangsu"表进行查询,在窗口的中间可以看到"南京市"在标题行中,在右侧【应用的步骤】中看到四个步骤:【源】、【导航】、【提升的标题】、【更改的类型】,这些步骤是在导入数据时 Power Query 编辑器自动建立的步骤,如图 3-54 所示。

图 3-54

以后每操作一步 Power Query 编辑器都会记录下来,下面介绍现有的步骤意义。

源:单击应用步骤中的【源】,在公式栏可以看到数据的来源,即它来自哪个目录下的哪个文件,如图 3-55 所示。

图 3-55

导航:单击【导航】命令在公式栏可以看到数据是来自前面 Excel 文件的哪个工作表,如 Item="Jiangsu",Kind="Sheet"表示"Jiangsu"这张工作表。如图 3-56 所示。

提示：这就是 Power Query 编辑器中使用的最简单的 M 语言，因为本书的目标读者不是开发者，所以 M 语言在本书不会涉及太多。

图 3-56

提升的标题：单击【提升的标题】，在公式栏则显示把"南京市"所在的第一行提升成标题行，"南京市"在数据类中属于一个城市的维度，不应该是标题，显然这一步要删除的，如图 3-57 所示。

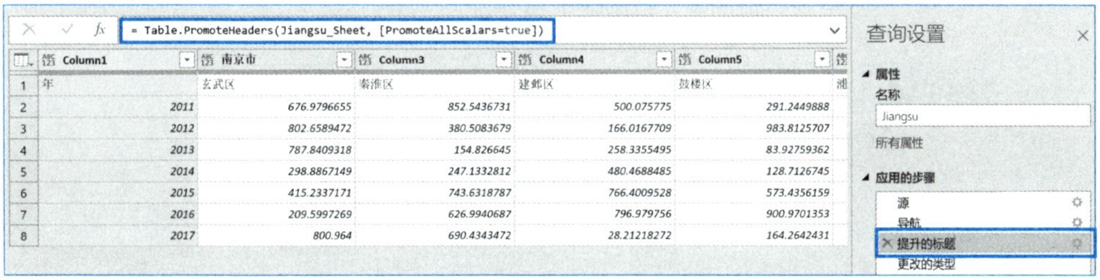

![图3-57]

图 3-57

更改的类型：在上一步提升标题后单击【更改的类型】，Power Query 编辑器会自动给每列数据匹配一种格式，显然在此表格中这一步也要删除的。

根据前面的操作，在左侧导航里分别选择"Shanghai"和"Zhejiang"两个表查询，把【提升的标题】、【更改的类型】这两个步骤也删除，如图 3-58 所示。

图 3-58

第 2 步，开始转换数据，行列转置。

依次单击【转换】→【转置】命令来转置"Jiangsu"表，将行作为列，将列作为行，如图 3-59 所示。

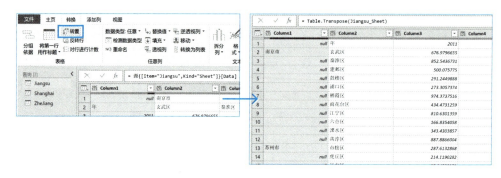

图 3-59

此时我们会看到"南京市""苏州市"及其对应的区域也在列上了，年份已在第一行里了。

第 3 步，补充数据并填充向下。

将鼠标光标定位在"南京市"所在列的任意单元格，依次单击【转换】→【填充】→【向下】命令，如图 3-60 所示。此时"南京市"的下面全部填充南京市，"苏州市"下面全部填充苏州市，如果在 Excel 里，还需要一个个通过往下拉完成这些填充。

图 3-60

第 4 步，第一行设置标题行。

选择第一行，依次单击【转换】→【将第一行用作标题】命令，此时可以把第一行设置为标题行，如图 3-61 所示。

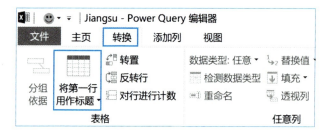

图 3-61

第 4 步完成后的效果如图 3-62 所示。

= Table.TransformColumnTypes(提升的标题,{{"Column1", type text}, {"年", type text}, {"2011", type number}, {"2012",

| | Column1 | 年 | 2011 | 2012 | 2013 | 2014 |
|---|---|---|---|---|---|---|
| 1 | 南京市 | 玄武区 | 676.9796655 | 802.6589472 | 787.8409318 | 298. |
| 2 | 南京市 | 秦淮区 | 852.5436731 | 380.5083679 | 154.826645 | 247. |
| 3 | 南京市 | 建邺区 | 500.075775 | 166.0167709 | 258.3355495 | 480. |
| 4 | 南京市 | 鼓楼区 | 291.2449888 | 983.8125707 | 83.92759362 | 128. |
| 5 | 南京市 | 浦口区 | 273.3057374 | 848.7997595 | 663.7082933 | 70 |
| 6 | 南京市 | 栖霞区 | 974.3737516 | 790.1595455 | 942.3361589 | 8 |
| 7 | 南京市 | 雨花台区 | 434.4731259 | 299.8405667 | 562.7566819 | 199. |

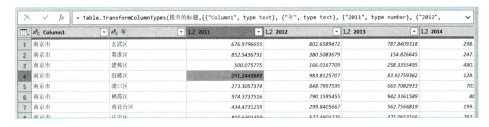

图 3-62

第 5 步，逆透视列。

根据 3.2.7 节的操作方法，按住【Shift】键依次选择 2011 列至 2017 列，然后依次单击【转换】→【逆透视列】命令，如图 3-63 所示。

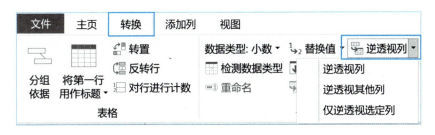

图 3-63

最后的效果如图 3-64 所示。

根据“Jiangsu”表格的多维数据转换一维数据的方法，再把另外“Shanghai”和“Zhejiang”两个地区的数据转换成一维数据表。

除此之外还有一个更快速的方法：

因为“Shanghai”和“Zhejiang”“Jiangsu”三个表格的结构完全一样，可以通过稍微更改前面操作过程生成的 M 语言完成自动化转换。

= Table.UnpivotOtherColumns(更改的类型, {"Column1", "年"}, "属性", "值")

| | Column1 | 年 | 属性 | 值 |
|---|---|---|---|---|
| 1 | 南京市 | 玄武区 | 2011 | 676.9796655 |
| 2 | 南京市 | 玄武区 | 2012 | 802.6589472 |
| 3 | 南京市 | 玄武区 | 2013 | 787.8409318 |
| 4 | 南京市 | 玄武区 | 2014 | 298.8867149 |
| 5 | 南京市 | 玄武区 | 2015 | 415.2337171 |
| 6 | 南京市 | 玄武区 | 2016 | 209.5997269 |
| 7 | 南京市 | 玄武区 | 2017 | 800.964 |
| 8 | 南京市 | 秦淮区 | 2011 | 852.5436731 |
| 9 | 南京市 | 秦淮区 | 2012 | 380.5083679 |
| 10 | 南京市 | 秦淮区 | 2013 | 154.826645 |

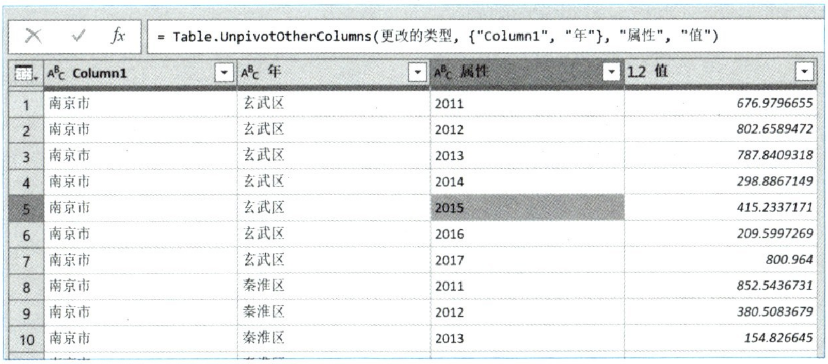

图 3-64

### 3.4.3　M 语言的简单应用

在左侧导航里选择"Jiangsu"查询，依次单击【主页】→【高级编辑器】命令，然后弹出 Power Query 编辑器里的高级编辑器（M 语言）窗口，可以看到 3.4.2 节操作的步骤都被记录到这里，如图 3-65 所示。

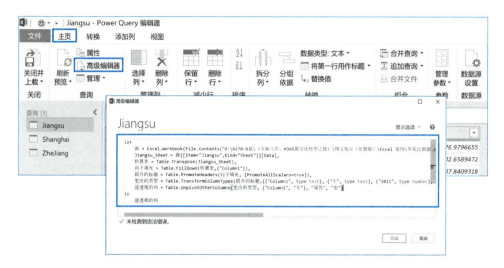

图 3-65

在左侧导航里选择"Shanghai"查询，依次单击【主页】→【高级编辑器】命令，这时系统中会弹出 Power Query 编辑器里的高级编辑器窗口，这时里面没有操作步骤记录，如图 3-66 所示。

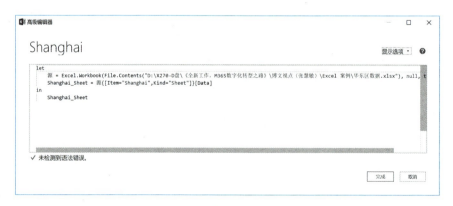

图 3-66

这时只要把"Jiangsu"查询里的步骤复制到"Shanghai"里，稍做更改就可以完成相关操作，如图 3-67 所示。

用同样的方法对"Zhejiang"进行更改便完成了操作。这样三个地区的数据都从多维数据转换成一维数据了。

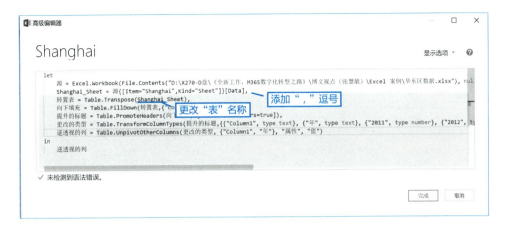

图 3-67

## 3.4.4 合并多张工作表数据

在三个地区的数据表格式都一样的情况下,就可以将三张表合并为一张表(追加到一张表里)。

(1)在 Power Query 编辑器里依次单击【主页】→【追加查询】→【将查询追加为新查询】命令,弹出"追加"对话框,选择【三个或更多表】,把三张表分别添加到右侧【要追加的表】里,如果想调整顺序,则可以通过对话框右侧的上下箭头调整,最后单击【确定】按钮,如图 3-68 所示。

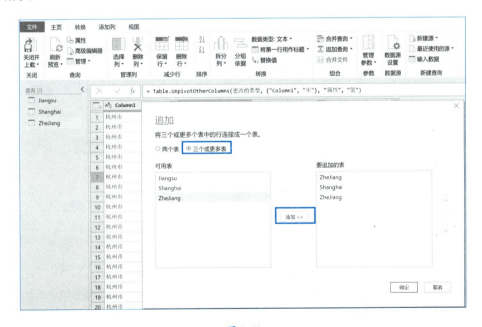

图 3-68

（2）根据前面的步骤完成了追加后，在追加表及字段上双击即可重命名表名、字段名等（表名为"华东区销售数据"，字段名为"城市""行政区""年份""销售额"），如图 3-69 所示。

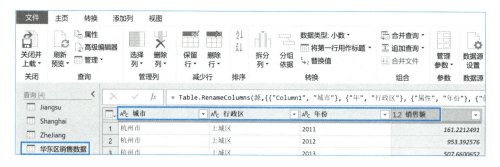

图 3-69

（3）数据更改完成后，需要把数据上载到 Excel 里，依次单击 Power Query 编辑器中的【文件】→【关闭并上载】命令，这样数据就添加到 Excel 里了。

### 3.4.5 应用数据透视表完成业务分析

什么是数据透视表呢？在最基本的数据透视表形式中，用数据透视表获取数据无须输入任何公式就可以进行汇总。

在 Excel 里，选中"华东区销售数据表"中的任意单元格，依次单击【插入】→【数据透视表】命令，然后根据提示单击【下一步】按钮，创建一个空白版式的数据透视表，如图 3-70（a）所示。

在数据透视表里，通过拖曳字段就可以完成销售总监 Jerry 要求的分析，即近几年的销售趋势分析。

第1步，拖曳"年份"字段到"行"区域，拖曳"销售额"字段到"值"区域，如图 3-70（b）所示。

（a） （b）

图 3-70

第 2 步，选中透视表数据中的任意单元格，依次单击【插入】→【折线图】命令，效果如图 3-71 所示。

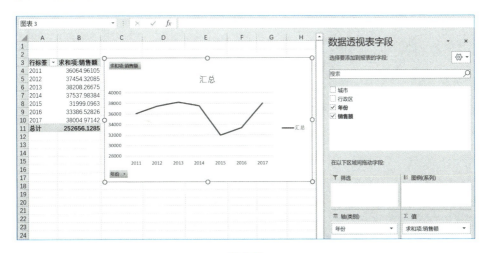

图 3-71

第 3 步，如果要查看每个城市每年的销售趋势则要依次单击【数据透视表分析】→【插入切片器】命令，如图 3-72 所示。

图 3-72

选择"城市"字段做切片器，选中切片器，设置切片器样式，原来是 1 列，现更改为 3 列，如图 3-73 所示。

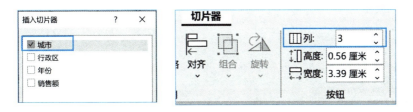

图 3-73

这样就可以通过切片器选中不同的城市，查看不同城市不同年份的销售趋势了。如果取消选中则可以查看华东区近 7 年的销售趋势，如图 3-74 所示。

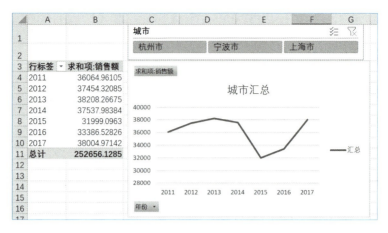

图 3-74

## 3.5 场景案例：将多文件多张表数据合并到一张表

### 案例背景：

Mary 最近收到了来自不同城市的数据，它们被分成多个 Excel 文件，每个文件里面又有多个月份的表格。现在她想把上半年所有城市的数据进行汇总分析。Mary 想如果数据量少的话就手工复制粘贴，可是这次实在太多，5 个城市，每一个城市有 6 个月的数据。这样她要复制粘贴 30 次（如图 3-75 所示）。以前只能使用 VBA，但自从她将 Excel 升级到 Microsoft 365 版本后，她的工作效率就提高了很多倍。下面我们就来看看她是如何用 Power Query 编辑器解决这个问题的。

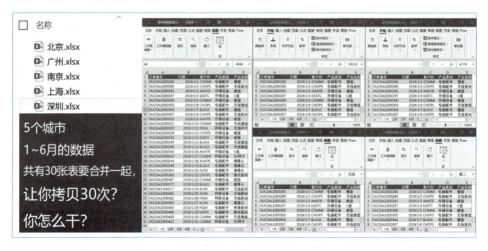

图 3-75

## 第 3 章 用 Excel 直观分析数据

🖐 **操作方法：**

第 1 步，首先关闭 5 个文件，并将它们放到一个文件夹里，再新建一个 Excel 文件，然后依次单击【数据】→【获取数据】→【来自文件】→【从文件夹】命令，如图 3-76 所示。

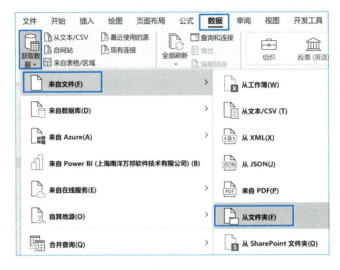

图 3-76

选择准备要合并数据所在的文件夹，然后单击【确定】按钮，完成效果如图 3-77 所示。

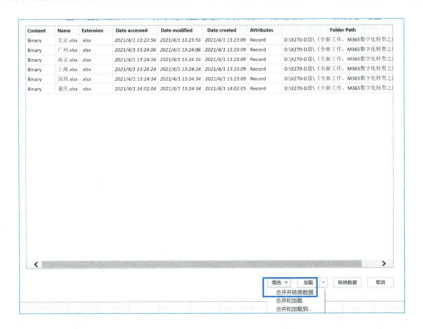

图 3-77

依次单击最下方的【组合】→【合并并转换数据】命令，如图 3-77 所示，进入合并文

067

件对话框。根据图 3-78 中的说明选择需要合并的文件，此时 Mary 需要合并所有文件的数据，她选中了【参数 1[6]】，然后单击【确定】按钮，进入 Power Query 编辑器窗口。

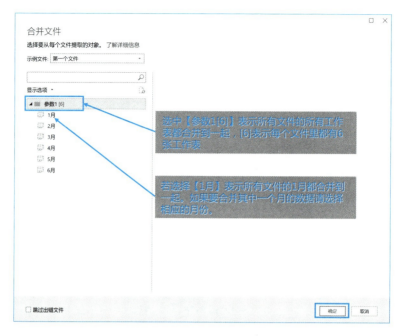

图 3-78

第 2 步，在 Power Query 编辑器里可以看到该文件夹内的所有数据，工作簿的数据都在第一列"Source.Name"中。我们在第二列"Name"筛选所需要分析的工作表的 1 月至 6 月的数据，其他都取消筛选；同时我们会发现列也可以选择取消"Item""Kind""Hidden"等字段，具体筛选的方法，如图 3-79 所示。

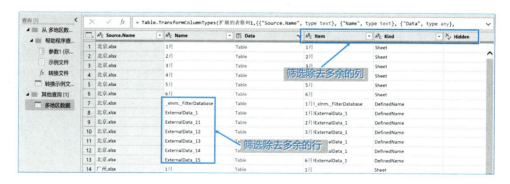

图 3-79

注意先做行的筛选，保证多余的数据去除后，再去除多余的列，此时"Name"字段这一列也不需要了，因为在每个月的数据表里有日期列，但如果想保留"Name"列也是可以的。

将多余行、多余列都去除后,最后的表会显示所有的城市有 6 行,表示 6 个月的数据都在里面。多余行和多余列的去除步骤,如图 3-80 所示。

图 3-80

接下来我们单击"Data"字段上的左右箭头标志,然后单击【展开】单选框,再单击【确定】按钮,如图 3-81 所示。

最后的结果显示,如图 3-82 所示。

接下来,把第一行设置为标题行,依次单击【转换】→【将第一行用作标题】命令,如图 3-83 所示。

图 3-81

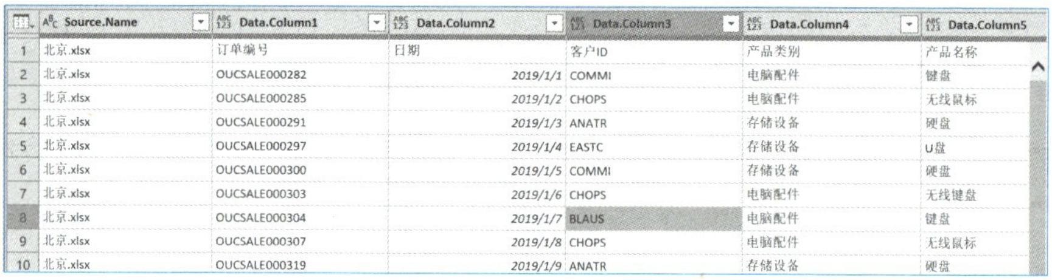

| | Source.Name | Data.Column1 | Data.Column2 | Data.Column3 | Data.Column4 | Data.Column5 |
|---|---|---|---|---|---|---|
| 1 | 北京.xlsx | 订单编号 | 日期 | 客户ID | 产品类别 | 产品名称 |
| 2 | 北京.xlsx | OUCSALE000282 | 2019/1/1 | COMMI | 电脑配件 | 键盘 |
| 3 | 北京.xlsx | OUCSALE000285 | 2019/1/2 | CHOPS | 电脑配件 | 无线鼠标 |
| 4 | 北京.xlsx | OUCSALE000291 | 2019/1/3 | ANATR | 存储设备 | 硬盘 |
| 5 | 北京.xlsx | OUCSALE000297 | 2019/1/4 | EASTC | 存储设备 | U盘 |
| 6 | 北京.xlsx | OUCSALE000300 | 2019/1/5 | COMMI | 存储设备 | 硬盘 |
| 7 | 北京.xlsx | OUCSALE000303 | 2019/1/6 | CHOPS | 电脑配件 | 无线键盘 |
| 8 | 北京.xlsx | OUCSALE000304 | 2019/1/7 | BLAUS | 电脑配件 | 键盘 |
| 9 | 北京.xlsx | OUCSALE000307 | 2019/1/8 | CHOPS | 电脑配件 | 无线鼠标 |
| 10 | 北京.xlsx | OUCSALE000319 | 2019/1/9 | ANATR | 存储设备 | 硬盘 |

图 3-82

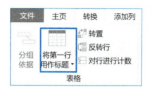

图 3-83

对“订单编号”字段执行降序排序，会发现很多行订单编号在数据里面，此时可以使用筛选或删除行的方法把多余的订单编号清除。

**小贴士**

*此处建议使用筛选，因为把数据加载到 Excel 数据时筛选过滤掉的数据是不会进入 Excel 表里的。*

数据整理好后，可以依次单击【文件】→【关闭并上载】命令，这样数据就可以被加载到 Excel 了。

不过Mary后面在文件夹里中新增了“重庆”的数据，她通过Excel窗口右侧的“查询 & 连接”刷新，如图 3-84 所示，这时“重庆”的数据自动进来了，这就是 Power Query 编辑器的自动化数据处理功能。

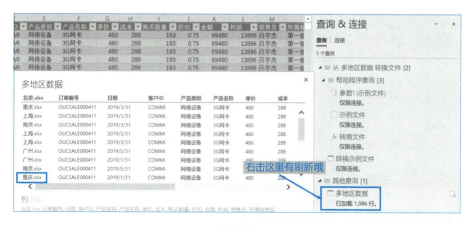

图 3-84

这样 Mary 就通过 Power Query 编辑器花了不到 5 分钟的时间合并了 6 个城市 6 个月的数据。

## 3.6 增强性数据透视表 Power Pivot

Power Pivot 是 Excel 为用户提供的自助式 BI 数据分析功能，它是一种数据建模技术，用于创建数据模型，建立关系，以及创建计算。用户可以使用 Power Pivot 处理大型数据集，构建广泛的关系，以及创建复杂（或简单）的计算，这些操作全部在高性能环境和用户所熟悉的 Excel 内完成。

Power Pivot 以 Excel 加载项的形式提供，如果 Excel 工具栏中没有 Power Pivot 选项卡，则可以通过如下简单步骤启用此功能。

第 1 步，依次单击【文件】→【选项】→【加载项】命令。

第 2 步，在【管理】框中依次单击【COM 加载项】→【转到】命令。

第 3 步，选中【Microsoft Office Power Pivot】框，然后单击【确定】按钮。

现在，功能区出现了一个【Power Pivot】选项卡，如图 3-85 所示。

图 3-85

### 3.6.1 数据区域与结构表的差异

在使用 Power Pivot 之前，我们先来介绍一下数据区域与结构表的差异。

如图 3-86 所示，左边图①中 A：E 列数据是区域，从 E2 单元格公式可以看出来，区域里的公式引用的都是单元格地址。

在右边图②中 A：E 列数据是结构表，从 E2 单元格中心公式可以看出来，其中已经使用了有意义的业务名称了，区域里的公式引用的格式都是 @ 字段名称，这样让人一目了然，阅读更清晰直观。

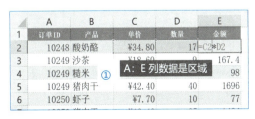 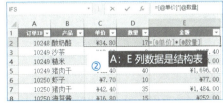

图 3-86

### 1. 将普通区域转换为结构表

单击普通区域的任意位置,依次单击【插入】→【表格】命令,这时弹出"创建表"对话框。在【表数据的来源】框中将自动填写所有数据区域,如果数据有标题,则要勾选【表包含标题】复选框,最后单击【确定】按钮,如图 3-87 所示。

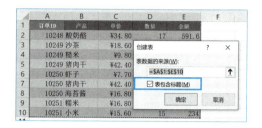

图 3-87

此时 Excel 窗口中多了一个选项卡【表设计】(如图 3-88 所示),在工具栏中可单击【表名称】修改目前表的名称,单击【转换为区域】命令可以把数据恢复到普通区域,其他的选项都是对表进行样式处理。

图 3-88

### 2. 创建结构表的好处

(1) 公式显示格式为 @ 字段名称,让公式更清晰。

(2) 自动拓展行列,尤其是在做透视表时,数据增量更新后,在透视表中只要右击,刷新增量的数据就会更新进去,不需要手动更改透视表的数据源。

(3) 自动隔行隔列填色,让数据呈现更专业,比手动设置字体、填充单元格颜色、设置边框颜色快了很多。

(4) 在表格下方可以添加汇总行,尤其是筛选时汇总行会自动根据筛选数据汇总。

(5) 通过切片器按钮筛选功能可以给表格添加更专业的筛选器,随时选择及动态显示数据。

### 3.6.2 在 Power Pivot 中将多个表添加到数据模型

自从办公计算进入数字化阶段大家就开始使用 Excel,但大多数人都还停留在统计数据、制作报表的阶段,而透视表则给了我们非常强大的洞察力。由于需要联合不同的基础表,这就需要有一个主要的表作为基础,然后把相关的数据补充进来,这个过程在 Excel 中常常由

## 第 3 章 用 Excel 直观分析数据

VLOOKUP 函数完成。但 VLOOKUP 函数也存在一些缺陷，因此人们又发现了 Excel 中更多函数组合使用的秘密，即 Index &Match。即便这样，在做表前还是需要先做大量的计算，这对业务人员来说无疑是时间的浪费，微软公司的业务人员也面临同样问题，因此 Power Pivot 数据模型就出现了。

在 3.3.6 节我们讲到合并查询，如图 3-89 所示，那如果不做合并查询要如何完成两表的数据分析呢？

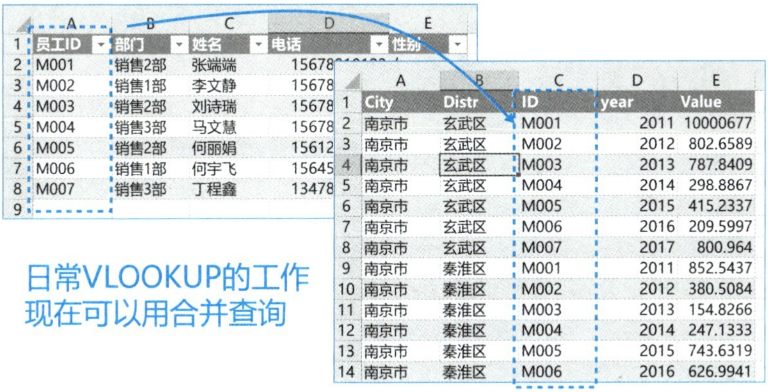

图 3-89

### 操作方法：

第 1 步，先把表格添加到数据模型，将鼠标光标定位到"员工信息表"这个表格内的任意区域，依次单击【Power Pivot】→【添加到数据模型】命令（如图 3-90 所示）。

图 3-90

此时数据会进入一个新的窗口，即 Power Pivot for Excel，用同样的方法把"销售表"也添加到该窗口，如图 3-91 所示。

### 小贴士 1

如果数据原本是区域不是表格，单击【添加数据模型】命令时，它会提示先创建表格（如图 3-92 所示，表格概念参考 3.6.1 节），然后才能将数据添加到 Power Pivot for Excel 窗口。

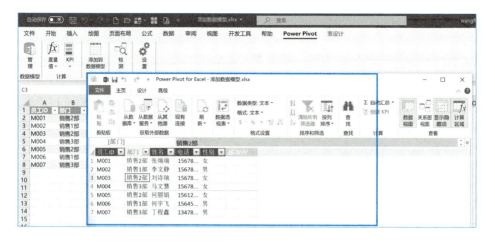

图 3-91

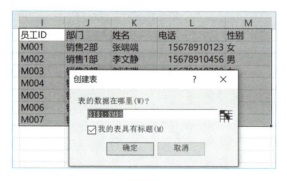

图 3-92

### 小贴士 2

在 Power Query 编辑器加载 Excel 表格时也有提示要添加数据模型，在此不再赘述，大家在操作时留意观察。

第 2 步，目前把"员工信息表"和"销售表"都添加到数据模型并进入 Power Pivot 窗口（如图 3-93 所示），如果不小心关掉了 Power Pivot for Excel 窗口，则可以依次单击【Power Pivot】→【管理】命令，以再次进入 Power Pivot for Excel 窗口。

进入 Power Pivot 后，该干大事了。依次单击【主页】→【关系视图】命令，如图 3-94 所示。给"员工信息表"和"销售表"创建关系，其实就是代替了以往用的 VLOOKUP 函数，以及合并查询。数据的连接方式很多，用户可以根据自己的习惯来连接数据，因为本书不仅仅是讲技术，更多是把场景及我的观点带入讲解中，我特别建议大家用关系模型的方式来处理数据的连接，因为这就给我们未来学习更高级的数据分析可视化工具 Power BI Desktop 奠定了基础。

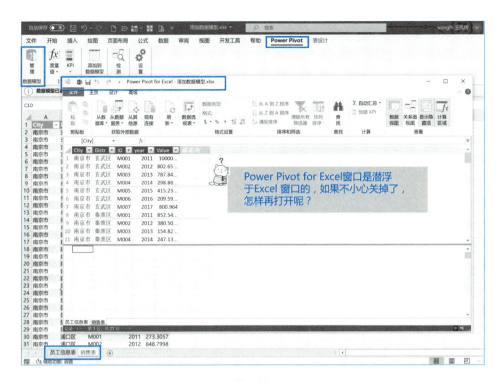

图 3-93

如图 3-94 所示,拖曳"员工信息表"的"员工 ID"字段到"销售表"的"ID"字段后,Power Pivot 会自动创建两表的关系。

图 3-94

在"员工信息表"中"员工 ID"字段是唯一的,在"销售表"中的"ID"也是员工的 ID,但一个 ID 可以对应多条记录,表示一个员工可以有多笔销售订单。最后的关系图如图 3-95 所示。

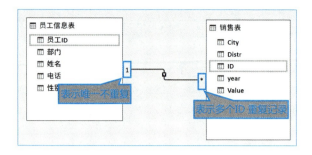

图 3-95

起初数据模型由专业的 IT 人员设计,由终端用户使用,而在现如今的 Excel 中,IT 导向的报表模式不可逆转地转向了业务导向的自助分析模式,人们可以自行设计数据模型。由于有了数据模型,人们观察和分析数据的基础变得更加强大,人们自然需要更快速灵活的探索和分析工具,现在,人们可以通过 Power Pivot 及自己的业务知识自行构建数据模型并展开分析,获得更强大灵活的生产力。

### 3.6.3 场景案例:不用 VLOOKUP 函数做表链接,跨表透视分析

**操作方法:**

说到跨表数据透视分析和跨表的关系如何处理,3.6.2 节讲到的数据关系模型是目前数据处理分析方法中比较快捷高效的一种方式,这种方式就代替了以往用 VLOOKUP 函数链接数据的方式。接 3.6.2 节,"员工信息表"和"销售表"两表的关系模型创建好后,依次单击【主页】→【数据透视表】命令,在下拉列表中可以看到【数据透视表】和【数据透视图】命令,这里的选项就是 Power Pivot 提供的增强性数据透视表和数据透视图的命令。此时我们先单击【数据透视表】命令,如图 3-96 所示。

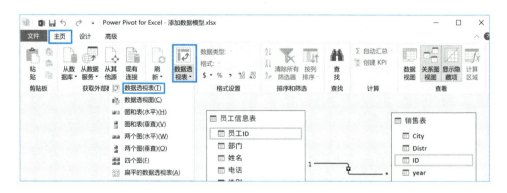

图 3-96

这里创建的数据透视表还是会被返回到 Excel 里的,它会让用户选择透视表在哪个位置,用户根据自己的需要选择即可,如图 3-97 所示。

在此我建议选择【新工作表】,因为这样可以把数据单独观察分析。当然如果已经有一个数据透视表了,也可以选择现有的工作表位置,这样新生成的透视表可以与先前的透视表进行比较分析。我不建议大家把数据透视分析与数据源放在一张工作表里。

图 3-97

用户创建数据透视表后,可能发现其布局与 Excel 普通数据透视表没有太大的变化,只是在字段列表那里有两张表的数据可以选择了。可以从"员工信息表"的字段列表里拖曳"部门"到行标签,然后在"销售表"表里拖曳"Value"字段到值标签,或者直接勾选字段,这样就生成了跨表数据源的数据透视表,如图 3-98 所示。

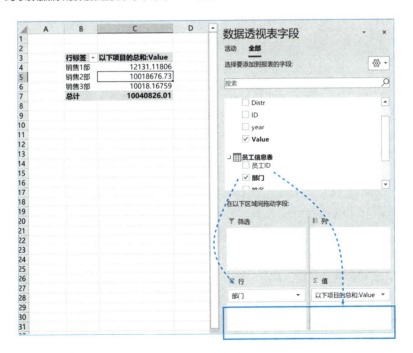

图 3-98

### 3.6.4 数据透视表向下钻取

在做好数据透视后,可以通过它对每个部门的数据进行排序或观察销售 2 部的销售总和最高是多少，但如果我们想查看销售 2 部哪个销售员的业绩最好呢？

钻取数据透视表层次结构中的大量数据始终是一项耗时的任务，涉及大量展开、折叠和筛选操作。

例如，我需要拖曳"姓名"字段到行区域并放在"部门"字段的下面，如图 3-99 所示。对于这样产生的数据透视表，我需要进行大量展开、折叠和筛选操作把其他部门的员工姓名隐藏，才能只显示销售 2 部的员工，这显然不是最佳的工作方式。

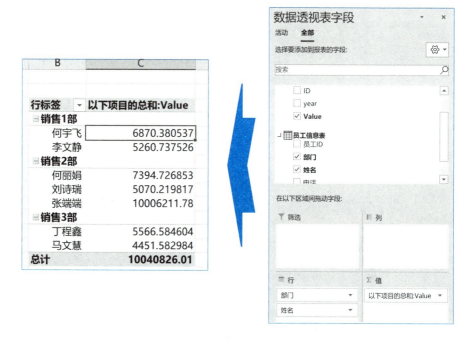

图 3-99

我们的实验数据很少，但在企业的数据中往往有几十个部门，几百名员工，可以预见展开、折叠和筛选操作工作量是巨大的。在新的 Power Pivot 里面我们往往使用【钻取】功能就可以快速定位并且只显示销售 2 部的所有员工，不需要大量的展开、折叠和筛选操作工作。

**场景案例：**根据业务分析需求查看销售 2 部哪个销售员业绩最好。

在销售 2 部的数据上单击，在数据的旁边有个放大镜的标志，单击放大镜，可以看到表名称，依次单击要查看的下一层的表、字段，再单击【钻取到】命令，如图 3-100 所示。

这样瞬间就会锁定销售 2 部的销售员业绩，将鼠标光标定位在 Value 字段的任意数字上之后右击，然后依次单击【排序】→【降序】命令，这样在几秒钟就可以分析出销售 2 部业绩最好的销售员（如图 3-101 所示）。

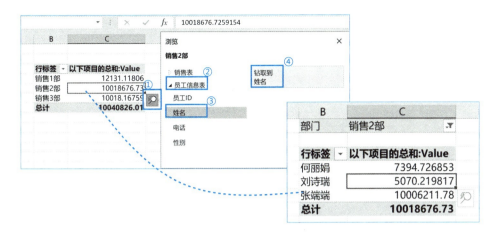

图 3-100

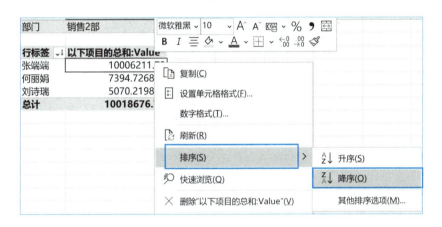

图 3-101

### 小贴士

（1）普通单张表做的数据透视表是没有钻取功能的，只能是用加入数据模型后的数据创建的数据透视表才有钻取功能。

（2）不能向下钻取平面层次结构（如显示同一项目的属性但不提供下一级别）的数据的层次结构，或者没有多个级别的数据的其他层次结构。

（3）如果数据透视表中已对项目进行分组，可以按向下钻取其他项的相同方式向下钻取组名。

### 3.6.5　切片器及时间线日期分组

Power Pivot 中的切换器及时间线对日期的分组和普通数据透视表中的切片器和时间线是一样的。

例如，有一份销售公司流水数据，我们根据前面的章节学习，创建多张表的数据关系模型后，再创建 Power Pivot 数据透视表汇总每个商品的数量和金额。当汇总完之后，用切片器和日程表筛选数据就很方便了，如图 3-102 所示。

图 3-102

### 1. 切片器

把鼠标光标放在做好的数据透视表内，然后单击【数据透视表分析】选项卡，接着单击【插入切片器】命令，如图 3-103 所示。

图 3-103

这个时候，我们可以对字段进行勾选，可以同时多勾选几个，勾选后单击【确定】按钮，这样切片器就插入好了，如图 3-104 所示。如果要删除切片器则可以选中后直接按【Delete】键删除。

这样就可以通过切片器对数据进行快速的筛选了，切片器的选项可按住【Ctrl】键多选几个选项，也单击【清除】按钮取消筛选，如图 3-105 所示。

图 3-104

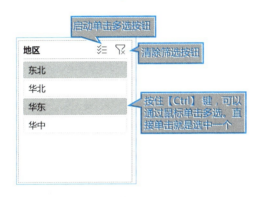

图 3-105

## 2. 日程表

当需要筛选时间数据的时候，我们需要插入的不是切片器，而是日程表了，我们在【数据透视表分析】选项卡下可以找到【插入日程表】命令，如图 3-106 所示。

图 3-106

弹出的日程表对话框只有日期字段，勾选需要的筛选日期，确定后，就可以用日程表上面的时间段来筛选数据了，如图 3-107 所示。

日程表右上角有个下拉列表，用户在该列表中可以对日期进行年、季度、月等筛选，用户可根据自己的需要进行选择。

图 3-107

### 小贴士

如果发现源数据里有日期字段,但插入日程表里确实没看到日期字段,那就要修改源数据里的日期字段类型了,有时候因为日期格式不对,日程表也插入不了。如日期必须是日期的标准格式,像"YYYY-MM-DD""YYYY/MM/DD"类似的显示。如果是文本格式那也不能将日期分组成季度、月份。

#### 3.6.6 在 Power Pivot 中创建 DAX 度量值

Power Pivot 中的度量值是数据分析中使用的一种计算。在业务报告中常见的度量值有:使用 DAX 公式的数据分析表达式创建(求和、平均值、最小值或最大值、计数,非重复计数)计算。这些都属于隐式计算字段,如果需要更多的计算那就要创建显示计算字段了。

**什么是隐式计算字段?** 在数据透视表中拖曳字段进行的求和计算,都属于隐式度量值。例如,将字段(如销售额)拖动到数据透视表字段列表的值区域时,Excel 就会创建隐式度量值。由于隐式度量值由 Excel 自动生成,因此用户可能不知道自己已创建了新的度量值。但是,如果用户仔细检查 VALUES 列表就会看到"销售额"字段实际上是名为"销售额总和"的度量值,在数据透视表字段列表的值区域及数据透视表本身中都会显示该名称。

隐式度量值只能使用标准聚合(SUM、COUNT、MIN、MAX、DISTINCTCOUNT 或 AVG),并且必须使用为该聚合定义的数据格式,如图 3-108 所示。

图 3-108

当需要以上标准聚合 (SUM、COUNT、MIN、MAX、DISTINCTCOUNT 或 AVG) 之外的公式时，就需要创建更多 Power Pivot 度量值，但手动创建的大多数度量值都是显式的。

依次单击【Power Pivot】→【度量值】命令即可创建度量值，如图 3-109 所示。

图 3-109

场景案例：Mary 被要求提供下一年度的销售员销售预测，她决定根据去年的销售额进行估计，以计划未来六个月的各种促销。

Mary 为了进行估算，她整理了去年销售员的销售数据并添加了数据透视表。她找到"销售表"中的"销售额"字段，并将其拖动到"数据透视表字段"列表的值区域。该字段在数据透视表上显示为单个值，该值是去年所有销售员销售额的总和。

此时用户会注意到即使自己未指定计算，系统也会自动提供计算，并且该字段已重命名为字段列表数据透视表中的"销售额总和"。Excel 其实添加了内置的聚合隐式计算，即 = sum('明细'[金额])，Mary 重命名了隐式度量值"去年销售额"，如图 3-110 所示。

| 行标签 | 去年销售额 |
|---|---|
| 李芳 | 2633.4 |
| 孙林 | 1961.4 |
| 张雪眉 | 2490.5 |
| 张颖 | 2018.6 |
| 赵军 | 1216.8 |
| 郑建杰 | 8957.9 |
| 总计 | 19278.6 |

图 3-110

接下来，Mary 进行下一年的销售预测，预测销售额等于去年的销售额乘以 1.06，这是基于经销商业务的预期增长 6% 得到的，对于此计算她必须显式创建度量值，依次单击【Power Pivot】→【度量值】→【新建度量值】命令，在对话框中，度量值名称为"2022 年预测"，填写公式"= sum('明细'[金额])*1.06"，此时可以先检查公式没有错误，再单击【确定】按钮，如图 3-111 所示。

新度量值将添加到"数据透视表字段"中的值区域。它还会添加到数据透视表字段列表中当前处于活动状态的表中，如图 3-112 所示。

度量命名建议：

（1）每个度量值名称在表中应是唯一的；

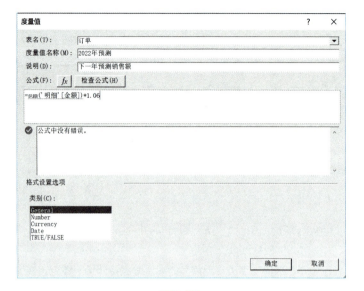

图 3-111

图 3-112

（2）避免与已用于同一工作簿的计算列名称相同，虽然度量值和计算列可以具有相同的名称，但如果名称不唯一，则可能会得到错误的结果；

（3）重命名度量值时，还应更新在公式中调用该度量值的任何公式；

（4）由于名称是度量值公式的一部分，因此名称中不能使用特殊字符，DAX 度量值始终以等号（=）开头，在等号后可提供计算为标量的任何表达式，也可提供能转换为标量的表达式；

（5）更多 DAX 度量名称的要求可以参考微软官方的命名规则。

## 3.6.7 场景案例：描述性分析，客户购买的产品次数及产品个数分析

**案例背景：**

Mary 的老板想要她分析每个客户购买的产品数量，购买次数及购买的产品个数。你会发现老板的要求是很有意义的，产品数量表示客户的需求量比较大，购买次数说明了客户购买产品的频率高低，而产品个数说明客户共买了 Mary 公司多少种产品。她老板其实最想让她挖掘客户的潜力，在公司经营的产品范围内看客户还有什么产品需要购买，还能提供什么服务等。

**操作方法：**

DAX 度量值对数据分析的意义极大，Mary 根据前面的学习已经可以创建数据关系模型，并且可以创建增强数据透视分析每个客户购买的产品数量（对数量求和）、购买次数（对产品名称计数）。

对于每个客户购买产品的个数，她通过依次单击【Power Pivot】→【管理数据模型】命令，进入 Power Pivot for Excel 窗口。然后单击选中"产品"字段列任意单元格，再依次单击【主页】→【Σ自动汇总】→【非重复计数】命令，这样在"产品"字段下方的 DAX 公式区域就多出一个"产品的非重复计数：31"的信息，如图 3-113 所示。

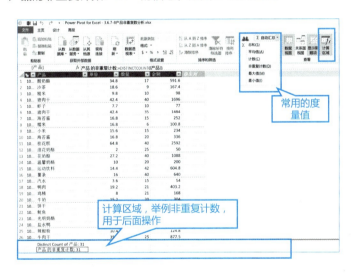

图 3-113

Mary 关闭 Power Pivot for Excel 窗口，在 Excel 数据透视表的字段列表里就发现多了一个产品非重复计数，把"产品的非重复计数"字段拖曳到前面做好的透视表值区域就可以看到相关信息了，如图 3-114 所示。

根据图 3-114 Mary 可以分析出"浩天旅行社"这家公司在过去一段时间购买的产品数量是 67 件，共购买了 4 次，共购买了 3 种产品。如果 Mary 公司生产 10 种产品的话，她希望客户需要的产品都通过他们公司购买，这样 Mary 就可以分析出她还有哪些产品没被客户注意，

为什么没有引起客户兴趣，是产品不好还是销售员没有推广，以明确她下一步应该去推广什么产品。所以非重复数分析可以给销售市场更好的行为导向指导，这也是我们经常所说的数据分析的价值意义所在。

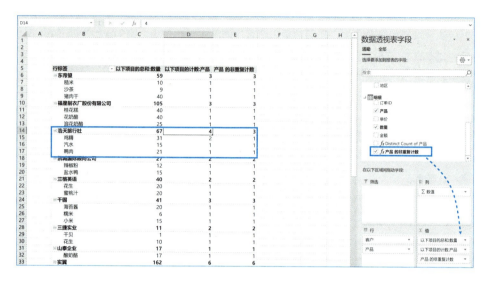

图 3-114

### 3.6.8 场景案例：挖掘性分析，拜访客户的最佳时间分析

#### 案例背景：

Mary 的老板想要分析最大的客户往年的下单时间，根据以往下单时间推测明年什么时间拜访这个大客户最合适。

Mary 根据前面的学习知识已经可以创建数据关系模型，创建增强数据透视分析每个客户购买的金额，根据金额排序找出最大的客户，然后根据最大客户的金额钻取客户的下单时间，根据以往客户的下单时间再结合实际沟通什么时候去拜访客户最合适。

#### 操作方法：

第 1 步，根据前面的数据模型，不需要进入 Power Pivot 窗口也可以创建增强数据透视表，即单击【插入】→【数据透视表】命令，在弹出的对话框里选择【使用此工作簿的数据模型】，然后选择放置数据透视表的位置，最后单击【确定】按钮，如图 3-115 所示。

将客户名称拖曳到行区域，金额拖曳到数值区域并默认求和，然后右击金额汇总中的任意单元格，在快捷菜单中依次单击【排序】→【降序】命令，如图 3-116 所示。

从图 3-116 Mary 可以看到最大的销售额是"福星制衣厂股份有限公司"，这是数据源里最大的客户。那么如何查看这家客户以往的下单日期呢？

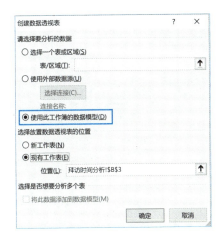

图 3-115

图 3-116

单击"福星制衣厂股份有限公司"对应的销售金额"3730"数字，这时其旁边会出现一个放大镜标志，这是增强性透视表的钻取标志，单击放大镜标志可以浏览所有的数据列表字段，单击【订单】命令，在下拉列表中单击【订购日期】命令，钻取效果如图 3-117 所示。

这样就瞬间钻取到"福星制衣厂股份有限公司"往年的购买日期为"2020/7/9"，如图 3-118 所示，那么 Mary 最佳的电话联系或拜访时间不能晚于 2021/7/9，可以在第二季度就展开沟通，拟定拜访时间了。总之不要晚于去年的购买日期联系客户，这样后续的签单概率才会高。

Mary 通过这个快速的数据挖掘性分析，她只花费了几分钟时间就给老板汇报了她后面拜访客户的计划，老板对她的决策给予了支持和认可。

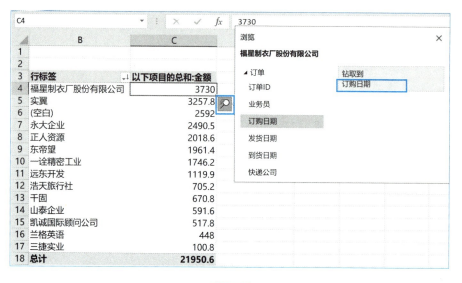

图 3-117

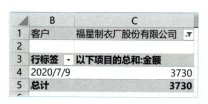

图 3-118

### 3.6.9 场景案例：创建日期表，分析每年月的 YOY% 和 MOM%

**案例背景：**

Tom 是全国的销售总监，他希望 Mary 在年度销售数据中通过 Power Pivot 得出各城市本月销售额与上月销售额的对比情况及每个月的增长率。

增长率 KPI 分为三级：

（1）差，即销售额低于上月的 80%；

（2）良，即销售额超过上月的 80%；

（3）优，即销售额超过上月 100%。

其实，Tom 想制定一个简单的关键绩效指标（KPI），现在需要 Mary 汇总分析数据，得到直观的 KPI 结果，如图 3-119 所示。

**操作方法：**

1. 准备数据级创建数据关系模型

Mary 首先整理清洗数据源，即整理清洗"客户信息表"和"销售记录表"，根据前面的学习，

Mary 通过 Power Pivot 工具栏把两张表都添加到数据模型,进入 Power Pivot for Excel 窗口后,根据"客户 ID"字段建立数据关系模型,如图 3-120 所示。

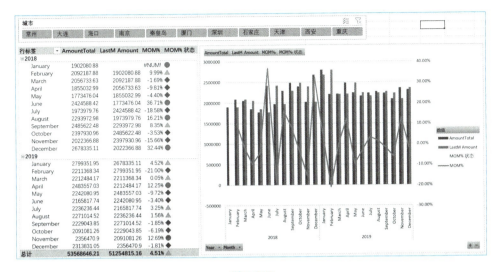

图 3-119

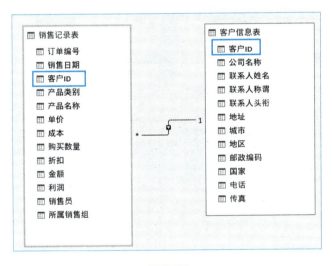

图 3-120

2. 创建数据透视表级及简单的度量值

Mary 需要在 Power Pivot for Excel 窗口中创建一个"金额"合计的度量值,如图 3-121 所示。

图 3-121

### 3. 创建关于日期智选的 DAX 度量值

在 Power Pivot 中日期智选计算需要创建日期表，在 Power Pivot for Excel 窗口中，先选中“销售日期”字段一列，再依次单击【设计】→【日期表】→【新建】命令，根据“销售日期”字段的日期范围创建全日期表，如图 3-122 所示。

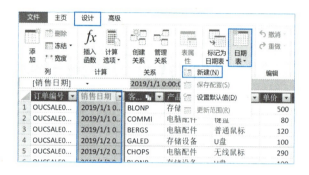

图 3-122

创建的日期表如图 3-123 所示，系统会自动根据销售日期的范围创建日期表，然后根据“Date”列自动生成“Year”和“Month”等字段。如果未来你要学习 Power BI Desktop 的话，创建这样的日期表在 Power BI Desktop 中也是必要的。

[Date]

| | Date | Year | Month Number | Month | MMM-YYYY | Day Of Week Number | Day Of Week | 添加列 |
|---|---|---|---|---|---|---|---|---|
| 1 | 2019/1/1 0:00:00 | 2019 | 1 | January | Jan-2019 | 3 | Tuesday | |
| 2 | 2019/1/2 0:00:00 | 2019 | 1 | January | Jan-2019 | 4 | Wednesday | |
| 3 | 2019/1/3 0:00:00 | 2019 | 1 | January | Jan-2019 | 5 | Thursday | |
| 4 | 2019/1/4 0:00:00 | 2019 | 1 | January | Jan-2019 | 6 | Friday | |
| 5 | 2019/1/5 0:00:00 | 2019 | 1 | January | Jan-2019 | 7 | Saturday | |
| 6 | 2019/1/6 0:00:00 | 2019 | 1 | January | Jan-2019 | 1 | Sunday | |
| 7 | 2019/1/7 0:00:00 | 2019 | 1 | January | Jan-2019 | 2 | Monday | |
| 8 | 2019/1/8 0:00:00 | 2019 | 1 | January | Jan-2019 | 3 | Tuesday | |
| 9 | 2019/1/9 0:00:00 | 2019 | 1 | January | Jan-2019 | 4 | Wednesday | |
| 10 | 2019/1/10 0:00:00 | 2019 | 1 | January | Jan-2019 | 5 | Thursday | |
| 11 | 2019/1/11 0:00:00 | 2019 | 1 | January | Jan-2019 | 6 | Friday | |
| 12 | 2019/1/12 0:00:00 | 2019 | 1 | January | Jan-2019 | 7 | Saturday | |
| 13 | 2019/1/13 0:00:00 | 2019 | 1 | January | Jan-2019 | 1 | Sunday | |
| 14 | 2019/1/14 0:00:00 | 2019 | 1 | January | Jan-2019 | 2 | Monday | |
| 15 | 2019/1/15 0:00:00 | 2019 | 1 | January | Jan-2019 | 3 | Tuesday | |
| 16 | 2019/1/16 0:00:00 | 2019 | 1 | January | Jan-2019 | 4 | Wednesday | |
| 17 | 2019/1/17 0:00:00 | 2019 | 1 | January | Jan-2019 | 5 | Thursday | |
| 18 | 2019/1/18 0:00:00 | 2019 | 1 | January | Jan-2019 | 6 | Friday | |
| 19 | 2019/1/19 0:00:00 | 2019 | 1 | January | Jan-2019 | 7 | Saturday | |
| 20 | 2019/1/20 0:00:00 | 2019 | 1 | January | Jan-2019 | 1 | Sunday | |
| 21 | 2019/1/21 0:00:00 | 2019 | 1 | January | Jan-2019 | 2 | Monday | |
| 22 | 2019/1/22 0:00:00 | 2019 | 1 | January | Jan-2019 | 3 | Tuesday | |

销售记录表 客户信息表 Calendar

图 3-123

日期表创建后，千万别忘记创建日期表"Calendar"中"Date"字段与"销售记录表"中的"销售日期"字段之间的关系模型，如图 3-124 所示。

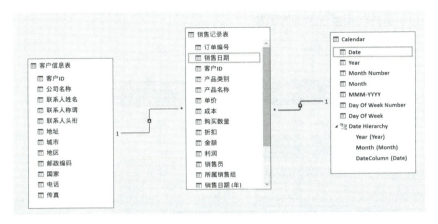

图 3-124

**4. 创建上个月销售额的度量值**

依次单击【Power Pivot】→【度量值】→【新建度量值】命令，创建上个月销售额的度量值，如图 3-125 所示。

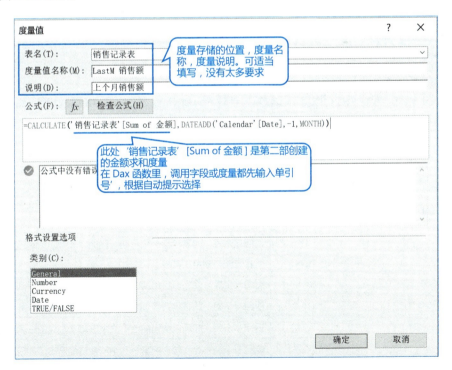

图 3-125

接下来我们来分析下：度量值 LastM 销售额 = CALCULATE（'销售记录表'[Sum of 金额],DATEADD（'Calendar'[Date],-1,MONTH)），如图 3-126 所示。

### 创建度量值并使用基于时间的函数

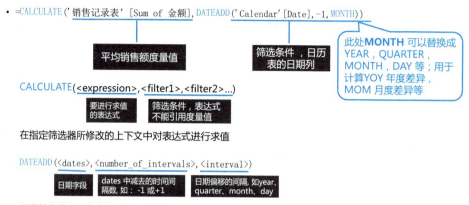

图 3-126

根据年差异百分比 =（本年金额合计 - 上年金合计）/ 上年金额合计，得到度量公式 YOY%= ('销售记录表'[Sum of 金额]- [LastM 销售额 ])/ [LastM 销售额 ]。

**小贴士**

该公式必须结合 Power Pivot 透视表呈现出来。

更多的时间智能函数可以参考微软官方针对 Power Pivot 给出的 DAX 语法规范，常见日期相关的 DAX 函数说明应用见表 3-5。

表 3-5

| 函数 Function | 说明 Description |
| --- | --- |
| DATEADD | 返回一个表，此表包含一列日期，日期从当前上下文中的日期开始按指定的间隔数向未来推移或者向过去推移 |
| DATESBETWEEN | 返回一个表，此表包含一列日期，日期以 start_date 开始，一直持续到 end_date |
| DATESMTD | 返回一个表，此表包含当前上下文中该月份至今的一列日期 |
| DATESQTD | 返回一个表，此表包含当前上下文中该季度至今的一列日期 |
| DATESYTD | 返回一个表，此表包含当前上下文中该年份至今的一列日期 |
| PREVIOUSDAY | 返回一个表，此表包含的某一列中所有日期所表示的日期均在当前上下文的 dates 列中的第一个日期之前 |

续表

| 函数 Function | 说明 Description |
|---|---|
| PREVIOUSMONTH | 根据当前上下文中的日期列中的第一个日期返回一个表，此表包含上一月份所有日期的列 |
| PREVIOUSQUARTER | 根据当前上下文中日期列中的第一个日期返回一个表，此表包含上一季度所有日期的列 |
| PREVIOUSYEAR | 基于当前上下文中日期列中的最后一个日期，返回一个表，该表包含上一年所有日期的列 |
| SAMEPERIODLASTYEAR | 返回一个表，其中包含指定日期列中的日期在当前上下文中前一年的日期列 |
| TOTALMTD | 计算当前上下文中该月份至今的表达式的值 |
| TOTALQTD | 计算当前上下文中该季度至今的日期的表达式的值 |
| TOTALYTD | 计算当前上下文中表达式的 year-to-date 值 |

**5. 创建上月销售额与本月销售额的 KPI**

KPI 是性能的直观度量，KPI 旨在帮助用户根据定义的目标快速评估指标的当前值和状态，其由度量值字段计算生成，在创建 KPI 之前必须创建相关的度量值。

创建 KPI 之前要先创建数据透视表，拖曳"Calendar"日期表中的"Year"和"Month"字段，到行区域，拖曳"销售记录表"中的"Sum of 金额"和"LastM 销售额"度量值，到值区域。生成透视表如图 3-127 所示。

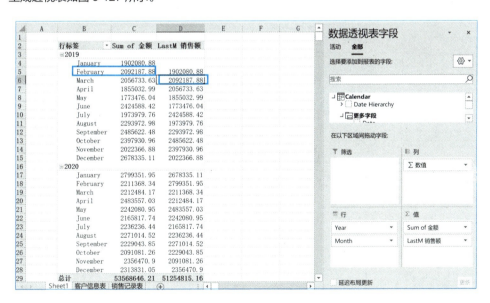

图 3-127

从中可以看出：第一列是年和月，第二列是金额汇总，第三列是上个月销售额的汇总。

我们有了这三个关键的数据就可以计算本月与上月的 KPI 了。

依次单击【Power Pivot】→【KPI】→【新建 KPI】命令，如图 3-128 所示。

图 3-128

在新建 KPI 对话框中，在【KPI 基本字段】的下拉列表中选择【Sum of 金额】命令，因为是看本月的数据状态目标值，在【度量值】的下拉列表中选择【LastM 销售额】命令，本月的销售额与上个月销售额相比的【定义状态阈值】可以通过拖曳黑色的漏斗来调整和目标比值，销售额超过上月 100% 显示绿色，销售额超过上月销售额 80% 显示橙色，销售额低于上月 80% 显示红色。设置后单击【确定】按钮，如图 3-129 所示。

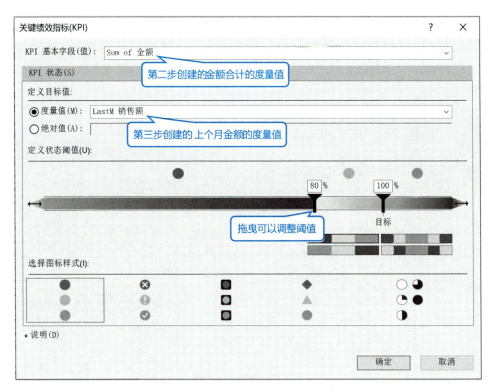

图 3-129

KPI 显示后的状态，如图 3-130 所示，KPI 创建完成后，在数据透视表里可能显示"-1，0，1"这样的标志，此时用户可以看到在数据透视表的字段列表里多了一个"状态"字段，重新勾选"状态"字段然后刷新,在数据透视表里就可以正常显示了。

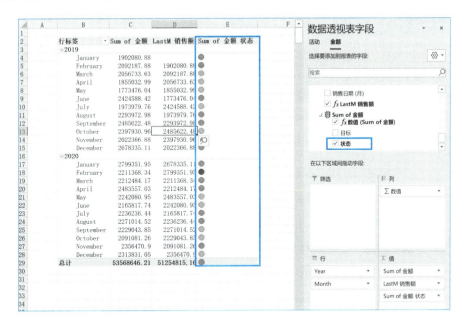

图 3-130

### 6. 如何显示查看每个城市每月 KPI

Mary 只要根据前面学习的内容插入"城市"切片器就可以了,可参考 3.6.5 节。KPI 创建好了,只要单击切片器上不同的城市名就可以动态查看每个城市每月的 KPI 了。

如果还想用图表多方式展示数据,也可以配着插入图表,图表应用参考 3.7 节。

最后的结果如图 3-131 所示。

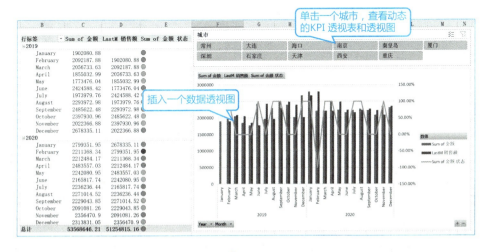

图 3-131

## 3.7 Excel 新图表可视化分析

在 Excel 中有"文不如表，表不如图"的说法，也就是说在 Excel 里用图表来表达数据是最好的方法。当然大家都会做简单的柱形图、条形图、折线图和饼图，任何数据和场景都能被转化为这四个图形来表达。其实在什么环境下用什么图表类型表达数据至关重要。我建议大家通过数据间的关系来选择图表比较好。

Excel 常规图表应用的四大场景有比较、分布、构成、联系，如图 3-132 所示。

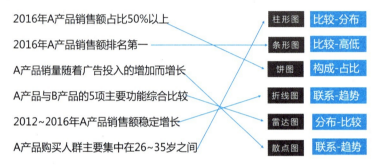

图 3-132

下面我们介绍 Microsoft 365 Excel 新增的 6 种图表类型（也适用于 Excel 2016 以上版本），如图 3-133 所示。

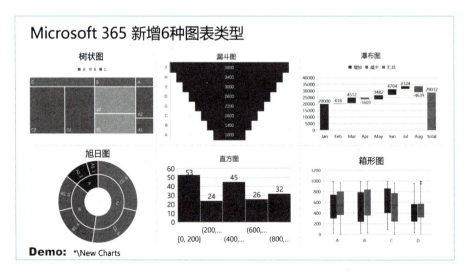

图 3-133

在 Excel 2016 版本之前，我在讲这些图表时一般将它们归到"高级图表"里，也就是要添加许多辅助列辅助行等才可以做出来的图表，在当时操作者若没有深厚的 Excel 图表功底是绝对做不出这些图表来的。

这些图表也可以用于比较、分布、构成、联系四大场景，新式图表场景应用介绍如图 3-134 所示，当然它们不仅只适用于图中这些场景，在后面章节中我们还将展开介绍如何在其他专业场景中应用这些图表。

| 说明 | 图表 | 场景 |
|---|---|---|
| 以矩形显示比较层级结构不同级别的值 | 树状图 | 比较-影响 |
| 以环形显示比较层级结构不同级别的值 | 旭日图 | 比较-占比 |
| 按储料箱显示一组数据的分布 | 直方图 | 分布-比较 |
| 显示一组数据分散情况资料的统计 | 箱形图 | 分布-构成 |
| 显示一系列正值和负值的积累影响 | 瀑布图 | 构成-影响 |
| 流程中数据逐渐递减的显示，直观发现问题环节 | 漏斗图 | 构成-比较 |

图 3-134

### 3.7.1 树状图：层级结构分析

树状图一般用于展示数据之间的层级和占比关系，矩形的面积代表数值的大小，颜色和排列代表数据的层级关系。

例如，用树状图展示地区、门店的营业额。准备好每个城市每个门店的销售量（A1：C8 范围），选中 A1：C8 范围的数据，依次单击【插入】→【树状图】命令，如图 3-135 所示。

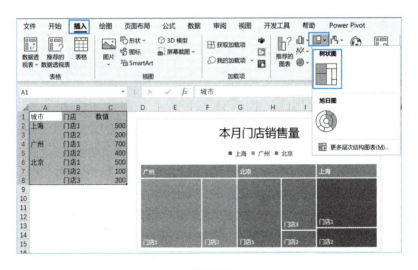

图 3-135

这样树状图就做好了，它可以和以前的图表一样通过图表工具栏调整样式，如图 3-136 所示。但这些都是形式，如果你只会做不会解说这个图表，那老板问起来怎么办呢？

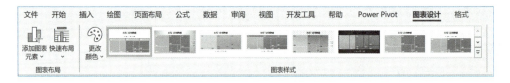

图 3-136

**树状图**：对数据源 A1：C8 来说，数据的第一列会进入图表的大类，先按照城市销售量的汇总比较大小，在图 3-135 中，你可以看到不需要自己计算，图表中的数据就自动从左到右（从大到小）依次排列，并且不同类用不同的颜色区分开，让人一目了然。

**广州城市数据举例**：广州只有两个门店，并且门店 1 的销售量比门店 2 的销售量高，所以门店 1 自动排在左边，门店 2 自动排在右边。

**北京城市数据举例**：北京有三个门店，并且三个门店的销售量为门店 1 最高，门店 3 次之，门店 2 最低，所以门店 1 自动排在左边，因图表长宽整体大小的限制门店 3 自动排在右上边，门店 2 自动排在右下边。

**上海城市数据举例**：上海有两个门店，并且门店 1 的销售量比门店 2 高，因图表长宽整体大小的限制门店 1 自动排在上边，门店 2 自动排在下边。

系统自动通过以上规律判断数据的大小决定位置，按照左最大，右上第二，右下第三的原则依次排开（先左后右，先上后下原则）。如果你把这张图看懂了再去给老板汇报展示心里才有底气啊！

### 小贴士

树状图的数据不建议分级太多，因为树状图的色块太多反而容易误导观看者。

### 3.7.2 旭日图：环形层级结构分析

当数据之间的层级过多，树状图就不太好用了，新 Excel 里还有一种更好的图表，它就是旭日图。

例如，准备好每个城市每个销售员每个产品的销售量（A1：D45 范围），选择 A1：D145 数据区域，单击【插入】选项卡，在【树状图】的下拉列表中就可以看到【旭日图】命令，这时软件就会根据数据自动制作旭日图表，如图 3-137 所示。

旭日图用于展示多层级数据之间的占比及对比关系，每一个圆环代表同一级别的比例数据，离原点越近的圆环级别越高，最内层的圆表示层次结构的顶级。

**旭日图**：由于数据量较大，旭日图还是按照由内到外（由大到小）的层级展示数据，依次是城市→销售员→产品名称这样的层级。另外一个维度分析按照顺时针方向由大到小排序，下面我们分别分析 3 个维度数据。

**城市分析**：旭日图会根据城市的分类对数据汇总，天津汇总数据最大所以从顺时针的起点开始，角度越大汇总值越大，四个城市依次是天津、北京、上海、重庆。

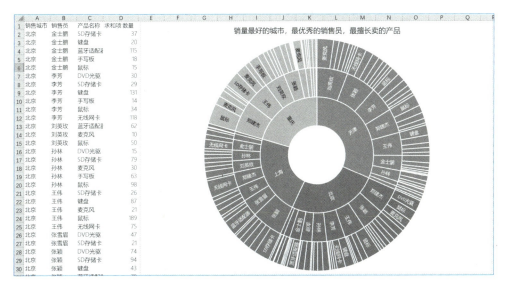

图 3-137

**销售员分析**：天津销售量最大，在天津的所有销售员里刘英玫是业绩最好的，她的销售量最高，所以排在顺时针的最前面，各销售员的销售量排列依次是刘英玫、张颖、李芳、郑建杰、王伟、金士鹏、孙林，排不上名的就不显示出来了。这些汇总比较都是旭日图自动完成的，我们不需要做任何公式计算。

**产品分析**：轮到产品分析时，你已经明白了旭日图的原理，自然你会发现最好的城市里最好的销售员最擅长卖的产品是什么，所有人那里都能显示出一个产品名称，这就是每个销售员最擅长卖的产品。

### 3.7.3　直方图：数据分布分析

直方图与前两个不同，它是数据统计类常用的图表，直方图或排列图（经过排序的直方图）是显示频率数据的柱形图，它可以清晰地展示一组数据的分布情况，让用户直观看到数据的分类情况和各类别之间的差异，为分析和判断数据提供依据。

例如，准备好数据 A 列是员工工号，B 列是员工的年龄（A1：B180 范围，公司 180 名员工），选中 A1：C180 范围的数据，依次单击【插入】→【直方图】命令，效果如图 3-138 所示。

通过上面的直方图，用户可以看出 180 名员工的年龄分布情况，年轻人居多，公司很有活力，快退休的人少，企业不用担心老龄化现象。

刚插入的直方图的横轴箱宽度不是固定大小，比如员工的年龄不是每个 10 岁一个箱，用户可以通过右击直方图横轴，再单击【设置坐标轴格式】命令，在右侧的任务窗格中就可以调整箱宽度了，工作时根据需要调整数字即可，如图 3-139 所示。

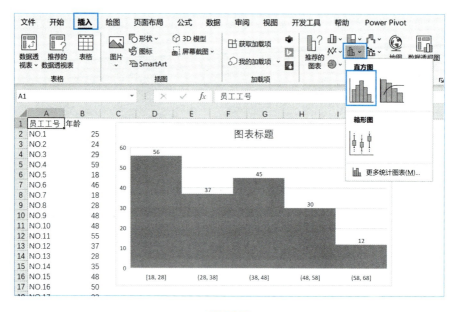

图 3-138

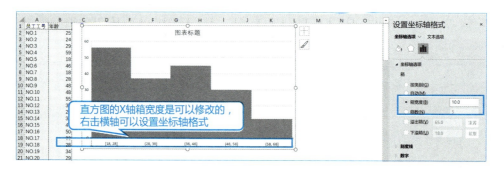

图 3-139

### 3.7.4 排列图：按照发生频率大小绘制累计百分比

排列图又叫帕累托图、主次图，是按照发生频率大小顺序绘制的直方图，起初帕累托图可以用来分析质量问题，确定产生质量问题的主要因素。现在其也可以用于财务或其他行业分析多种分类项的情况。

例如，准备好数据，A 列是月份，B 列是类别（五种科目），C 列是费用（A1：C61 范围表达出一年 12 月 A、B、C、D、E 五种科目的成本费用），选中 B1：C61 范围的数据，依次单击【插入】→【直方图】命令，选择【直方图】下方的【排列图】命令，效果如图 3-140 所示。

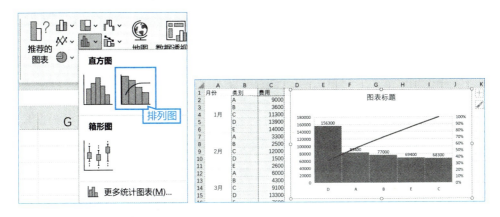

图 3-140

通过排列图人们可以快速看出 A、B、C、D、E 五种费用由高到低依次是 D>A>B>E>C，线表示五种费用的累计百分比，从而分析出在所有的成本里 D 科目费用是最高的，对总费用的影响最大。

排列图可以是使用数据透视图把这些数据汇总后直接生成的，其可以比用其他图表更好地展示数据。

### 3.7.5 箱形图：多数据集关联分析

箱形图可以显示数据到四分位点的分布，突出显示平均值和离群值，提供有关数据位置和分散情况的关键信息，尤其在比较不同的母体数据时更可表现其差异。箱形图最常用于统计分析。要看懂箱形图就必须先读懂箱型图上几个关键的因"数"，如图 3-141 所示。

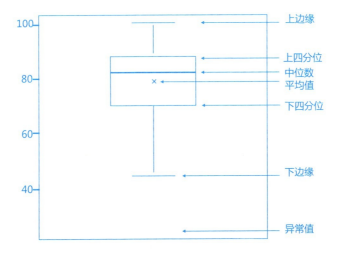

图 3-141

**上边缘**：上边缘是非异常范围内的最大值，也是统计学里一组数据的最高点，Excel 里有关于四分位法的计算函数叫 QUARTILE() 函数，后续有介绍。

**上四分位**：统计学里一组数据的第三个四分位点值，即 75% 处的数据。

**中位数**：统计学里一组数据的第二个四分位点值，即 50% 处的数据。

**下四分位**：统计学里一组数据的第一个四分位点值，即 25% 处的数据。

**下边缘**：下边缘是非异常范围内的最小值，也是统计学里一组数据的最低点。

**异常值**：异常，不正常的值，如上海春天平均气温在 10℃ ~ 18℃，突然一天温度上升到 30℃，这里 30℃就属于异常情况。

**QUARTILE() 函数介绍**：

它有两个参数，"Array"表示需要计算四分位点的数据集（如图 3-142 所示），"Quart"表示决定返回哪一个四分位点。"Quart"参数的值为 0 ~ 4，如果该参数为 0，表示需要返回最小值；如果该参数为 1，表示需要返回第一个四分位点，即 25% 处的数据；如果该参数为 2，表示需要返回第二个四分位点，即 50% 处的数据，也就是中值；如果该参数为 3，表示需要返回第三个四分位点，即 75% 处的数据；如果该参数为 4，表示需要返回最大值点。

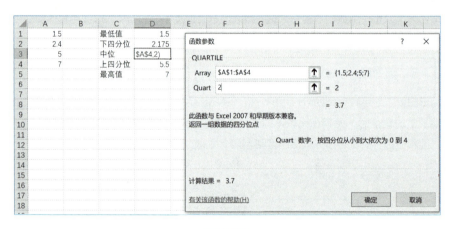

图 3-142

**场景案例**：Mary 是一名采购专业人员，她需要对经常采购的 A、B、C、D 四种产品建立一个箱形图，以比较它们的市场价格及公司在需要采购时出多少价格比较合适。

Mary 准备好数据，A 列是品牌商家，B 列是需要采购的 A、B、C、D 四种产品，C、D 列是 20 家品牌供应商提供的第一季度与第二季度的报价。

Mary 要根据这个数据来分析上半年 A、B、C、D 这些产品的价格中位值在哪里，并判断公司是否需要调整明年的采购预算。

Mary 和她的团队要根据依公司实际情况做出的箱形图来探讨是采购高于中位数的供应商的产品还是低于中位数的供应商的产品。

选中 B1：D81 范围的数据，单击【插入】，在【直方图】下拉列表中单击【箱形图】命令，效果如图 3-143 所示。

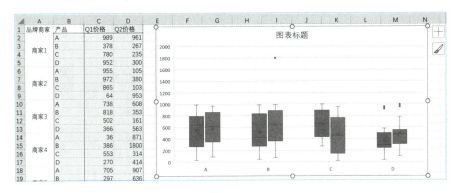

图 3-143

箱型图也可以用于比较医疗试验结果，以及对全校学生的测验分数进行摸底分析。

### 3.7.6 瀑布图：流入和流出财务数据分析

瀑布图用于表现一系列数据的增减变化情况及数据之间的差异对比，通过显示各阶段的增值或负值来显示值的变化过程。在表达一系列正值和负值对初始值（如净收入）的影响时瀑布图非常有用。瀑布图在财务、供应链管理工作中较为常见。

例如，准备好每月利润及收支因素费用（红色负数表示支出）的数据，其中二月利润的公式为 =sum(B2:B10)，三月利润的公式为 =sum(B11:B15)。

选中 A1：B16 范围的数据，依次单击【插入】→【瀑布图】命令，如图 3-144 所示。

图 3-144

初始值和最终值列通常从水平轴开始，而中间值则为浮动列。如果数据包含被视为小计或总计的值（如净收入），用户可以设置这些值，以便它们从横轴（零）开始，不"浮动"。

分别右击"二月利润"和"三月利润"的数据点并从快捷菜单中选取【设置为汇总】来设置汇总，如图 3-145 所示。

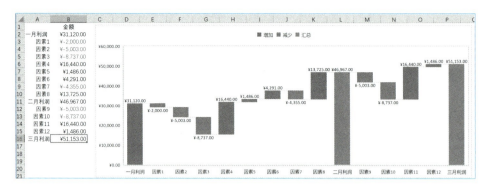

图 3-145

通过瀑布图，用户可以看出哪个月的利润比较高，而且看出是哪几个因素影响了利润。

### 3.7.7 漏斗图：逐渐递减的比例数据分析

漏斗图一般用于显示流程中多个阶段的值。例如，可以使用漏斗图来显示销售管道中每个阶段的销售潜在客户数。通常情况下，值逐渐减小，从而使条形图呈现出漏斗形状。

例如，准备好客户转化率的相关数据，其中 A 列是销售员从目标客户到转化为订单，再完成订单的过程；B 列是每个阶段存留的客户数。

选中 A1：B9 范围的数据，依次单击【插入】→【漏斗图】命令，如图 3-146 所示。

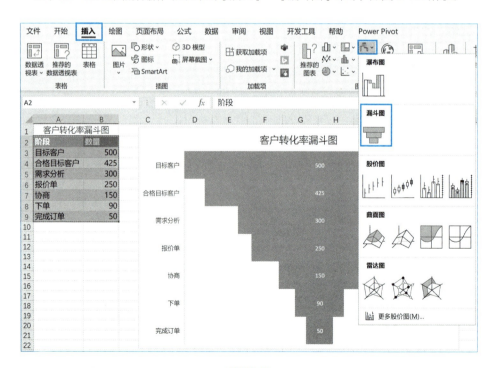

图 3-146

这样漏斗图就做好了,如果想进一步优化漏斗图,我们可以在 C 列添加每个阶段的转化率,从而看出销售的转化能力及市场状况。转化率这一列是根据业务需要添加的,并不是 Excel 原本的功能。添加转化率的公式为 ="合格目标客户"/"目标客户"。

如图 3-147 所示,漏斗图上的转化率是添加的文本框,每个文本框都可以写入公式,以便单元格数据更改后,转化率自动显示在图表上。

### 操作方法:

选中文本框,在公式栏上输入等号后,单击 C4 单元格,C4 单元格的数值自动填入文本框(如图 3-147),若单元格数据发生变化,文本框数据会自动更新。

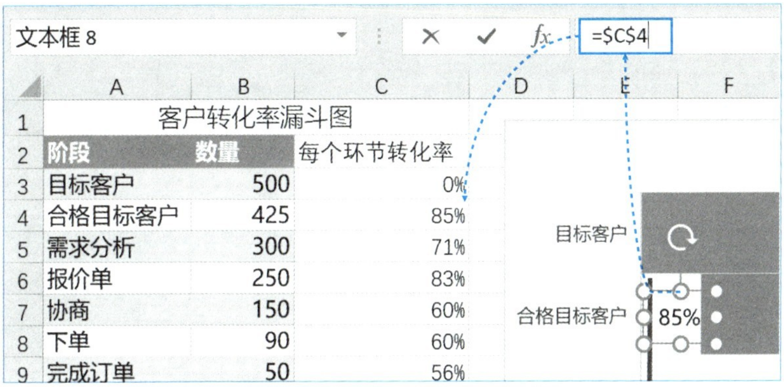

图 3-147

这样操作完成后带有阶段转化率的漏斗图就做好了(如图 3-148 所示)。

Mary 这次的报告受到老板的表扬,她不仅会用 Excel 本身的功能,而且还可以将相关表格添加到团队管理应用场景中。

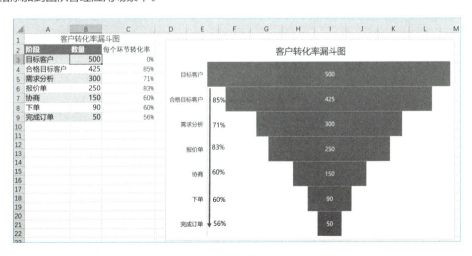

图 3-148

## 3.8 Power Map 地图：地理位置的数据展示

Power Map For Excel 是一款三维（3D）数据可视化工具。它是一种查看信息的新方式。通过 3D 地图可以将地理位置及时间轴数据绘制在三维地球上，显示数据随着时间推移而发生的变化，并创建可视化演示与他人共享。使用 3D 地图可让你发现一些无法通过传统的 2D 表格和图表得出的信息。

**使用 3D 地图的优点：** 使用 Power Map，可以在三维地球或自定义地图上绘制地理和时态数据，显示这些数据，并创建可以与其他人分享的视觉浏览，其具体特点见表 3-6。

表 3-6

| | |
|---|---|
| 映射数据 | 根据 Excel 表格或 Excel 中的"数据模型"，将数万行数据以可视化及三维格式绘制在必应地图（Bing Map）上 |
| 激发见解 | 以地理空间角度查看带有时间轴的数据随时间推移而发生的变化，从而获得新的见解 |
| 分享故事 | 捕获屏幕截图并插入 slide 中与他人分享，或者可以将演示导出为视频，并以同样方式进行共享。以前所未有的方式吸引观众 |

### 3.8.1 使用 Power Map 三维地图的准备

**准备 1：** 先检查 Excel 是否启用加载了 Power Map 三维地图，依次单击【文件】→【选项】→【加载项】→【COM 加载项】→【转到】命令，勾选【Microsoft Power Map for Excel】复选框，再单击【确定】按钮，如图 3-149 所示。

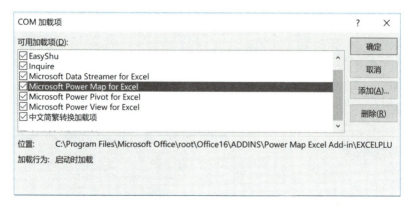

图 3-149

**准备 2：** 为 Power Map 三维地图导入要使用的数据，如图 3-150 所示。
这些数据应满足以下要求。
（1）确保所有数据都采用 Excel 表格式。

(2)是由 Power Pivot 创建的数据模型。

(3)存储在外部服务器的数据需要先添加到数据模型中。

图 3-150

### 3.8.2 在 Power Map 中用可视化数据创建三维地图

当 Excel 数据拥有表格格式或数据模型形式的地理属性，如包含城市名称、州／省／自治区名称、县区名称、邮政编码、国家／地区或经纬度的行和列，如图 3-151 所示，选择 Excel 表中的任何单元格，依次单击【插入】→【三维地图】→【打开三维地图】命令，之后首次单击【地图】命令时软件就会自动启用 Power Map 窗口。

图 3-151

Power Map 三维地图窗口将会出现，Power Map 会根据数据的地理属性对数据进行地理编码。几秒钟后，【图层】窗格的第一个屏幕旁会出现地球的图形。

刚识别"城市"字段信息时，Power Map 地球仪上会显示点，在窗口的右侧图层任务窗格中，默认情况下三维地图显示的是柱形图，但可以改为显示气泡图、区域图或热度地图。

在图层中你可以选取堆积柱形图、簇状柱形图、气泡图、热度地图或区域图，如图 3-152 所示。

选好图表类型后，开始聚合和进一步可视化地图上的数据，依次选中【高度】下的【购买数量】命令,【类别】下的【产品类别】命令,【时间】下的【销售日期】命令。

图 3-152

这样就把每种类别的产品在各个城市的销售量显示在地球仪上了,用户可以很形象地看出哪个地区城市销售量比较高。如果想知道哪个城市的客户数比较多就要创建新的场景了。

鼠标导航场景:在三维地图的右下角有上下左右四个方向箭头,用户可以通过单击箭头方向,导航地图看数据。其他相关操作见表 3-7。

表 3-7

| 想 | 执行此操作 |
| --- | --- |
| 缩放为地球仪中的位置 | 快速双击地球仪的任何部分 |
| 放大或缩小 | 旋转滚轮,或单击加号和减号按钮 |
| 而不更改音调平移地球仪 | 向上、向下、向左或向右拖动地球仪 |
| 更改地球仪的间距 | 按住【Shift】键的同时拖动地球仪 |
| 重置地球仪<br>查看已丢失焦点的点 | 旋转滚轮一直缩小 |
| 平移和数值调节地球仪 | 单击向上、向下、向左或向右的箭头键 |

地图上只能显示出各个地理位置的信息数据,有时候无法显示出具体的数值,那么我们可以在三维地图上再添加二维的平面柱形图来展示数据。

依次单击【开始】→【二维图表】命令,如图 3-153 所示。

图 3-153

操作完成后三维地图就可以和二维图表在一起显示。

### 3.8.3 向 Power Map 演示添加场景

可以在上一节操作的基础上再创建新场景,分析哪个城市的客户数比较多。

通过向 3D Map 添加更多场景,用户可以创建更多关注特定地理位置或时间段数据的新视图。在 Power Map 窗口中依次单击【开始】→【新场景】命令，如图 3-154 所示。

图 3-154

这时单击【复制 场景 1】命令，这样比较节省时间，可以在场景 1 的基础上稍加修改，因为"城市"字段是固定的，不需要创建新场景，如果需要创建新场景则单击【世界地图】命令，必要时可以单击【新建自定义地图】命令。

在右侧的"高度"下删除原来的"购买数量"字段，添加"客户 ID"字段，在下拉列表里选择【计数 - 不重复】命令。这样就可以统计出全国各个城市的客户数量有多少。

为增加地图展示性，我们可以给天津添加注释。操作方法：在地图上右击天津的柱形图，然后依次单击【添加批注】→【编辑批注】命令，这样可以添加字段名称等信息。

为增加地图展示性，我们可以给整体场景 2 添加文本框，如图 3-155 所示，以更多解说这张地图数据，如天津有我们的大客户，我们的客户都集中在华北地区。

图 3-155

这样场景 2 就做好了。如果有更多的业务分析，可以再添加场景，更改图表类型，更改数据分析维度，设置外观。

在 Power Map 左侧显示的场景缩略图里，可以通过单击【设置】图标（当你将鼠标悬停在缩略图上时显示）访问"场景选项"。"场景选项"中的功能有以下几种。

（1）更改场景的名称。
（2）更改场景的播放时间长度。
（3）更改从前一场景的过渡时间长度。
（4）向场景添加效果，如飞过、缩放（推入）或地球仪旋转。
（5）通过增加其幅度来使效果更引人注目。
（6）加快或减慢效果的速度。

如果你有多个场景，可以像拖曳 PPT 的幻灯片一样通过鼠标来更改其顺序。

**小贴士**

Power Map 演示可以具有单个场景或按顺序播放以显示数据的不同视图（如突出显示地图的一部分或显示与地理位置相关的其他数据）的多个场景。

### 3.8.4　Power Map 创建热度地图

打开 Power Map 时，必应地图将自动把数据绘制为柱形图。可以将其更改为热图，因为热图中用颜色表示数据，所以用户可以快速了解大量数据，数据量很大时，可以看出数据在哪些地区比较集中。

在前面的基础上再复制场景 3，依次单击【开始】→【图层窗格】命令，在【字段列表】选项卡上，单击【热图】按钮。把"利润（求和）"字段添加到值区域。

单击【图层选项】命令可以对热度地图的外观做调整。

**小贴士**

（1）切换到热图时，"高度"字段将更改为"值"；
（2）不能向热图添加注释。

### 3.8.5　三维地图切换到平面地图

在 Power Map 窗口里，用户可以根据自己的需要来选择数据是用三维地图来显示还是用平面地图来显示。依次单击【开始】→【平面地图】命令，就可以把三维地图切换到平面地图形式，如图 3-156 所示。

图 3-156

可以通过查找位置快速定位到指定的城市。例如，我们在"查找位置"对话框的输入框里输入天津（如图 3-157 所示），三维地图会自动导航到天津这个城市。

图 3-157

根据前面的一系列三维地图的操作，用户就给自己的数据做了很多的三维地图场景。如果所有业务分析场景都已经做完了，接下来就可以展示数据了。

### 3.8.6　Power Map 三维地图视觉效果创建视频

如果在 Power Map 里创建了三维地图，若要共享 Power Map 的场景，用户可以创建捕获屏幕（截图的方式）将其保存为图片、视频 (*.mp4) 等与其他人分享，如图 3-158 所示。

图 3-158

- 用户可以将视频共享给使用支持 Power Map 的 Excel 版本的人员。
- 用户可以通过媒体播放器在 Web 上展示相关内容而无须使用 Excel。
- 用户可以在大显示器上以视频文件的形式运行相关内容，而无须使用 Excel。
- 如果用户希望在视频中插入音乐或旁白，可以添加背景音乐（音频文件），然后将场景动画保存为视频文件。

当用户的三维地图已经做完时，可以通过依次单击【开始】→【播放演示】命令来演示。如果用户觉得满意，接下来就可以创建视频，以便在更多的地方演示。

用户可以在 Power Map 中依次单击【主页】→【创建视频】命令来创建视频，效果如图 3-159 所示。

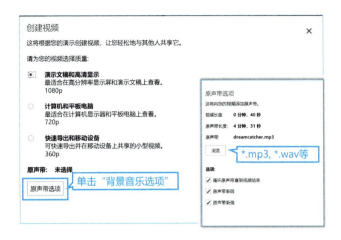

图 3-159

用户可以选择最适合预计观众将使用的设备的视频质量。用户可以针对下面的三个可用设置分别创建一个单独的视频。

（1）适用于高清视频显示的 1080p。

（2）适用于桌面计算机、笔记本电脑或平板电脑的 720p。

（3）适用于移动设备或小型平板电脑的 360p。

转换好的 mp4 视频可以直接插入 PPT 中播放，以便更好地展示业务数据。

# 第 4 章 用 PPT 清晰表达观点

无论是 PPT 新手还是职场老手都可通过本节了解 Microsoft 365 版本的 PPT 新功能。通过实际示例和可视化效果，你可以像专业人士那样快速设计管理你的演示文稿，甚至赶超微软员工的 PPT 水平。无论是过去的通勤办公还是现代化混合移动办公新方式，这些 PPT 新增的功能都可以助你更好地表达你的观点。

## 4.1 一键帮你找到设计灵感

讲到设计灵感，我想先问大家一下，你做 PPT 时最缺什么？是缺技术？还是缺素材？还是缺创意呢？我在课堂上聊起这个问题时，大部分学员都说缺创意。事实上也许这三样都缺，但经常会有人觉得自己创意不好才做不好 PPT 的。这时就有了以下几个问题：PPT 这个应用软件的所有命令你都很熟悉吗？你做 PPT 时，有自己的素材库吗？还是到搜索引擎上面搜索素材？甚至着急用时大概匹配找一张图片用上？如果这几个问题你没办法自信回答，说明你三样都缺。在这里我建议你先学习 PPT 软件应用技术，平日多注意收集素材，在学习技术的过程多观察模仿创意性的版式设计。这三部分是可以同步提升的。如果前两者都感觉还可以，那你最缺的就是创意灵感了。

图 4-1 是一个企业或个人使用 PPT 的熟悉度模型，可以对比看看你在哪个阶段。

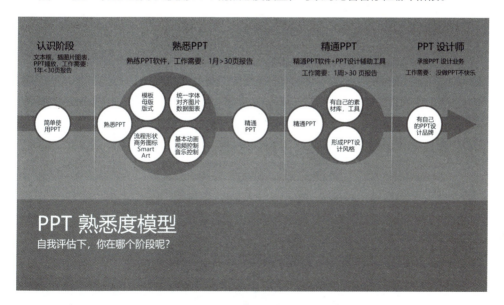

图 4-1

> **小贴士**
>
> 职场办公能在熟悉和精通之间就够了，如果真是产品宣传或拉投资宣讲的 PPT 可以找 PPT 设计师来做了，术业有专攻，不是每个人都必须把时间放在 PPT 上，除非特别热爱，或者工作需要。

Microsoft 365 为新版的 PPT 软件提供了创意灵感功能，在你还没达到设计师水平的排版时，你只需要在幻灯片中插入自己的图片、文本素材，PPT 中的 AI 就会自动调用设计灵感功能，给你排版出各种样式的版式，你直接选择喜欢的就可以了。

其打开方式为依次单击【开始】→【设计灵感】命令或单击【设计】→【设计灵感】命令，如图 4-2 所示。

图 4-2

设计灵感功能越用越有灵感，无论是文本灵感，还是图片灵感，或者图文混合排版都有灵感，如图 4-3 所示。

- 想做封面用【标题版式】命令。
- 想做图文混排用【标题和内容版式】命令。

图 4-3

但有时候用户还会发现该功能没有作用,如果你的 PPT 突然没有了作用,请检查你的网络是否正常,该功能需要互联网支持。如果网络正常,而你的 PPT 一直没有找到设计灵感就可能有下面几个原因。

(1) Microsoft 365 版本才有此功能。

(2) 检查 Office 的【连接体验】功能是否打开,其需保持打开,【连接体验】功能的打开方式为依次单击【文件】→【账户】命令,在"账户隐私"下单击【管理设置】按钮,在弹出对话框里勾选【启用可选连接体验】复选框,如图 4-4 所示。

图 4-4

在保证电脑网络正常且相关选项打开的情况下,PPT 就会有设计灵感的功能了。

## 4.2 缩放定位:非线性跳转演示幻灯片

在你的演示文稿中需要从一页通过一个超链接跳转到另外一页吗?如果有,你一定要使用超链接功能,超链接可以实现在演示文稿内来回跳转的目的。在 Microsoft 365 版本的 PPT 中超链接功能虽然还在,但我们又多了一种实现文件内跳转的新功能,即缩放定位。通过 PPT 缩放定位,你能够以非线性的方式创造性地演示内容。缩放定位功能可以让你的演示文稿呈现活力且更具有动态的演示效果。

如果想要给 Power Point 文件添加缩放定位,则要依次单击【插入】→【缩放定位】命令,如图 4-5 所示。

缩放定位共有三个功能:

(1) 若要在一张幻灯片上汇总整个演示文稿,请选择【摘要缩放定位】命令;

（2）若要仅显示所选幻灯片，请选择【节缩放定位】命令；

（3）若要只显示单个节，请选择【幻灯片缩放定位】命令。

图 4-5

### 4.2.1 摘要缩放定位

通过摘要缩放定位功能可创建交互式目录，在演示时可在目录页和内容页来回跳转。例如，演示 PPT 时，用户可以使用缩放功能按喜欢的顺序从演示文稿中的一个位置跳转到另一位置。该功能可在不中断演示的情况下，实现向前跳转或重新访问其他幻灯片的目标。

打开要用于摘要缩放的演示文稿文件后，依次单击【插入】→【缩放定位】→【插入摘要缩放定位】命令，其对话框随即打开，选择要包括在摘要中的幻灯片，它将成为摘要缩放节的第一张幻灯片，如图 4-6 所示。

图 4-6

如果演示文稿中已有节，默认情况下会预先选择每个节的第一张幻灯片。如果不希望在缩放中包括某些节，请再次进入"插入摘要缩放定位"对话框取消勾选它们，如图 4-7 所示。如果希望 PPT 清除未包括在摘要缩放中的任何节，请取消勾选【保留演示文稿中未使用的部分】复选框。

图 4-7

该功能适用的场景：当你的工作报告做完，发现目录页还是纯文本不够美观，可以使用"摘要缩放定位"功能一键生成完美目录页。

同时"摘要缩放定位"功能还能将整个工作报告分成不同的逻辑节，无论是报告演示还是用户自己看工作报告都很方便。

### 4.2.2　节缩放定位

节缩放是演示文稿中已有节分区的链接。可用其返回到真正想要强调的节，或者突出显示演示文稿中某些幻灯片之间的联系。

选择要用作节缩放的幻灯片，依次单击【插入】→【缩放定位】→【节缩放定位】命令，勾选需要创建缩放定位的节，单击【插入】按钮之后系统将自动在当前幻灯片上创建节的缩放定位。

如图 4-8 所示，定位在任意幻灯片上，单击【节缩放定位】命令，弹出对话框，勾选"第 5 节：假设"和"第 6 节：重点总结"，然后单击【确定】按钮。这样系统就自动在该幻灯片上创建了【假设】和【重点总结】两个定位图标，当放映时，单击图标即可跳转到对应的节。这样在任意位置都可以跳转到已经定位的节。

> **小贴士**
> 
> 可以在缩略图窗格中选择所需的节名称，然后将其拖动到想要放大节的幻灯片上，这样即可快速创建节缩放。

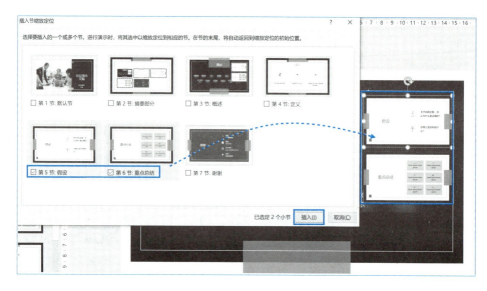

图 4-8

### 4.2.3 幻灯片缩放定位

使用幻灯片缩放定位可以从某一幻灯片跳转到特定幻灯片。幻灯片缩放定位可帮你使演示文稿更具动态性,让你能够按你选择的任何顺序在幻灯片之间自由导航,而不会中断演示文稿的流畅播放。对于没有大量节的较短演示文稿,在展示时要看起来有很多张幻灯片,一般会使用幻灯片缩放定位做多次的循环。

例如,第一张幻灯片是做的摘要定位,播放时可以从第一张幻灯片定位到任意页,如果想播放到第四页之后再定位到前面任意页(不一定是第一页),可以在第四页直接插入幻灯片缩放定位,如图 4-9 所示。

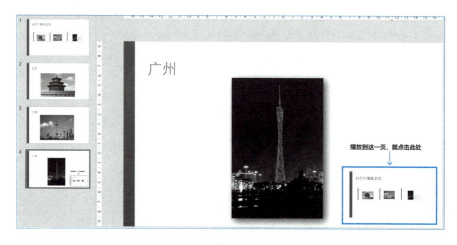

图 4-9

选择第四张幻灯片,依次单击【插入】→【缩放定位】→【幻灯片缩放定位】命令,在对话框中,勾选第一张幻灯片,单击【插入】按钮之后,将自动在第四页幻灯片上创建第一张的缩放定位,而第一张本来就可以到达任意张,这样就循环起来,如图 4-10 所示。

图 4-10

幻灯片缩放功能可帮助你向下钻取到多个信息片段,同时让人感觉就像停留在同一画布上一样。

## 4.3 场景案例:旧文件再利用,在 PPT 中重用幻灯片

### 案例背景:

如果现在你要做一个新的产品介绍 PPT。你突然想起来,以前你曾经做过一个类似的解决方案或是产品介绍,想做参考或借鉴,你通常的工作方式是打开原来的文件,找到其中需要的几页幻灯片复制,再切换到现在的文件中粘贴,如果文件内容特别多可能会涉及多个文件。你需要在这么多的文件里来回地切换窗口进行多次复制粘贴。现在我们学习一个更高效的工作方式,在 Microsoft 365 版本的 PPT 里有"重用幻灯片"功能。该功能可以让你在当前文件中就可以浏览到很多个以前的文件内容,你不需要打开文件就可以看到内容预览,使用时你只要指定位置后将要引用的幻灯片直接插入合适的位置即可。

### 操作方法:

第 1 步,首先打开要制作的 PPT 主文件,比如要重用另一个演示文稿中的封面,右击第一张幻灯片,或者依次单击【开始】→【重用幻灯片】命令,"重用幻灯片"任务窗格会在

右侧打开，如图 4-11 所示。在任务窗格中我们可以看到搜索框和一些最近打开过的 PPT 文件，在此处的搜索框中可以搜索云端的文件及本地的文件，它是按你打开的时间顺序排列的，可以向下滚动查看更多内容。

图 4-11

第 2 步，单击第二个文件的【选择内容】命令，这时其他的文件都会消失，所选 PPT 文件里的所有幻灯片内容都会在"重用幻灯片"任务窗格中打开，如图 4-12 所示。

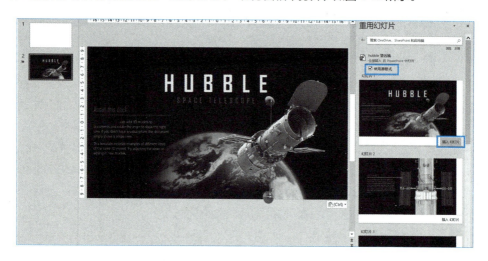

图 4-12

在插入重用的幻灯片之前需要注意，你在右侧"重用幻灯片"任务窗格中可以看到【使用源格式】的项，源格式指原来文件的模板、配色方案、字体等，默认勾选【使用源格式】复选框，这时插入后的幻灯片和原来完全一致。否则，插入的幻灯片将采用当前演示文稿的格式。

将鼠标光标定位在左侧导航栏中需要插入幻灯片的位置，然后在右侧"重用幻灯片"任务窗格中单击【插入幻灯片】命令就可以将需要的内容插入演示文稿中了。

当你将幻灯片从一个演示文稿导入另一个演示文稿时，它只是原始演示文稿的副本。你对副本所做的更改不会影响其他演示文稿中的原始幻灯片。这样我们就可以更便捷地引用不同文档中的内容并保持一致性。

"重用幻灯片"为经常需要创建演示文稿的用户确确实实地节省了时间，这个功能可以快速地利用之前已有的 PPT 文件和资料，省时省力地制作全新的演示文稿。

其实 Microsoft 365 在其他应用程序中也有这个功能，如在 Word 里叫【重用文件】（如图 4-13 所示），它们的使用方法类似，在 Word 里该功能可以插入的内容不只有 Word 文档，还可以插入 PPT、Excel 的内容。

此功能对我的帮助最大，这样我在整理培训课件时就不需要从头开始制作培训课件的封面，更不需要重新去制作模板，以及搜索资料调整幻灯片的版式和颜色，完全可以充分利用以前的本地、云端的文件中已经有的内容去制作。

图 4-13

## 4.4 设计 PPT 必备的素材库

我们生活在信息爆炸的时代，那么图形化思维早就在我们大脑中根深蒂固了，日常大家看到的信息中，有 90% 传输到大脑的信息都是图形信息，那么我们在做 PPT 时也就应该明白"一图胜千文"的道理。很多非专业的人员经常感觉素材匮乏，那么哪儿有好看的素材呢？

Microsoft 365 将为用户提供更加丰富的创作素材。在 PPT 的功能区中单击【插入】选项卡，可以在【图片】下拉列表中选择三种位置来源，如图 4-14 所示。

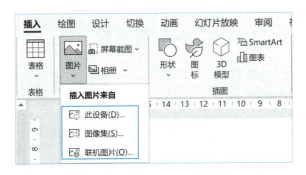

图 4-14

图像集就是 Microsoft 365 中的 PPT 里的一个内建图库，微软在升级说明文档里称有

8 000 多个免版税图像和图标可供用户选择，包含六类，它们分别是图像、图标、人像抠图、贴纸、视频、插图，如图 4-15 所示。

图 4-15

图像下包括科学、幸福、室内、创造力、模式、道路、丰富等分类。用户可以按自己需要搜索，如搜索"办公室"的图像，如图 4-16 所示，这些图片质量比较高，能满足绝大多数商务 PPT 的要求。

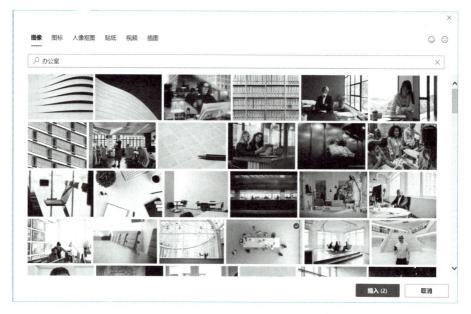

图 4-16

因为 Microsoft 365 里已经加入了智能的 AI 功能，每次显示的分类也有区别，如果在搜索时碰到感觉好看的图片就可以下载收藏起来。

## 4.4.1 用好 PPT 自带的高清大图

例如,我挑选了两张高清大图片,借助"设计理念"功能立刻产生了不一样的效果,如图 4-17 所示,如果你喜欢可以打开 PPT 的素材包实验一下。

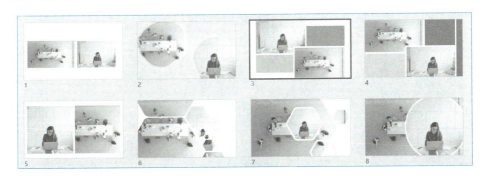

图 4-17

除了刚才的图像集,PPT 里还有很多人物抠像,提供了很多透明背景的人物素材,免去了我们的抠图之苦。

你可以输入一个名字,这时就会出现同一人物不同角度的造型,这可以保持设计风格的一致性,如图 4-18 所示。

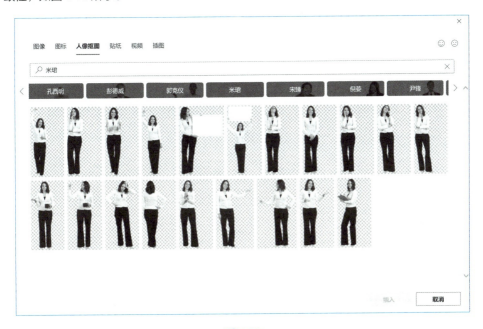

图 4-18

下载下来后,其就可以和不同的场景图完美结合,如图 4-19 所示。

图 4-19

### 4.4.2 用 PPT 自带图标实现 PPT 商务效果

除了刚才介绍的图像，PPT 里还提供了很多的图标，依次单击【插入】→【图标】命令也会进入该界面，升级后的图标更加丰富，而且增加了分类，如图 4-20 所示。

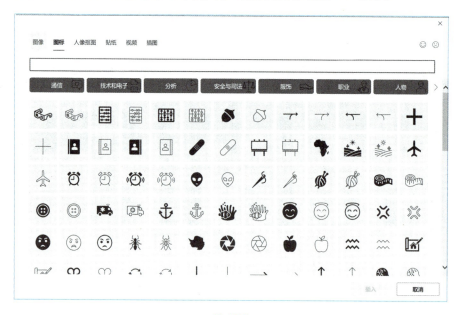

图 4-20

在图 4-20 中，你还可以看到人像抠图、贴纸、视频、插图等类型的多媒体素材，这些都是 Microsoft 365 特有的功能。

## 4.4.3 场景案例：图片拆分利器，一图变多图

在 PPT 里，插入的文字、形状都是属于矢量图，可以通过【合并形状】命令把图片素材与形状、文字进行布尔运算后拆分变成一个新的图片，拆分后的形状也可以进行图片填充。在 PPT 中拆分文字、形状、图片时都要用到布尔运算，当你选中两个对象后，依次单击【形状格式】→【合并形状】命令就可以看到在下拉列表中共有 5 种布尔运算，如图 4-21 所示。

图 4-21

这 5 种布尔运算就像数学中的加减乘除运算一样，PPT 里的布尔运算其实就是二维图像的"加减乘除"，五种运算的意义及效果，如图 4-22 所示。

在执行这任何一种运算前，先选中的形状颜色都决定了运算后的颜色，如先选中左侧橙色圆形，再按住【Ctrl】键加选右侧蓝色圆形，执行运算后的形状颜色是橙色的。所以在使用时先选谁及其重要，先选中的图形往往会占据更主要的地位。

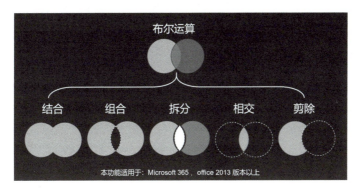

图 4-22

👉 操作方法：

1. 文字和图片的拆分方法

第 1 步，根据 4.4.1 章节的方法插入一张商务图片，选中图片后，依次单击【图片格式】→【透明度】命令，下面自动设置图片的透明度，这次选择 65% 的透明度，如图 4-23 所示。

第 2 步，插入两个文本框，分别输入"你们的潜力"和"我们的动力"，大小位置适中，

使用微软雅黑字体,如图 4-24 所示。

图 4-23

图 4-24

第 3 步,同时选中两个文本框,依次单击【形状格式】→【合并形状】→【拆分】命令。此时文字就被拆分开了,如图 4-25 所示。

图 4-25

- 拆分文字后,可以对文字填充颜色,如蓝色、橙色等。
- 可以对部分笔画重新定义形状,如可以选中"你"字的最后一点,然后依次单击【形状格式】→【编辑形状】→【更改形状】命令,就可以将其换成爱心形状,如图 4-26 所示。

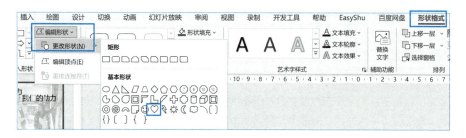

图 4-26

拆分文字后，除了可以填充普通颜色，其实也可以把图片填充到形状里，具体操作方法为：先复制一张城市的图片，再选中拆分好的"城市记忆"四个文字形状，依次单击【填充颜色纹理】→【其他纹理】命令，在窗口右侧弹出设置图片格式的任务窗格，选择【图片或纹理填充】单选框，单击【剪贴板】按钮，如图 4-27 所示，这样前面复制的城市图片就填充到文字形状里了。

图 4-27

最后设置形状白色边框，将白色边框填充到形状里还可以得到如图 4-28 所示的效果。

图 4-28

2. 形状和图片的拆分方法

第1步，插入一张自己喜欢的图片，先画出 14 个六边形形状，摆出自己需要的样式，如图 4-29 所示。

图 4-29

第2步，先选中图片，再按住【Ctrl】键选中 14 个六边形（也可以用鼠标框选），依次单击【形状格式】→【合并形状】→【拆分】命令，这样图片就被拆分开了，你可以先单击幻灯片空白处取消选中，再单击外框最大的图片删除，最后加个背景及文字衬托环境，效果如图 4-30 所示。

图 4-30

## 4.5 平滑切换效果

平滑切换效果指在 PPT 里跨幻灯片实现流畅的动画、切换和对象移动的效果。该效果可将从一张幻灯片到另一张幻灯片的动作制作成动画效果。PPT 中可对幻灯片应用平滑切换的对象有文本、形状、图片、SmartArt 图形和艺术字等。但是图表之间不能进行平滑切换。

在 PPT 应用窗口中依次单击【切换】→【平滑】命令,【效果选项】列表中共有三个效果选项：对象、文字、字符，如图 4-31 所示。

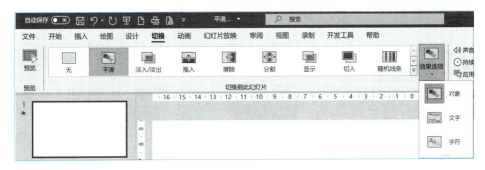

图 4-31

对象：指每张幻灯片上相同对象之间平滑过渡（形状矢量图每张幻灯片可以不同，需要调整形状名称）。

文字：指每张幻灯片上相同单词之间平滑过渡。

字符：指每张幻灯片上相同字母之间平滑过渡。

平滑切换的玩法有很多花样，不管是单页面还是多页面，平滑切换都是为了更好地起到 PPT 演示作用，让 PPT 技术服务于内容表达。在此章节视频展示动画最佳，读者可以在本书封底扫描"读者服务"二维码领取视频资源。

### 4.5.1 对象效果的平滑切换

#### 1. 矢量图：形状、图标平滑切换对象效果

第1步，在第一张幻灯片中插入一个笑脸形状，依次单击【形状格式】→【选择窗格】命令，在右侧的窗格中将对象名字改为"!!+任意数字或字母"，可以是"!!AAA"（注意：两个感叹号必须是英文状态下输入的，这个与程序的内部算法有关）。

同样后面的几张幻灯片的其他形状的命名都是统一的"!!AAA"，名称相同的对象才有平滑切换效果。

平滑切换所遵循的!!命名规则如下。

（1）如果平滑在两张幻灯片中发现两个具有相同名称的相同类型的对象（以!!开头），则在从一张幻灯片切换到下一张幻灯片时，它会将一个对象平滑为另一个对象。

（2）平滑不会将"!!"对象与非"!!"对象相匹配。

(3)平滑希望对象之间的映射为 1 ∶ 1，因此为了获得最佳结果，幻灯片上的特定"!!"对象应该是唯一的。

PPT 形状图标的平滑切换效果，如图 4-32 所示。

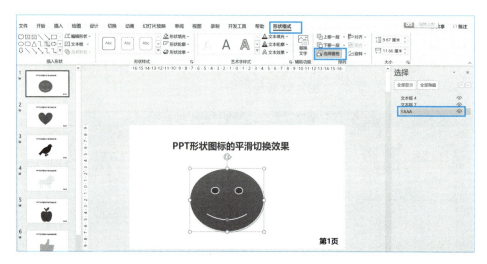

图 4-32

第 2 步，选择需要切换的所有幻灯片，依次单击【切换】→【平滑】命令，再依次单击【效果选项】→【对象】命令，如图 4-33 所示，然后单击【全部应用】按钮。

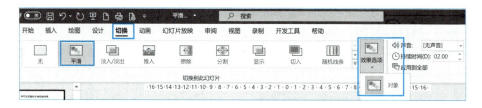

图 4-33

这样操作在 PPT 放映视图下才有效果，设置完成后按【F5】键从头播放试试吧！

2. 位图：图片的平滑切换效果

若要有效地使用图片的平滑切换，两张幻灯片至少需要一个共同对象；最简单的方法就是复制幻灯片，然后将第二张幻灯片上的对象移到其他位置，接着再对第二张幻灯片应用平滑切换，以查看平滑如何自动形成对象的动画并移动对象。

场景案例：人物介绍 PPT 的设计。

第 1 步，新建演示文稿文件，在第一张幻灯片中插入准备介绍的人物素材，使其铺满整个幻灯片，尽量找到接近 16 ∶ 9 尺寸的图片，如果图片太小，放映时画质会变差，然后将其复制成三张幻灯片。

第 2 步，调整第一张幻灯片及要显示的相应文本，如图 4-34 所示。

图 4-34

第 3 步，调整第二张幻灯片，选中图片，依次单击【图片格式】→【裁剪】→【裁剪为形状】→【圆形】命令；继续单击【裁剪】→【纵横比】→【1∶1】命令，然后再锁定圆形比例为 1∶1，从而得到正圆裁剪区域。

调整圆形图片的高度和宽度为 7 厘米。移动图片把 Maggie 的头像在圆形中心显示，如图 4-35 所示。

图 4-35

通过正圆裁剪区域的调整按钮，按住【Shift】键，把裁剪区域缩小或放大到需要展示的人物头像上。调整完成以后，单击空白区域即可完成裁剪，如图 4-36 所示。

给 Maggie 添加文本介绍，调整合适大小。

第 4 步，根据第二张幻灯片的方法，调整第三张幻灯片，并输入 Peter 个人介绍，如图 4-37 所示。

图 4-36

图 4-37

第 5 步，给三张幻灯片添加平滑切换，依次单击【效果选项】→【对象】命令，然后设置切换时间，如图 4-38 所示。

图 4-38

这种平滑呈现形式主要用于对产品特点或产品不同部位的展示、人物的介绍等场景，如何使用平滑切换还要结合读者不同的创意。

### 4.5.2 场景案例：文字平滑变形

文字平滑变形：移动文本框对象位置或单个字词位置，为使效果更好，应尽可能保留相同大小写，这个主要是以字词为单位识别相同的部分，进行平滑的切换。

该效果比较适合用于解释词语，如产品的概念，词语的解释等。文字的平滑切换也是特别实用的，尤其是在项目介绍时。

**案例背景：**

Mary 的公司正在做数字化转型，老板安排她对 Microsoft 365 产品做个报告，Mary 觉得 PPT 展示是她的强项，一定得从产品构成的个数上先让老板认识此 Office 非彼 Office，下面我们来看看 Mary 做的产品介绍 PPT。

**操作方法：**

第 1 步，创建一张幻灯片，Mary 在幻灯片上列出来了 Microsoft 365 应用的组成，如图 4-39 所示。显然这是 Mary 的草稿状态。

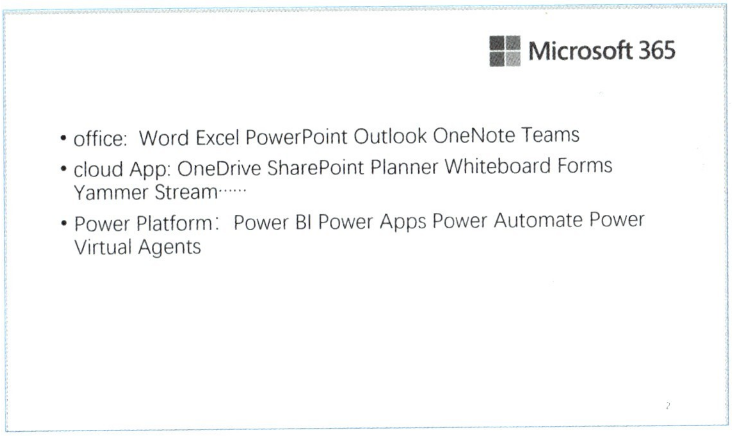


图 4-39

第 2 步，Mary 复制该幻灯片，把想要移动的产品 LOGO 做了调整，并添加了标题，这显然比刚才有商务范了，如图 4-40 所示，但 Mary 对自己的调整不太满意。

第 3 步，Mary 对 Microsoft 365 产品做了分类，将产品分为了三大类：桌面端新 Office 常用的应用程序，云端的应用及当今比较火爆的 Power Platform。她通过文本框、线条完成了三组的划分，然后对其字体、大小或颜色等进行了更改。这显然是老板最初要的 Microsoft 365 产品组成，如图 4-41 所示。可以是想要提起打算做数字化转型的老板的兴趣这样是不够的。

图 4-40

图 4-41

第 4 步，为了更好地展示 Microsoft 365，Mary 又重新从业务场景角度把产品做了分类，如图 4-42 所示。

第 5 步，Mary 为了让老板看出来公司最近十年的生产力工具的变化，体现 IT 部门在企业信息化建设上立下的汗马功劳，她不仅前面做的四张幻灯片一张没删除，还在最前面添加了一个十年前公司的 Office 产品结构。目前她做了五张幻灯片展示企业 Office 应用的产品变化，如图 4-43 所示。

第 4 章 用 PPT 清晰表达观点

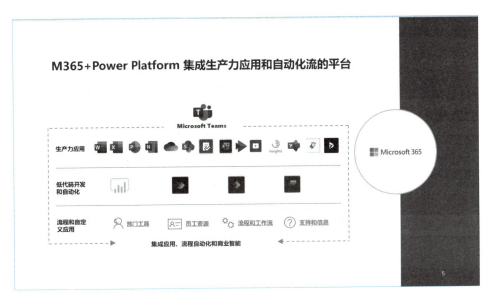

图 4-42

图 4-43

第 6 步，对前几张幻灯片的外观 Mary 很不满意，她认为纯文字演示肯定很沉闷，她给每张幻灯片都添加了平滑切换，效果选项设置为【文字】，使其呈现她想要获得的状态，为了使每一张幻灯片都添加文字的平滑切换效果，她单击了【应用到全部】命令，如图 4-44 所示。

为什么这里【效果选项】设置为【文字】呢？因为这几张幻灯片主要强调的文字位置、外观的变化。操作完成后可以单击【预览】命令查看效果。

图 4-44

### 4.5.3 场景案例：字符平滑变形

以前在 PPT 动画中有放大/缩小的动画效果，但其只是放大缩小并没有单个字符和字符重组的效果，而且放大/缩小动画效果是有时间限制的。现在 Microsoft 365 里的这个字符平滑效果可以重新排列幻灯片上的单个字符以创建单词或词组的回文造词效果。

**案例背景：**

Mary 在跟客户的汇报中想要展示公司的产品进入中国 20 年，并服务 2 000+ 客户的信息，如果直接说出来这句话则平淡无比，并不会给客户留下深刻的印象。因此她为了吸引客户注意进行了如下操作。

**操作方法：**

第 1 步，创建一张幻灯片，在幻灯片的正中心插入文本框，输入字符"进入中国 20 年"，如图 4-45 所示。

图 4-45

第 2 步，复制该幻灯片，再将想要移动或强调的字符复制并粘贴到下一张幻灯片上。她把原来文本框中的字更改成"服务 2 000+ 客户"，如图 4-46 所示。

第 3 步，调整文字，使其在第二张幻灯片上呈现出理想的效果，并应用平滑切换。在【切换】选项卡上单击【平滑】命令然后依次单击【效果选项】→【字符】命令，如图 4-47 所示。

图 4-46

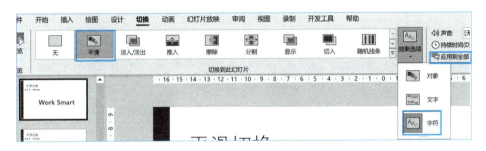

图 4-47

最后按【F5】键或单击【预览】命令以查看其操作效果。

### 4.5.4 场景案例：用 3D 模型技术做产品演示

📋 **案例背景：**

全民 PPT 时代也是拼颜值拼技术的时代，如何让客户能 360 度无死角查看公司完整产品呢？如果公司的产品小巧玲珑可以随身携带，则可以直接给客户展示体验。那如果产品比较大或体验成本比较高又怎么展示呢？

在 Microsoft 365 的 PPT 中可以插入 3D 模型，这可以让你的 PPT 演示提升到一个新的高度。在 PPT 里依次单击【插入】→【3D 模型】命令，如图 4-48 所示。

图 4-48

3D 模型支持的文件格式很多，如图 4-49 所示。这些格式的文件都是用专业的 3D 模型制作软件设计的。你可以到网站上下载或从公司相关的设计部门获取这样的文件。本书在练习文件里已经存放了一些 3D 模型供练习使用，读者可以在本书封底扫描"读者服务"二维码领取。

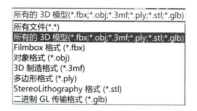

图 4-49

如果你想自己体验 3D 模型设计可以在 Windows 10 里搜索"3D 模型"，这就能看到"画图 3D"应用，这个是 Windows10 自带的 3D 模型绘制软件，如图 4-50 所示。

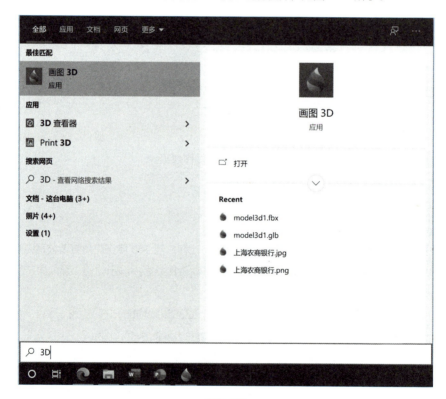

图 4-50

**操作方法：**

下面我们以在高校的教学课堂上如何用 3D 模型展示哈勃天文望远镜为例进行介绍，哈勃天文望远镜可是个"大家伙"，也不是老师和学生随便体验的。

第 1 步，准备素材，在本书的练习文件里找到"3D 模型"文件下的"哈勃太空望远镜 .fbx"

文件及"哈勃太空望远镜背景 .png"文件，如图 4-51 所示。

第 2 步，准备新的 PPT 文件，默认幻灯片背景是白色的，右击幻灯片空白处，设置背景格式，在右侧任务窗格中选择颜色为黑色，并单击应用到全部，如图 4-52 所示。

图 4-51　　　　　　　　　　　　　　　　图 4-52

在 PPT 里依次单击【插入】→【3D 模型】命令，并插入图片，把第 1 步中的两个素材都插入幻灯片中。将图片置于底层，3D 模型在顶层，效果如图 4-53 所示。

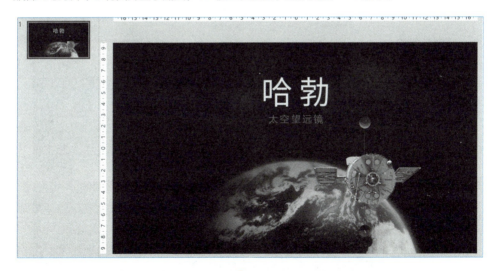

图 4-53

第 3 步，复制第一张幻灯片，在第二张幻灯片中删除哈勃太空望远镜背景图，然后输入哈勃太空望远镜太阳能电池板的介绍，并调整合适的位置及大小，如图 4-54 所示。

图 4-54

第 4 步,制作哈勃望远镜太阳能电池板介绍。单击选中哈勃太空望远镜的 3D 模型,可以在工具栏中看到【3D 模型】选项卡,通过单击 3D 模型的视图调整视角,调整到哈勃望远镜的太阳能电池板的位置,和太阳能电池板的引导线连接。可以像拖曳普通图片一样拖曳调整 3D 模型的大小,如图 4-55 所示。

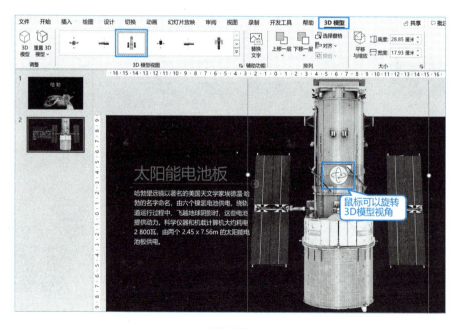

图 4-55

第 5 步,再复制第二幻灯片,按照第 4 步的方法制作哈勃望远镜光圈介绍及体积长度和直径介绍。此案例共有 5 张幻灯片,如图 4-56 所示。

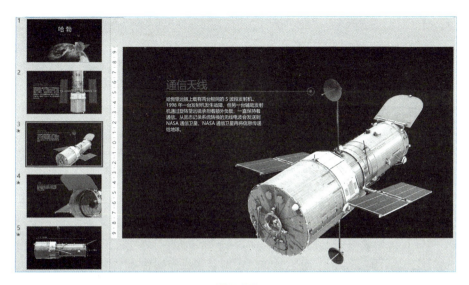

图 4-56

第 6 步，给五张幻灯片添加平滑切换效果，依次单击【效果选项】→【对象】命令，如果想连续自动播放可以通过【设置自动换片时间】功能进行设置，如图 4-57 所示。

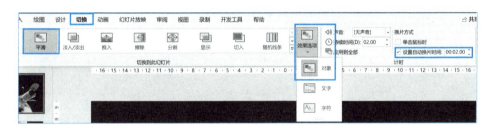

图 4-57

无论是科学研讨会还是销售产品推广，产品都可以这样给客户演示，尤其是大型无法携带的产品都可以用 3D 模型，可以给人一种身临其境的震撼和平滑流畅的体验。

## 4.6 场景案例：录制幻灯片演示转换视频

PPT 本身就是一个媒介，很多人把 PPT 称作商务广告平台，它早就是多媒体的一部分了。在 Microsoft 365 版的 PowerPoint 里有一个【录制】选项卡，你可以看到 PPT 里提供了【录制幻灯片演示】、【屏幕截图】、【屏幕录制】、【导出到视频】等常用的功能，如图 4-58 所示。

**案例背景：**

Mary 公司有一个视频平台，为了更好地保护讲师的原版课件，她一般把平时员工培训授课的幻灯片录制成视频，先把 PPT 课件及老师的原声转换成视频后再发布到公司在线视频平台，那么 PPT 怎么录制幻灯片视频演示呢？

图 4-58

**操作方法：**

第1步，录制旁白和计时。打开需要录制的演示文稿，依次单击【录制】→【录制幻灯片演示】命令，再单击【从当前幻灯片开始录制】命令，或者【从头开始录制】命令，这里就是给你指定的幻灯片录制旁白、墨迹、激光笔手势及幻灯片和动画计时等，如图 4-59 所示。

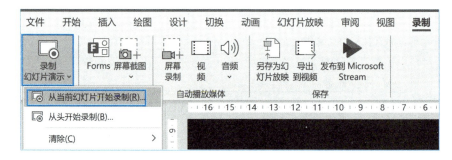

图 4-59

- 在窗口右上角选择摄像头/麦克风设备。
- 在窗口右下角可以检查当前摄像头/麦克风设备是否正常，在录制时可选择是否开启麦克风和摄像头，可以预览摄像头效果。
- 在窗口下方提供了激光笔和荧光笔选择使用，在录制时可以像在电子白板上一样画重点。所有都准备就绪后，单击左上角的【录制】按钮，并开始讲话。
- 讲完一张幻灯片后，需要单击右边的翻页按钮进入下一页再开始讲话。因为在幻灯片切换时，不会录制旁白，因此请在开始讲话前先进行翻页切换。
- 若要重新录制上一页幻灯片，请单击窗口左侧返回上一页按钮，转到该幻灯片再开始讲话。新讲解的音频或视频会覆盖以前的讲解音频或视频。以上几个说明如图 4-60 所示。

所有的幻灯片录制完毕后，通过提示操作，录制会自动退出，进入幻灯片普通视图。这时我们会看到每页幻灯片右下角都有一个扬声器图标，单击扬声器图标可试听声音质量，如果对特殊的音频质量不满意，可以从特定幻灯片开始录制，请转到该幻灯片，然后单击【录制】按钮。

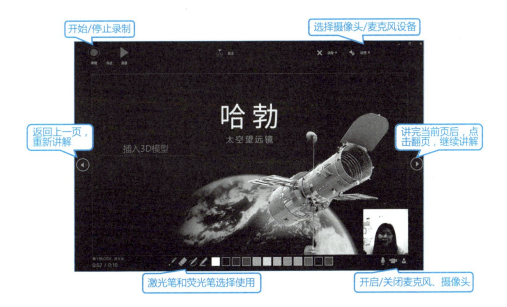

图 4-60

如果在录制时开启了摄像头,在幻灯片右下角可以看到小窗口的视频。如图 4-61 所示。

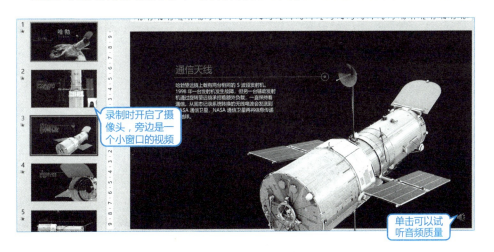

图 4-61

**第 2 步,将录制的演示导出到视频**。完成录制后,如果感觉满意的话,就可以导出到视频。依次单击【录制】→【导出到视频】命令,此时会打开"导出"对话框,如图 4-62 所示,在其中可以选择视频质量的一些参数,切记要选择【使用录制的计时和旁白】命令,否则之前录制的音频将不会被转为视频。

单击【创建视频】按钮,给视频命名,保存类型推荐选择 MPEG-4 视频,即 h.264 编码的 mp4 格式,兼容性较好,最后单击【保存】按钮,如图 4-63 所示。

图 4-62

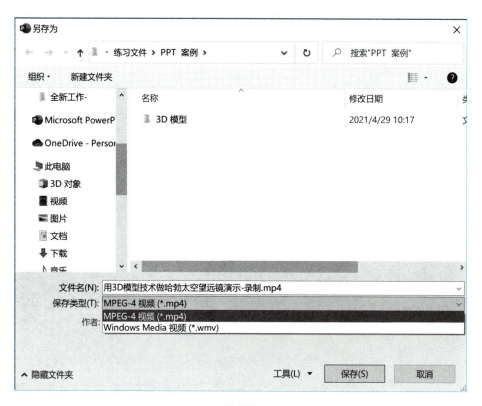

图 4-63

编辑好的幻灯片可以直接发布到 Microsoft Stream 视频平台。在 Microsoft Stream 中以视频形式共享演示文稿，将保留原文件中的所有动画、过渡效果和旁白。

具体操作为依次单击【文件】→【导出】→【发布到 Microsoft Stream】命令，如图 4-64 所示。

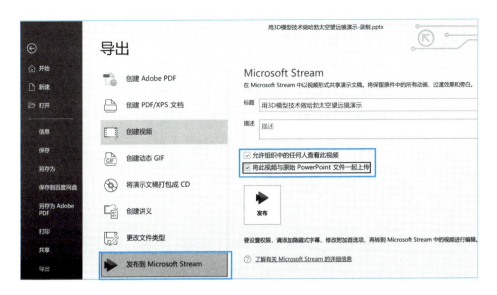

图 4-64

## 4.7 场景案例：PPT 里的屏幕录制

PPT 里的屏幕录制功能可以录制计算机屏幕及相关的音频，然后将其嵌入幻灯片或保存为单独的文件。该功能可以把你屏幕上的所有操作步骤都完美录制下来，尤其是仅进行简单的录制屏幕分享时该功能十分实用，这给很多非专业的用户提供了方便。那 PPT 要怎样才能进行屏幕录制呢？

操作方法：

依次单击【插入】→【屏幕录制】命令，或者依次单击【录制】→【屏幕录制】命令，如图 4-65 所示。

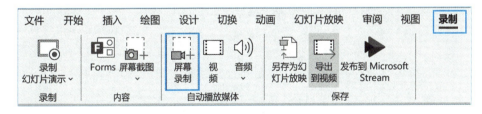

图 4-65

单击后，我们就打开了 PPT 的屏幕录制功能，这样我们就可以录屏了。我们需要选择屏幕录制区域，使用十字鼠标光标画出想要录制的屏幕区域即可，录制按钮菜单如图 4-66 所示。

录制时为避免多余的鼠标操作录进视频里，建议使用快捷键控制上面几个操作，具体如表 4-1 所示。

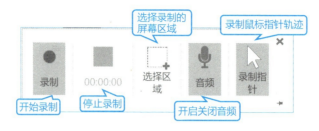

图 4-66

表 4-1

| 动　　作 | 快　捷　键 |
| --- | --- |
| 开始录制 | Windows 徽标键 + Shift + R |
| 暂时停止录制 | Windows 徽标键 + Shift + R |
| 停止结束录制 | Windows 徽标键 + Shift + Q |
| 选择区域 | Windows 徽标键 + Shift + A |
| 录制整个屏幕 | Windows 徽标键 + Shift + F |
| 开启 / 关闭音频 | Windows 徽标键 + Shift + U |
| 开启 / 关闭录制指针 | Windows 徽标键 + Shift + O |

完成录制后，录制内容会自动嵌入当前选择的幻灯片，如果保存演示文稿文件，视频也会一起保存。

若要将录制视频本身保存为单独文件，则要右击幻灯片上的视频，然后选择【将媒体另存为】命令，如图 4-67 所示。在"将媒体另存为"对话框中，指定文件名和文件夹位置，然后单击【保存】按钮，保存的视频格式是 mp4。

图 4-67

## 4.8 场景案例:PPT 在线演示,显示指定语言字幕

在一次在线课堂上有在线学员提出了关于会议实时字幕的问题,Teams 会议中带有英文字幕,但对需要更多除英文字幕外的其他语言字幕的人来说,这显然是不够的。但如果你使用的是 PPT,就可以使用 PPT 中带有的翻译幻灯片文本、实时翻译一种字幕及实时翻译多种语言字幕功能。下面我们分别介绍这三种翻译功能。

### 4.8.1 PPT 可以翻译幻灯片文本

在 PPT 中翻译幻灯片要先选择文本,然后依次单击【审阅】→【翻译】命令。这时右侧就会弹出翻译窗格。例如,我们选择简体中文,目标语言选择俄语。

**操作方法:**

选中幻灯片中要翻译的文本,PPT 会把简体中文自动翻译成俄语。此时,你可以定位幻灯片中鼠标光标的位置。单击右侧窗格中的【插入】按钮,这时候翻译好的俄语就可以插入幻灯片中了,如图 4-68 所示。

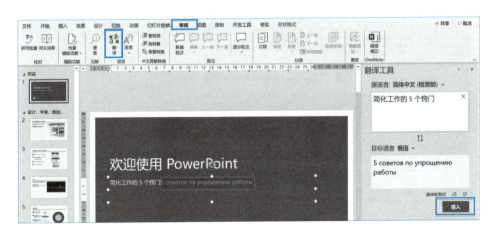

图 4-68

### 4.8.2 PPT 演示实时翻译指定一种字幕

如果你的演示文稿需要使用一种字幕,Microsoft 365 中的 Power Point Desktop 就可以实时演示翻译字幕。依次单击【幻灯片放映】→【字幕设置】命令,这时就可以设置你的讲述语言、字幕语言、麦克风、字幕所在位置等,如图 4-69 所示。

按【F5】键从头开始播放幻灯片,此时就有字幕显示在下方,讲中文时字幕会自动翻译为俄文,如图 4-70 所示。

这是我去一家中俄合资公司上课时进行的演示,他们会议上需要的语言只要有中文和俄文

就可以了,但中俄合资公司可能还有更多其他的供应商要使用英语,那字幕的语言可以依听众的需要选择吗?我们在 4.8.3 节中将介绍相关操作。

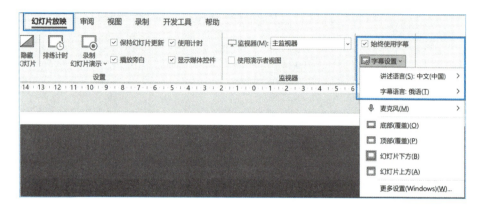

图 4-69

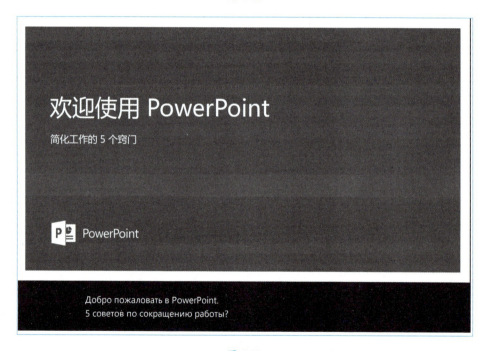

图 4-70

### 4.8.3 在线直播,实时翻译多种字幕

如果你的演示文稿需要同时使用多种语言的字幕,则 PowerPoint 的实时演示功能就派上了用场。通过实时演示功能,观众可以在自己的设备上看到演示文稿,并在你说话时以自己喜欢的语言阅读实时字幕。

敲黑板：实时演示文稿目前仅适用于 Web 的 PowerPoint。

操作方法：

第 1 步，要使用此功能，首先需要将演示文稿保存到云端，如图 4-71 所示。

图 4-71

第 2 步，要开始使用实时演示文稿，请在 Web 端打开 PowerPoint 幻灯片，并转到【幻灯片放映】选项卡单击【现场直播】旁边的下拉箭头，选择谁能够连接到此演示文稿，是"仅限组织内部人员"还是"任何人"，然后单击【音频设置】命令，确保麦克风正常使用，及讲述语言和主要字幕显示语言，如图 4-72 所示。

图 4-72

第 3 步，单击【幻灯片放映】选项卡之后单击【现场直播】命令，演示文稿将从显示自定义 QR 二维码的屏幕开始。你的观众可以扫描二维码，或单击二维码上方显示的链接，设置自己需要的字幕语言，PowerPoint Live 直播将在其 Web 浏览器中加载演示文稿。他们不需要安装任何软件，如图 4-73 所示。

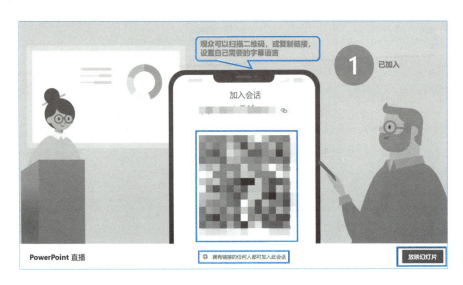

图 4-73

一旦听众加载了演示文稿,他们将看到演讲口语在屏幕上几乎实时转录的字幕,如果听众希望将演讲口语演示文稿翻译成不同的语言,他们可以单击语言指示器,从其他 90 种语言和方言之中进行选择,如图 4-74 所示。

图 4-74

在演示时，你可以使用幻灯片工具栏关闭和打开麦克风，此外幻灯片工具栏还包括打开演讲者主窗口的字幕、显示观看直播的人数、收集听众反馈等，如图 4-75 所示。

图 4-75

### 小贴士

讲话时要避免或消除可能干扰语音的背景噪音，字幕显示质量取决于基于云的语音服务质量，因此具有快速可靠的互联网连接非常重要。

我在 2019 年曾下载过 PPT 的一个 Translator 插件，安装该插件后 PPT 可以有多语言翻译实时字幕效果，但目前已不再支持。

微软官方的声明：

从 2020 年 7 月 31 日起，PowerPoint 的演示文稿转换器插件将不再可供下载。如果你已经下载了加载件，它将继续工作，但我们将不再提供技术支持或更新。你可以使用 PowerPoint 中的原生功能在演示文稿中添加实时字幕和字幕。

未来的 PPT 直播实时字幕将添加一项新功能，即在 Teams 中如果使用 PowerPoint Live 展示幻灯片马上也会有实时翻译字幕了。但具体时间未知，也许当大家看到这本书时此功能已经正式问世。

# 第 5 章　用 Outlook 管理邮件

Outlook 应用程序可以支持的邮箱类型特别多，在本书中只讲述其关于 Microsoft 365 账号的邮件管理功能。Microsoft 365 环境下的 Outlook 管理邮件功能可以把你工作中的电子邮件、日历、联系人全都整合在一起，以保持紧密联系和井然有序，这样你也可以随时随地使用 Outlook 手机端出色地完成工作，如图 5-1 所示。Outlook 作为内外正式沟通的工具，与 Microsoft 365 集成，可直接与 OneDrive 共享附件、与 Teams 连接等。

图 5-1

### 小贴士

可以向 Outlook 添加许多不同类型的电子邮件账号，包括 Microsoft 365、Gmail、Yahoo、iCloud 和 Exchange 账号。但某些第三方电子邮件提供商，如 Gmail、Yahoo 和 iCloud 要求更改其网站上的部分设置才能将这些账号添加到 Outlook。

## 5.1　添加 Microsoft 365 电子邮件账号

如果你的电脑是加入域的账号，第一次打开 Outlook 时系统会自动寻找对应的邮件地址，并自行初始化你的邮箱。

如果系统没有发现 Outlook 账号，打开 Outlook 应用程序后，可以依次单击【文件】→【信息】→【添加账号】命令，如图 5-2 所示。

图 5-2

接下来手动输入电子邮件地址,并单击【连接】按钮,如图 5-3 所示。

图 5-3

然后根据提示输入姓名、电子邮件地址和密码,并单击【登录】按钮,如果出现提示,请再次输入密码,然后单击【已完成】按钮,如图 5-4 所示。

图 5-4

开始使用 Outlook 中的电子邮件账号，如图 5-5 所示。如果你是 Outlook 老用户了，那么你会发现新的 Outlook 窗口跟过去的版本相比几乎没有变化，不过新增了几个新功能，你可以在后面的章节看到它们。

图 5-5

## 5.2 在 Microsoft 365 主页登录 Outlook 网页版

图 5-6

通过 Microsoft Edge 或 Google Chrome 浏览器，在地址栏中输入：www.Office.com，按提示输入 Microsoft 365 账号及密码即可导航到 Microsoft 365 主页，在左上角的九宫格中可以看到 Outlook 应用，如图 5-6 所示。

单击 Outlook 应用即可转到 Outlook 网页版，这时可以看到几乎和桌面客户端一样的 Outlook 界面，当你没有携带电脑时，也可以通过你身边的移动设备登录网页版 Outlook 查看、收发邮件，如图 5-7 所示。

第 5 章 用 Outlook 管理邮件

图 5-7

## 5.3 写邮件时提及某人以引起其注意

给某人写邮件时，邮件的正文里可以用 @ 符号提及某人的名字，提及 user01 时我们将看到 user01 已加入收件人那里，Outlook 的 @ 提及功能在手机上也可以实现，如图 5-8 所示。

更妙的是当其他人用 @ 符号提及你时，收件箱会在这封邮件的主题中显示 @ 提及前后的相关句子。此功能可以让收件人非常清晰地知道自己的任务，对自己需要留意的内容一目了然。

图 5-8

155

## 5.4 收件箱里的重点邮件

大量的邮件可能让你无法找到重点邮件浏览，尤其是在手机上操作，这时借助重点收件箱我们便可以更轻松、快速地浏览电子邮件，并查找到所需内容。

Outlook 重点收件箱可以帮助你关注对你而言最重要的电子邮件。

Outlook 把收件箱分隔为两种，即【重点】和【其他】，人们只需单击收件箱顶部的【重点】和【其他】即可在两者之间切换，如图 5-9 所示。

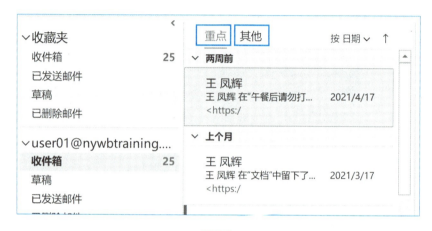

图 5-9

重点收件箱的工作原理是什么？

重点收件箱可以协助你确定重要邮件的优先级。进入重点收件箱的内容取决于电子邮件的内容及与你互动频率最高的人员，如新闻稿、系统生成的电子邮件一般进入其他收件箱。如需调整重点收件箱，可使用【移动到重点】和【移动到其他】命令来执行该操作。

### 5.4.1 打开/关闭重点收件箱

在 Outlook 中依次单击【视图】→【显示重点收件箱】命令就能够显示重点收件箱，再次单击既可以关闭，如图 5-10 所示。

图 5-10

关闭【显示重点收件箱】命令后，所有的邮件都在收件箱里，就不分【重点】和【其他】了。开启【显示重点收件箱】命令后，【重点】和【其他】将显示在邮箱顶部，你可随时切换来快速浏览邮件。

### 5.4.2 更改邮件的整理方式

操作方法：

（1）首先从收件箱中，选择【重点】或【其他】，然后右击要移动的邮件，如图 5-11 所示。

（2）从【重点】移动到【其他】，如果只想移动所选邮件，请选择邮件后，右击然后单击【移动到其他收件箱】。如果希望来自该发件人的所有邮件都放在【其他】，请在右击后单击【始终移动到其他收件箱】命令。

（3）从【其他】移动到【重点】，如果只想移动所选邮件，请选择邮件后右击，然后单击【移动到重点收件箱】命令。如果希望来自该发件人的所有邮件都放在【重点】，请右击后单击【始终移动到重点收件箱】命令。

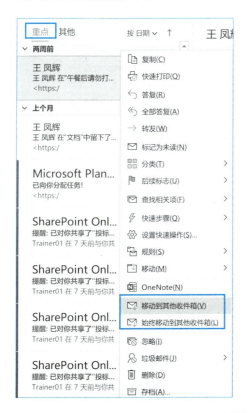 

图 5-11

使用重点收件箱功能的次数越多，该功能就变得越智能。该功能会关注你对邮件进行排序的方式以更好地对传入邮件进行分类，并帮助你集中精力处理重要邮件。

## 5.5 场景案例：朗读邮件

在 Microsoft 365 环境下的 Outlook 里集成了 Cortana 生产力助手，你可以在工作累了的情况下，选择男声或女声帮你朗读邮件，Cortana 生产力助手也集成到了移动设备的 Outlook 中。目前 Cortana 生产力助手支持语音朗读邮件、语音听写邮件和日历。

选择一封邮件，在【开始】选项卡中选择【大声朗读】命令（如图 5-12 所示），在朗读工具栏中你可以调整朗读速度、前进、后退，也可以选择读者声音，系统包含了 Microsoft David、Mcirosoft Zira、Mcirosoft Mark 三种声音。

图 5-12

邮件朗读功能也给有视力障碍的人提供了方便。

因为 Outlook 里集成了 Cortana，你如果书写邮件时很累，就可以用听写方式完成邮件、日历的书写。

操作方法：

新建一封邮件，从【邮件】选项卡中选择【听写】命令，如图 5-13 所示。

图 5-13

Outlook 的语音听写功能与 Word 中的一样，你可以参考前文的相关内容。

## 5.6 将邮件附件保存到 OneDrive 中

OneDrive 是 Microsoft 365 提供的云端个人存储空间，收到带附件的邮件后，如果想把附件文件备份存储在 OneDrive 上，可以在邮件附件的下拉列表中单击【上传】→【OneDrive-组织名称】命令，如图 5-14 所示，在 Outlook 客户端将附件上传到 OneDrive 中，这样一键即可把附件保存到 OneDrive 中。

图 5-14

在 Outlook Web 版本中也可以直接把附件上传到 OneDrive，如图 5-15 所示，"工作簿 3.xlsx"已保存到 OneDrive。

图 5-15

在 OneDrive 里有个专门存储 Outlook 邮件附件的文件夹，即"Attachments"。一般手动保存到 OneDrive 的附件文件都在这个文件夹里，如图 5-16 所示。

图 5-16

## 5.7 添加 OneDrive 附件权限的设置

在 Outlook 中新建邮件时，除了添加本地文件附件，也可以添加 OneDrive 上的文件作为附件，如图 5-17 所示。

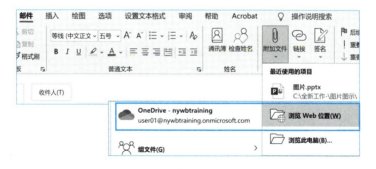

图 5-17

添加 OneDrive 文件时有两个选项，如图 5-18 所示。

（1）共享链接：文件还在自己的 OneDrive 中，收件人收到的只是一个链接，通过链接可以查看文件。

（2）附加为副本：将 OneDrive 文件副本添加到附件中，等于在邮件中添加附件。

如果使用上一步的共享链接，在 OneDrive 文件添加到 Outlook 附件后文件上会有一个云朵的标志，如图 5-19 所示。OneDrive 文件权限共有下面 6 种，用户遵守企业可用的安全策略，按需选择即可。

（1）任何人都可以编辑：收件人和其他任何人，只要拿到这个文件链接都可以编辑此文件（不建议选择）。

（2）任何人都可以查看：收件人和其他任何人，只要拿到这个文件链接都可以查看此文件（不建议选择）。

（3）组织可以编辑：收件人和公司内的人，只要拿到这个文件链接都可以编辑此文件（适当选择，如果文件对全公司是公开的话，可选择此项）。

图 5-18

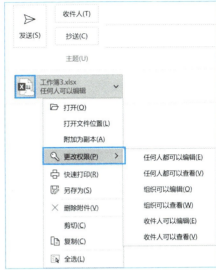

图 5-19

（4）组织可以查看：收件人和公司内的人，只要拿到这个文件链接都可以查看此文件（适当选择，如果文件对全公司是公开的话，可选择此项）。

（5）收件人可以编辑：收件人收到邮件后，拿到这个文件链接可以编辑此文件（需要收件人共同编辑文件的话，可选择此项）。

（6）收件人可以查看：收件人收到邮件后，拿到这个文件链接可以查看此文件（仅需要收件人查看文件的话，可选择此项）。

## 5.8 场景案例：将邮件内容共享到 Teams

### 案例背景：

Mary 在和她的团队做客户的项目时，客户发来一封有关该项目规范性要求的邮件，以前 Mary 会将这封邮件连同其附件一起转发给项目所有的成员。但这次 Mary 希望除了通过邮件的形式转发该邮件，同时也将其共享到 Teams，并分享给其他参与项目的团队成员。Teams 和邮件中都发一份这个规范，起到"信息多源获取"的互补作用。那么 Mary 要如何快捷地把客户的邮件信息一并转发到 Teams 和邮件这两个地方呢？

以前的方法：Mary 为了实现项目信息的统一管理，她将 Outlook 中的邮件正文复制并粘贴到 Teams 团队的频道聊天，同时还要将邮件中的附件文档下载并上传到 Teams 团队的频道文件库。现在的操作方法见 5.8.1 至 5.8.3 节。

### 5.8.1 发邮件时抄送给 Teams 一份

首先，Mary 在 Teams 中获取频道的邮件地址，如图 5-20 所示，转到 Teams 窗口，依次单击频道名称后的【…】→【获取电子邮件地址】命令，在弹出的对话框中单击【复制】按钮即可。

图 5-20

然后，Mary 在转发邮件时，直接把 Teams 频道邮件地址粘贴到抄送地址栏，如图 5-21 所示。

图 5-21

这时，Mary 的团队成员就可以在 Outlook 及 Teams 频道中都看到客户项目规范要求的资料了，如图 5-22 所示。

图 5-22

### 5.8.2 一键将邮件共享到 Teams

Outlook 新增了【共享到 Teams】功能，可以直接从 Outlook 中将邮件一键共享到 Teams 团队。你可以有三种方式进行邮件内容传递：仅邮件、邮件 + 附件或仅附件。

首先，在 Outlook 中，选择一封要发送到 Teams 团队频道的邮件，并单击【共享到 Teams】按钮，如图 5-23 所示。

图 5-23

然后，你要在"共享到 Microsoft Teams"对话框中选择要将该邮件共享到哪个团队中的哪个频道，勾选【包含附件】复选框，这样邮件附件也会一同共享到 Teams 目标位置，如图 5-24 所示。

图 5-24

单击【共享】按钮后,系统会提示你电子邮件正在传输到 Teams 中。

Mary 转到 Teams 窗口后就可以看到完整的邮件已在指定的频道里了。

这时,Mary 的团队成员就可以在 Teams 频道对话中看到从 Outlook 共享到 Teams 的内容了,如图 5-25 所示。

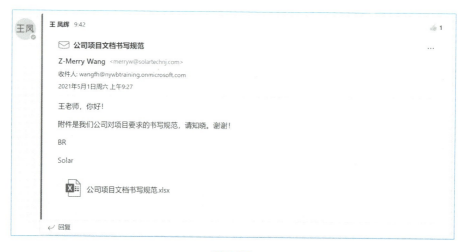

图 5-25

### 5.8.3 将 Outlook 中的附件拖放到 Teams

如果 Mary 只打算将邮件附件中的文档共享到 Teams 团队中,还可以直接将该文档从

Outlook 附件中拖到 Teams 团队频道的聊天窗口，这样即可快速完成文件共享。

具体操作为新建一个对话，输入简单附件来历说明，再从 Outlook 邮件中直接把附件拖曳到对话中，单击【发送】按钮，如图 5-26 所示。

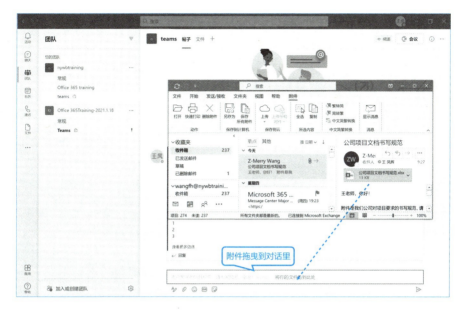

图 5-26

## 5.9 在 Outlook 日历中创建 Skype/Teams 会议

基于 Microsoft 365 环境的 Outlook 原生会议系统有两个，一个是 Skype 会议，另一个是 Teams 会议，如图 5-27 所示。

图 5-27

无论是 Skype for Business 还是 Microsoft Teams 都包含 Outlook 加载项，可用于直接从 Outlook 新建 Skype/ Teams 会议。你也可以在任一应用中查看、接受或加入会议。

Microsoft 365 世纪互联版提供的会议系统是 Skype 会议，很多中国本地企业单位购买的是 Microsoft 365 世纪互联版，在 Outlook 中会有【新建 Skype 会议】这样的按钮。

Microsoft 365 国际版提供的会议系统是 Teams 会议，很多在中国的外企基本上都是购买的 Microsoft 365 国际版，因为他们和全球其他国家的同事沟通协作比较频繁，Teams 会议将是协作沟通的一部分。在此版本的 Outlook 中会有【新建 Teams 会议】这样的按钮。

不同的企业或个人可以根据自己使用的会议系统来选择，在此不再赘述。

### 5.9.1 用 Outlook 创建 Skype 会议

无论你是使用 Outlook 客户端还是 Outlook 网页版，都可以使用 Skype for Business 安排在线会议，不过具体使用哪个会议系统取决于你的 Outlook 支持的内容。如果你的账号配置了电话拨入式会议，则联机会议请求将自动包含电话号码和会议 ID。

**操作方法：**

首先，打开 Outlook 并转到你的日历。在【开始】选项卡上单击【新建 Skype 会议】命令，在弹出的对话框中可以添加与会者、设置会议时间等，如图 5-28 所示。

图 5-28

Microsoft 365 世纪互联版包括 Skype for Business，可让你获得即时消息 (IM)、音频和视频对话及 Skype 会议。若要下载 Skype for Business，请登录世纪互联版 Microsoft 365，然后在页面顶部依次单击【设置】→【Microsoft 365 设置】→【软件】→【Skype for Business】命令。

使用 Skype for Business，你可以：

（1）查看用户何时可用、远离办公桌或参加会议；

（2）发送即时消息；

（3）安排 Skype 会议；

（4）在 Skype 会议中共享桌面或程序；

（5）拨打或接听音频和视频呼叫。

Skype for Business 的详细使用本书不再赘述，读者如有需要可以联系我获取 Skype for Business 电子版使用手册。

### 5.9.2 在 Outlook 中创建 Teams 会议

无论你使用 Outlook 客户端还是网页版，在 Outlook 中都可以安排 Microsoft Teams 在线会议，如果你的账号配置了电话拨入式会议，则联机会议请求将自动包含电话号码和会议 ID。

**操作方法：**

首先，打开 Outlook 并转到你的日历。在【开始】选项卡上，选择【新建 Teams 会议】命令，如果需要立即开会，可以单击【立即开会】命令，直接进入会议呼叫参会者，如图 5-29 所示。在 Outlook 中的会议大部分都是计划性的会议，需要提前预约参会人、预约会议室等。

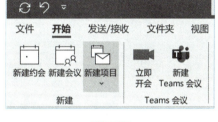

图 5-29

弹出相关对话框后即可添加与会者、设置会议时间及其他详细信息等，如图 5-30 所示。

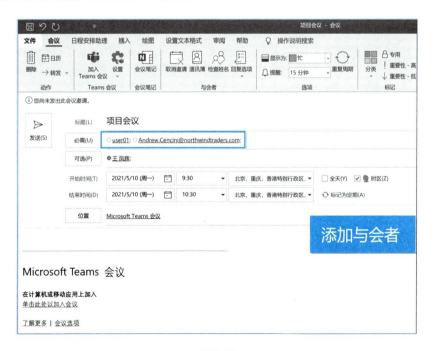

图 5-30

### 5.9.3 在 Outlook 中创建 Teams 会议的优缺点

在 Outlook 中创建 Teams 会议的优点：

（1）在 Outlook 中创建 Teams 会议时可以直接添加 Outlook 本地通讯录中的人；

（2）在 Outlook 中创建 Teams 会议时可以直接预约会议室；

（3）在 Outlook 中创建 Teams 会议时可以直接添加附件；

（4）在 Outlook 中创建 Teams 会议时可以直接插入邮件签名等，如图 5-31 所示。

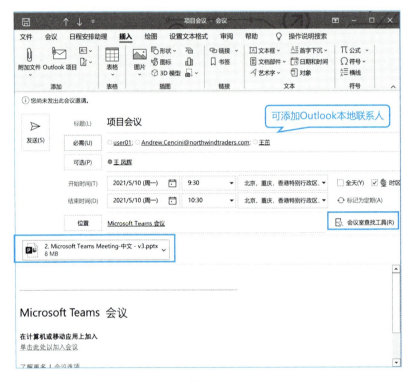

图 5-31

在 Outlook 中创建 Teams 会议的缺点：在 Outlook 中创建 Teams 会议时，不能选择频道会议。

用 Outlook 创建会议，尤其是创建与企业外部人员的会议，是非常正式的一种邀请方式。无论是在 Outlook 中创建还是在 Teams 中创建，两个应用的日历均会同步显示所有的日程安排。

### 5.9.4 Outlook 创建会议时自动附加 Teams 会议链接

如果你习惯通过 Outlook 创建会议邀请，并希望每次创建 Outlook 会议邀请时，自动附加 Teams 在线会议链接及加入信息则具体操作如下。

打开 Outlook 的设置选项，在【日历选项】设置区域中，勾选【向所有会议添加联机会议】复选框。这样，我们在 Outlook 中每次创建的会议邀请都将自动添加 Teams 在线会议链接，再也不用担心临近开会的时候才发现没有创建在线会议接入方式了，如图 5-32 所示。

图 5-32

## 5.10 用 Insights 查看每日生产力见解

Mary 偶然在 Outlook 中发现一封邮件——"MyAnalytics | 放松休息版面"，其中是 Mary 的一个月度回顾，如图 5-33 所示。

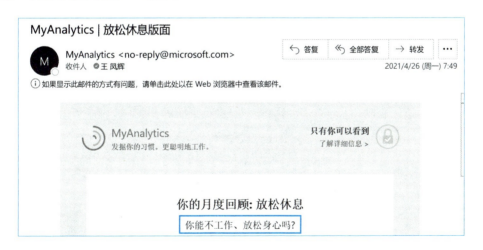

图 5-33

Mary 知道了 MyAnalytics 其实是 Microsoft 365 的一个功能，它可以帮助工作者合理分配时间，至少知道自己在忙什么，每天和谁在忙，和谁一起协作沟通了多久，如图 5-34 所示。

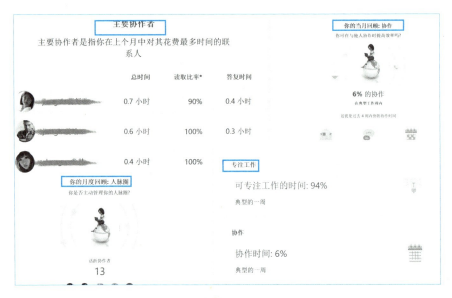

图 5-34

Microsoft 365 中的 MyAnalytics 可以提供对个人生产力的两个关键因素的深入见解：人们如何花时间及与谁一起花了多少时间？Insight 功能可使你在工作时获取有关工作的见解，这些见解可帮助你节省时间来完成任务、自动完成待办事项等。

在 Outlook 窗口中依次单击【开始】→【Insights】命令，会弹出相关的设置，如图 5-35 所示。

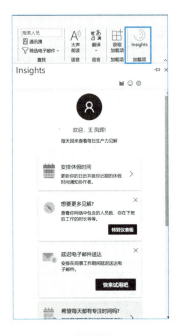

图 5-35

## 5.10.1 安排休假时间

劳逸结合是必要的，在 Outlook 中你还可以安排休假时间。单击【安排休假时间】命令，更新你的日历并设置你近期的休假时间，撰写休假期间的自动回复内容，当别人发送邮件给你时 Outlook 会自动通知协作者，如图 5-36 所示。

图 5-36

## 5.10.2 希望每天都有专注时间

当你在如图 5-35 所示的界面中选择【想要更多的见解】命令时，可以转到 MyAnanlytics 仪表板，如图 5-37 所示。在仪表板上你可以设置"专注工作""放松休息""人脉圈""协作"等内容。

（1）专注工作：自己的专注时间，在非干扰的时间来完成重要的工作及思考。

（2）放松休息：当同事准备给你发送电子邮件时，MyAnnalytics 将延迟投递，直到你处于工作时间。

（3）人脉圈：建立内部人脉圈有助于让你获取新的创意和资源。

（4）协作：研究你与其他人共事的时间能否更加高效，总结你的会议习惯、会议所用时间等。

图 5-37

当需要无休止地检查电子邮件时我们会觉得自己有点像实验室机器人。我们需要不停按那个小按钮,结果无非就是收到一条新邮件,但这会分散我们的注意力。使用 Outlook 中的【专注时间】功能可以确保你当时专注于重要事项,可以将注意力转移到会议或需要完成的报告上来。

# 第 6 章　好用的电子笔记本 OneNote

大家有随身携带笔记本的习惯吗？俗话说"好记性不如烂笔头"，我在 10 多年前外出培训时除了带电脑还要带个笔记本和笔，上面记录了客户的地址和联系方式，但更多的记录是客户需求。可是往往笔记本太厚而携带十分不便。

如果你是一个喜欢记录的人，你是否会觉得纸质笔记很多，内容繁杂且不容易查找，你肯定也想着如果有电子笔记管理就好了。

你是否每天还有工作需要记录下来呢？例如，用笔和纸列出会议任务列表、团队头脑风暴、课堂笔记等。虽然这种记笔记的方式很有用，但当你离开公司又需要马上查看笔记的时候怎么办呢？如果需要把今日笔记分享给你的同事怎么办呢？在开大型的项目会议时有需要和同事共同记录笔记时怎么办呢？会议结束后你们两个人或团队的所有参会人都要看这个笔记，还要根据会议记录去跟进团队后续工作时怎么办呢？

如果你不仅仅把这个笔记用在个人学习上，还想用在日常工作记录、项目会议记录方面，而且你们公司购买的 Microsoft 365 里面又包括 OneNote，在此推荐大家使用 OneNote。

## 6.1　什么是 OneNote

OneNote 是我们日常生活中使用比较多的数字化电子笔记本，它有很多的优点，可以写入各种信息，如图片、文字、超级链接等，也可以在电脑、平板、手机间同步，方便我们做日常笔记，在 OneNote 中，笔记本永远不会"缺纸"，如图 6-1 所示。

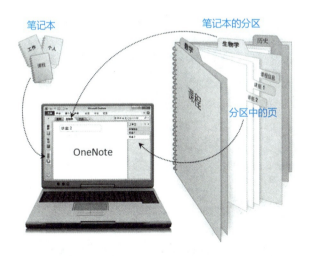

图 6-1

OneNote 这个随时随地可用的云笔记本支持 PC、手机等设备。把笔记共享在云端可支持浏览器查看，以及多用户之间共享、编辑笔记，笔记易于组织、打印和共享。即使忘记了笔记的最初捕获位置，用户也可以快速搜索和查找重要信息，如图 6-2 所示。

图 6-2

OneNote 的常见应用场景有：知识管理、随时记录灵感、会议纪要、出行备忘等。

最重要的是，OneNote 可用于计算机（单机 OneNote 笔记本不需登录账号，电子笔记本就像任何本地文档一样）、平板电脑和移动设备，笔记本联网存储后可以在任何可用设备上轻松访问。

目前 Windows 中共有两个 OneNote 版本。一个是 Windows 10 自带的 OneNote，另一个是安装 Microsoft 365 后自带的 OneNote 客户端，如图 6-3 所示。

两者只是功能上有差异，读者不妨打开电脑找到这两个版本的 OneNote 去体验一下。

图 6-3

## 6.1.1 Windows 10 自带的 OneNote

Windows 10 自带的 OneNote 与 Microsoft 365 中的 OneNote 区别是什么？

Windows 10 版本的 OneNote：去掉了繁多的协作功能，只有简单的共享，更多专注于文字的记录笔记。其主要用于 Outlook.com / Live.cn / Hotmail.com 等账号登录使用。

如果你的笔记主要涉及文字图形的记录，不需要与同事共享协作编辑，可以使用 Windows 10 自带的 OneNote。

图 6-4 和图 6-5 是 Windows 10 中的 OneNote，它没有文件菜单，也不需要保存。

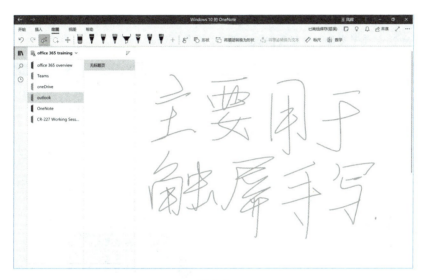

图 6-4

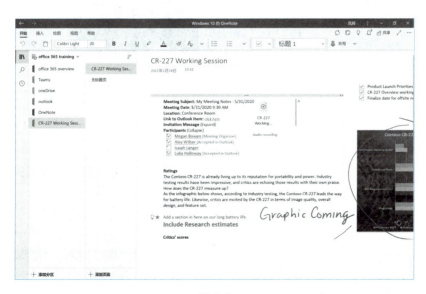

图 6-5

### 6.1.2 Microsoft 365 自带的 OneNote

**Microsoft 365 里面带的 OneNote：** 如果你的笔记包含文字、图片、表格，以及对页面排版有一定要求，而且还需要与团队共享协作笔记，比如会议笔记之类的，那么推荐你用 Microsoft 365 里面带的 OneNote，如图 6-6 所示。

OneNote 包含在 Office（以前称为 OneNote 2016）这个应用程序中，可以与 Microsoft 365 订阅的其他桌面应用程序一起下载。

> **小贴士**
> 
> 在 OneNote 章节中讲解的都是 Microsoft 365 版本的 OneNote。

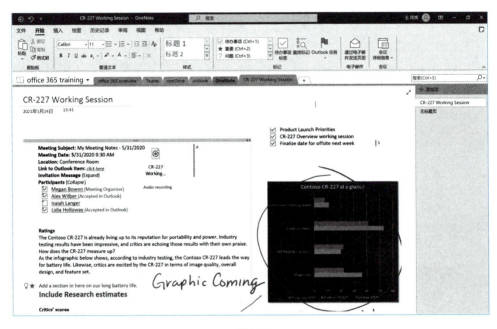

图 6-6

## 6.2 创建并保存 OneNote 笔记

Mary 习惯把她的 OneNote 笔记存储在本地和云端两个地方，这样无论她身边是计算机还是移动设备，都可以轻松查看记录的笔记。

### 6.2.1 创建 OneNote 本地笔记

创建本地笔记的方法：依次单击【文件】→【新建】→【这台电脑】命令，然后输入笔记的名称创建笔记，在创建笔记前单击【在不同的文件夹中创建】命令可以更改笔记的默认存储路径，一般其默认存储在"我的文档"中，如图 6-7 所示。

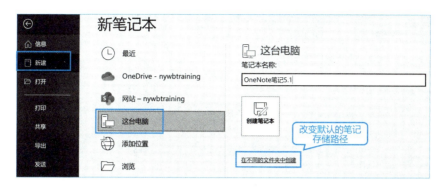

图 6-7

## 6.2.2 将 OneNote 笔记保存到云端

很多人喜欢在出差的路上查看自己的笔记，或者随时记笔记，用户可以把 OneNote 存储在云端 OneDrive 中，方便以后在移动设备上查看及记录。

可以直接把 OneNote 笔记创建在云端的 OneDrive 或 SharePoint 中，或者把本地的笔记移动到云端 OneDrive 或 SharePoint 中。

**小贴士**

个人笔记建议存储在 OneDrive 中，团队会议笔记可以存储在 SharePoint。本章节全以存储到 OneDrive 为例进行讲解。

如何把本地笔记移动到云端呢？首先，依次单击【文件】→【共享】命令，然后选择【OneDrive】命令，再单击【浏览】按钮，也许你会想：还不想共享呢，为什么要单击共享啊？在操作中你会发现有一句提示："若要共享此笔记本，需要将其放在 OneDrive 或 SharePoint 上。"所以这一步并没有共享，只是先保存到云端 OneDrive 上，如图 6-8 所示。

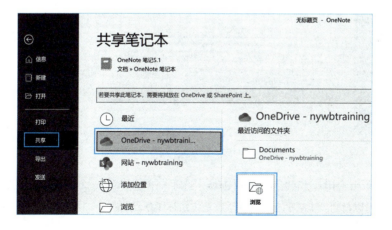

图 6-8

下一步，系统就提示把本地的笔记移动到 OneDrive 中了，选择你需要的路径及文件名，单击【移动】按钮，稍等片刻后笔记就同步到新位置了，如图 6-9 所示。提示让你共享时，若不想共享则直接转到其他窗口即可。

图 6-9

我在培训的过程中发现很多人觉得 OneNote 笔记很好用，但经常会记录一段时间后笔记找不到了，因此他们很想知道自己的笔记到底是在云端还是在本地。

依次单击【文件】→【信息】命令就可以看到你现在的笔记存储路径。可以单击【查看笔记】命令打开笔记本，如图 6-10 所示。

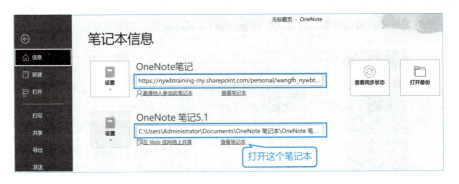

图 6-10

在 OneNote 应用程序窗口中，在【开始】选项卡下也能看笔记本的名称，若在这个笔记本名称下面可以看到同步的标志，这说明该笔记是存储在云端的，如图 6-11 所示。

第 6 章 好用的电子笔记本 OneNote

图 6-11

## 6.2.3 在网页上访问云端 OneNote 笔记

### 1. 用桌面端浏览器访问云端笔记本

👉 操作方法：

在 Microsoft Edge 浏览器的地址栏中输入 www.Office.com，然后按提示输入你的 Microsoft 365 账号及密码就会打开 Microsoft 365 主页，在左边的导航条中你可以看到 OneNote 的应用图标，如图 6-12 所示。

单击 OneNote 的应用图标，在【我的笔记本】列表中可以看到你所有的笔记本。在右上角可以看到提示"新的笔记本已保存到：OneDrive"。

图 6-12

在网页上单击需要访问的笔记本名称即可打开云端笔记本,在界面中可以看到【使用桌面应用打开】命令,如图 6-13 所示,如果单击【使用桌面应用打开】命令就转向本地的 OneNote 应用打开云端笔记了。如果本地没有安装 OneNote 应用则可以继续使用网页版阅读编辑笔记。

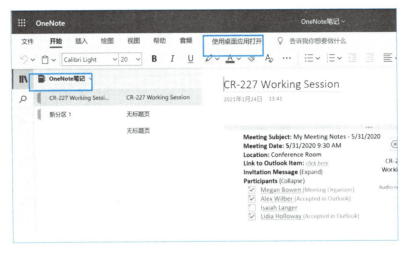

图 6-13

2. 用移动设备下载 OneNote

操作方法:

OneNote 是一个可跨平台多终端同步的电子笔记应用。Mary 想在移动设备上访问 OneDrive 的云端笔记本,她可以在移动设备的软件下载中心搜索 OneNote,找到 Microsoft OneNote 并下载。

下载安装完成后用自己的 Microsoft 365 账号登录即可访问笔记了,如图 6-14 所示。

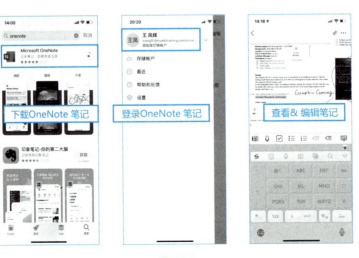

图 6-14

## 6.3 OneNote 笔记基本构成

一个笔记本的内部结构像树形结构，更像一副组织架构图，它可以由多个分区组成，每个分区又可以创建很多页面，每个页面的下面还可以创建多张子页面，如图 6-15 所示。

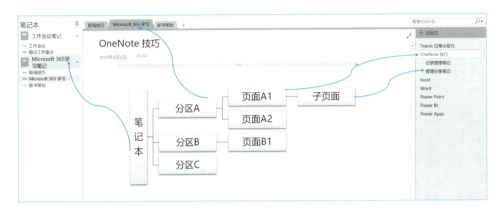

图 6-15

创建笔记时系统会自动创建第一个分区，然后单击分区后面的加号可以创建一个新的分区。

创建分区后，OneNote 会自动创建一个无标题页面，可以直接输入页面标题，在页面名称上方可以看到【添加页】命令，单击即可创建一个新页，如图 6-16 所示。

图 6-16

如需要把当前页面改为子页面，可以右击页面名称，单击【降级子页面】命令，同时你也可以看到【升级子页面】和【折叠子页】等命令，如图 6-17 所示。

图 6-17 中的【标记为未读】也是一个不错的命令，当你阅读别人的 OneNote 笔记时，为了提示自己这个页面未读，你可以单击【标记为未读】命令，OneNote 会以标题加粗及正文浅绿色的颜色将其标识出来，如图 6-18 所示。

图 6-17

图 6-18

## 6.4 丰富多彩的记录形式

### 6.4.1 快捷键让你更快、更好地记录笔记

OneNote 提供了丰富多彩的信息录入方式，你可以在任意位置单击并输入文字信息。图 6-19 提供了两组快捷键以便用户使用。

第 6 章 好用的电子笔记本 OneNote

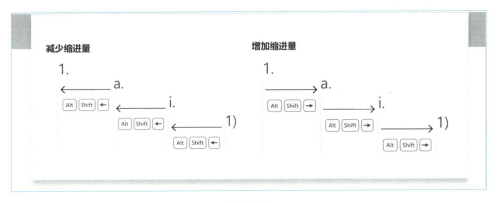

图 6-19

图 6-20 提供了另外几种类型的快捷键。

图 6-20

> 小贴士
>
> 重要的信息要做注释，以便后续查找，以后你还可以用标签对重要的笔记进行搜索、分类和排序等操作。

在【开始】选项卡中你还可以看到标记组，即【待办事项】、【重要】、【问题】等标记，如图 6-21 所示。选中要标记的一行文本，单击标记组中任何最近的标记，或者单击下拉箭头以查看所有可用的标记，也可将多个标记应用于一行文本。

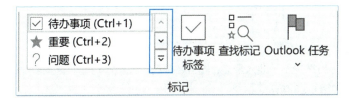

图 6-21

在功能区上单击【开始】选项卡，单击【查找标记】按钮，在"标记摘要"中会显示笔记上的相同类型标记，用户单击需要查看的标记可以导航到相应页面上，也可以改变搜索范围进行重新定位。当你记录了大量的笔记时，这个标记更方便你查找信息，如图 6-22 所示。

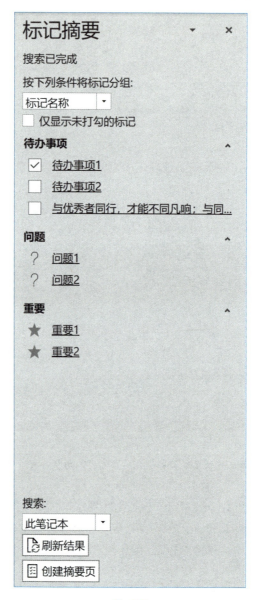

图 6-22

OneNote 中当然少不了插入表格、图片、声音、视频等功能。这些多媒体内容全都可以插入笔记中，如图 6-23 所示。

第 6 章 好用的电子笔记本 OneNote

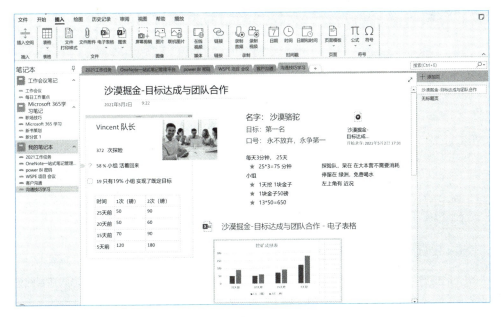

图 6-23

## 6.4.2 将 OneNote 表格转换为 Excel 工作表

有时在会议上记录了一个表格，因为工作的需要你要把文字表格转换为 Excel 工作表。其操作过程为：在 OneNote 中打开包含要转换的表格的页面，单击任一单元格激活表格并显示隐藏的【表格】选项卡。在【表格】选项卡上，选择【转换为 Excel 电子表格】命令，如图 6-24 所示。

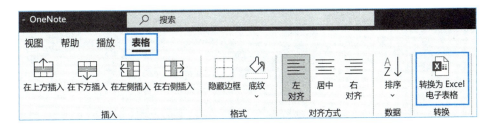

图 6-24

OneNote 将表格转换为 Excel 电子表格后，会在页面上插入一个图标及文件的嵌入式动态预览，表示此 Excel 文件已嵌入 OneNote 笔记，如果更改或更新电子表格，系统将自动更新笔记页面的预览，如图 6-25 所示。

185

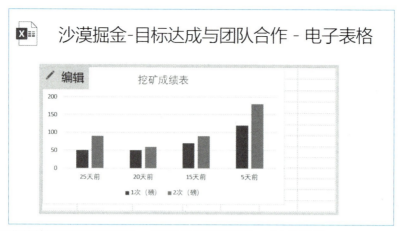

如果你的数据已在电子表格中,你可以向页面添加 Excel 电子表格。

### 6.4.3　OneNote 可把图片中的文字复制并粘贴出来

人们在日常生活、学习乃至工作中,很多时候会遇到一幅图片上的文字很精彩或正是我们需要的,而逐字敲下来是一个效率低下的方法,OneNote 就有可以直接复制图片中的文字的功能。OneNote 还可以直接对图片中的文字进行搜索。

**操作方法:**

我们先找一个笔记本的分区,新建一个空页,依次单击【插入】→【图片】命令,在打开的对话框中找到带有文本的图片,将鼠标光标放到图片上,右击之后可以看见【复制图片中的文本】命令,单击即可,如图 6-25 所示。

图 6-25

鼠标放到页面空白地方,右击之后可以看到粘贴选项,选择【只保留文本】命令即可,如图 6-26 所示。

这时候,就完成了复制图片中的文字工作了。可以与原图对比一下,识别的正确率是非常高的,如图 6-27 所示。

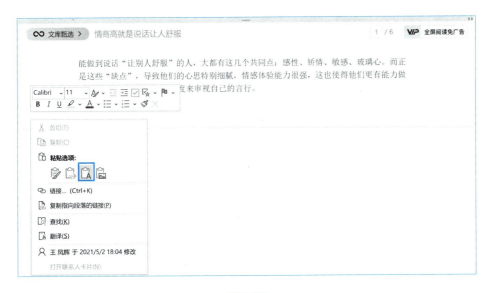

图 6-26

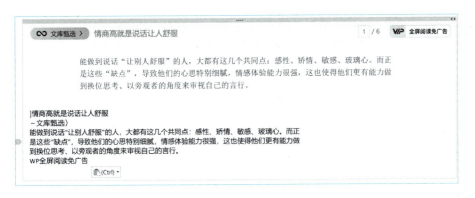

图 6-27

OneNote 还有另一个贴心的功能，右击图片后我们会发现【替换文字】和【使图像中的文本可搜索】两个命令，如图 6-28 所示，打开这两个功能之后就可以直接去复制需要的文字了，而且在搜索时图片中的文本也可以搜索。

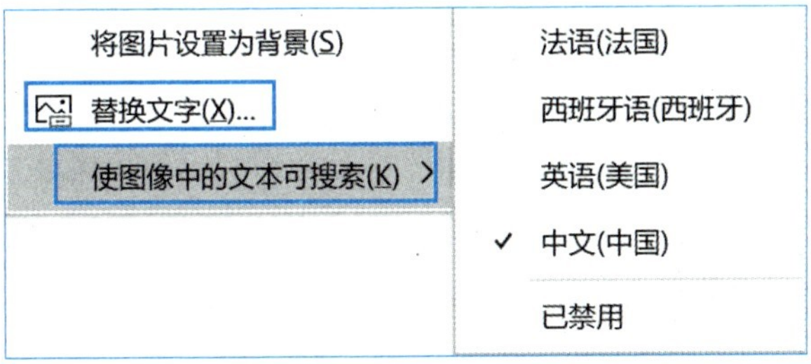

图 6-28

### 6.4.4 OneNote 提供文本、图像、音频搜索

OneNote 与传统笔记本相比，一项主要优势是：它能够在收集的所有信息中快速搜索并基于指定条件检索重要的笔记。这样用户就不用翻阅和浏览纸质文件便可快速检索记下的任何信息。用户还可以使用 OneNote 轻松浏览笔记并在笔记的图片中搜索字词，而且还可以在录制的录音笔记中搜索字词语音。

**操作方法：**

第 1 步，在分区选项卡最右端的搜索框中，选择放大镜图标右侧的箭头，然后在显示的列表中选择【所有笔记本】命令（快捷键【Ctrl】+【E】）。

第 2 步，在搜索框中输入关键字或短语。例如，输入"公式"，在你输入时 OneNote 就开始返回与搜索词或短语匹配的结果。你可以在左下角单击【固定搜索结果】按钮，这样搜索结果页面就在窗口右侧全显示出来了，如图 6-29 所示。

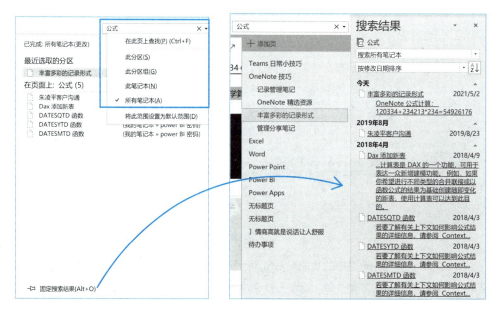

图 6-29

除此之外，OneNote 还可以在音频和视频剪辑中搜索字词，具体操作如下。

如果你已经启用了【录音搜索】功能，OneNote 就可识别录音和录像中的字词语音。此选项默认设置为关闭，因为它会降低搜索速度。要启用【录音搜索】功能，请执行以下操作：

依次单击【文件】→【选项】→【录音和录像】命令，勾选【录音搜索】下的【允许在录音和录像中搜索字词】复选框，然后单击【确定】按钮，如图 6-30 所示。

第 6 章 好用的电子笔记本 OneNote

图 6-30

### 6.4.5 使用触笔或手指标注笔记

OneNote 中有【绘图】选项卡，用户可以使用会议工具的【突出显示】功能进行标记或用【墨迹注释】功能编辑注释。

如果你输入一串很长的数字进行计算，OneNote 的计算速度和计算器一样快。如果你的会议上有数字需要计算，那可不用再调出计算器啦，OneNote 直接给你搞定！

如果你正在用触屏设备记录笔记，那么 OneNote 的【墨迹转换为文本】功能也是一大亮点，我就经常用 OneNote 来练习自己的电子签名，如图 6-31 所示。

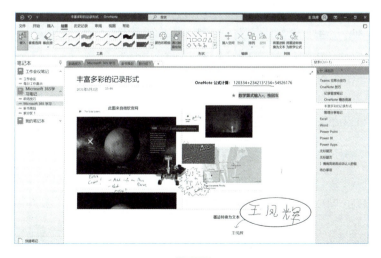

图 6-31

### 6.4.6 一键添加 Outlook 会议和会议纪要

当会议进行时，我以前的操作是添加一页笔记，并以"会议日期 + 会议主题"方式对笔记页进行命名，但会议的详细信息都需要一点点写出来，所以很慢。

现在，我们可以把 Outlook 的会议详细信息直接添加到 OneNote 笔记中，会议详细信息可以包含会议日期、位置、主题、议程和与会者。

**操作方法：**

准备开始记录会议笔记前，先创建一张新页，再依次单击【开始】→【会议详细信息】命令，从这里我们可看到 Outlook 里所有的会议安排，若要选择今天召开的会议，请在列表中选择其时间和主题。此时会议日期、位置、主题、议程及与会者都可以插入 OneNote 页面，如图 6-32 所示。

图 6-32

若要选择另外一天召开的会议，请选择【选择另一天的会议】命令，然后选择日历图标以选择特定的日期，或者单击【上一天】或【下一天】按钮来显示过去或将来的会议。从中选择你需要的会议时间和主题，然后选择【插入详细信息】命令。

会议详细信息将作为文本添加到 OneNote 中。你可以在 OneNote 中随意补充、更改或删除会议详细信息的任意部分，而不会影响你 Outlook 日历中的原始会议通知。例如，你可以删除未出席会议的受邀与会者，以便记录实际与会者。

### 6.4.7 OneNote 记录任务自动同步到 Outlook 任务

在会议进行中我们往往会听到下周的重要任务，在及时记录后，若担心自己会忘记，还可以把这些任务同步到 Outlook 中。

**操作方法：**

将鼠标光标定位在任务信息那一行，单击【开始】选项卡，找到并单击【Outlook 任务】

命令，在出现的下拉列表菜单中单击选中【安排任务的时间】命令，如明天，这时在页面上的内容前面会出现小红旗标志，这表示待办任务记录好了，如图 6-33 所示。

转到 Outlook 后，导航到【任务】视图，在"微软待办列表"里用户就可以看到在 OneNote 中记录的任务了。这时用户可以重新在 Outlook 中定义任务提醒时间，分配任务给其他人等。

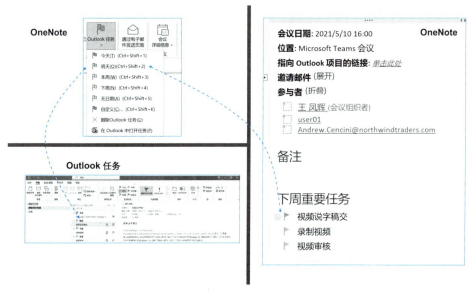

图 6-33

## 6.5 分享和协作

### 6.5.1 场景案例：通过电子邮件发送笔记页给同事

**案例背景：**

Mary 在这次的学习中用 OneNote 记录了大量会议笔记，但她的同事 Peter 因公出差没能参加这次学习任务，Mary 想把本次学习的会议笔记分享给 Peter，但又不想分享她的全部笔记本，那么她如何分享这页会议笔记呢？

**操作方法：**

单击【开始】选项卡，找到并单击【通过电子邮件发送页面】命令，如图 6-34 所示。

这时 Outlook 会直接弹出含有笔记内容的新邮件，完善收件人的 Email 地址后，就可以直接发送邮件给同事了，这样共享静态内容十分适合非协作编辑用户，如图 6-35 所示。

图 6-34

图 6-35

### 小贴士

如果想批量分享几页笔记到同一个邮件，按住【Ctrl】键批量选择笔记标签后，再单击【通过电子邮件发送页面】命令就可以了。

## 6.5.2 场景案例：会议上和同事共同编辑一个会议笔记

**案例背景：**

Mary 在公司时经常跟随老板开一些跨部门会议，但偶尔在大型会议上 Mary 会感觉很难捕获其他部门发言人所有的内容。在一次 Mary 的老板跟客户开一次重要的项目会议时，老板安排了一个人与 Mary 共同来做会议纪要，让 Mary 和他分别记录不同类型的信息。

在群组会议中做笔记时，一个人可能无法捕获人们所说的所有内容，这时就可以通过邀请会议中的其他人与你共同创作会议笔记来解决此情况。在其他人打开笔记本后，拥有权限的任何人都可以同时添加会议笔记，OneNote 将自动同步，所有人的笔记都会显示在其中。在会议结束时，每个人都可以查看同一笔记。那么 Mary 要想使用此功能应具体怎么操作呢？

**操作方法：**

第 1 步，共享笔记本，邀请其他人参与笔记编辑。

在 OneNote 中，打开要共享的笔记本，依次单击【文件】→【共享】→【与人共享】命令。在右侧的收件人框中输入要与之共享当前笔记本的人员的一个或多个电子邮件地址，然后选择共享权限，默认收件人可以对笔记本进行编辑。若要更改共享权限，请单击【可编辑】处的箭头，选择【可查看】命令，单击【共享】按钮，如图 6-36 所示。

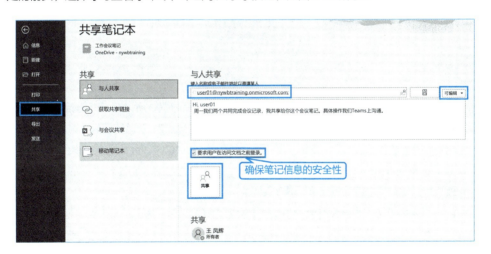

图 6-36

为保证笔记内容信息的安全性，应勾选【要求用户在访问文档之前登录】复选框，确保共同记录笔记的是同一个人。

**小贴士 1**

如果不共享整个笔记本，则无法共享单个笔记本页面。

## 小贴士 2

在 OneNote 网页端也可以共享笔记，操作方法与客户端类似。

第 2 步，打开共享笔记，进行编辑。

被邀请者 user01 收到邀请，通过邀请链接打开共享笔记，如图 6-37 所示。

图 6-37

因为提前勾选了【要求用户在访问文档之前登录】复选框，所以在打开链接时系统提示 user01 登录。被邀请人员根据自己的邮件地址登录即可。user01 登录笔记后，可以直接记录，因为两个人共同协作编辑，需要彼此遵守规则，大家可以分片区或页面来记录信息内容，图 6-38 为 user01 的笔记记录区域。

第 3 步，学习个性的会议纪要记录笔记方法。

（1）埃森哲笔记法。经常开会的小伙伴，都有这样的感触：人们一旦开始讨论工作内容，很容易跑题，大家七嘴八舌讨论一堆，最后谁都没记住这件事到底要怎么办。但会议的根本目的是要讨论出工作的后续行动。会议纪要就是要在大家的讨论中把重点工作的讨论结果和后续行动记录下来。埃森哲笔记法，就是一个很好的会议纪要方式，如图 6-39 所示。

整个笔记由上面的"题目栏"、左侧的"重点"区、右侧的"行动"区三部分组成。在现代化数字笔记中，OneNote 也适用于多人协作记录笔记，只要再添加一栏记录人区域即可。

左侧部分用来记录会议的重点内容，提取业务关键点，化整为零；右侧部分则用来书写基于重点应采取的行动，即"谁、在什么时间之前、需要做完什么事"。因为从重点到行动的顺序，也符合人们的常规习惯，即由左到右的顺序。

第 6 章 好用的电子笔记本 OneNote

图 6-38

图 6-39

该方法适合专门做会议纪要的人，可以准确记下会议需要落实的行动。

（2）麦肯锡笔记法。麦肯锡公司发明了一套笔记法"空－雨－伞"，这是他们严格遵循的思考方法。它分别对事实、解释、行动三个方面进行了分类。

天空有乌云——事实；

好像要下雨了——解释；

出门需要带雨伞——行动。

麦肯锡笔记法适合会后整理会议细节，形成书面邮件时使用，如图 6-40 所示。

经常做会议纪要的人都了解，会后整理会议纪要时，总会有些地方模糊不清，导致细节不全。我建议大家：先在笔记本上做好核心词和关键信息的记录，只要确保会议结束时，会议的关键信息得到确认就可以，其余细节可以采用 OneNote 软件记录或是录音笔录音，以便我们在会后根据关键词补充细节。

埃森哲笔记法适合专门做会议纪要的人，它可以准确记下会议需要落实的行动。

麦肯锡笔记法适合会后做详细会议纪要，能详细记录会议的所有要点，以便形成最终的书面邮件。

图 6-40

### 6.5.3　查看和审阅共享笔记本中的更改

Mary 和 user01 共同记录了笔记，虽然按照规范两个人做了分区，可他们还是想看下对方记录了哪些内容？

在 OneNote 中，依次单击【历时记录】→【按作者查找】命令，系统会按照作者分类，在页面上会突出显示作者的账号，另外在窗口的右侧可看到多人记录涉及的页面有多少，如图 6-41 所示。

第 6 章　好用的电子笔记本 OneNote

图 6-41

### 6.5.4　场景案例：给同事共享笔记时加密保护隐私分区

OneNote 提供了使用密码保护分区功能，当 Mary 与别人共享笔记本时，可以防止共享笔记本中有些分区的内容被共享人看到。但要在共享笔记本之前就给重要的分区进行加密，加密后共享者只能看到共享的分区，对其他加密分区则没有查看权限。

**操作方法：**

第 1 步，给笔记本中重要的分区添加密码。

右击要加密的笔记本分区的名称，然后依次单击【使用密码保护此分区】→【设置密码】命令，在"密码保护"对话框中的输入密码框中输入所需的密码，在确认密码框中，再次输入密码，然后单击【确定】按钮，如图 6-42 所示。

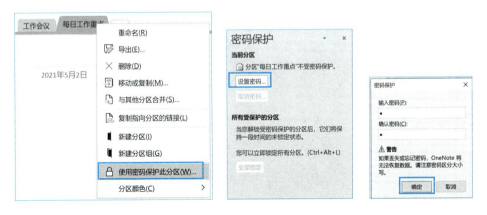

图 6-42

当保护笔记本分区的密码添加后，可单击【全部锁定】命令，页面会立刻锁定，如果要查看就需要输入正确的密码，如图 6-43 所示。

197

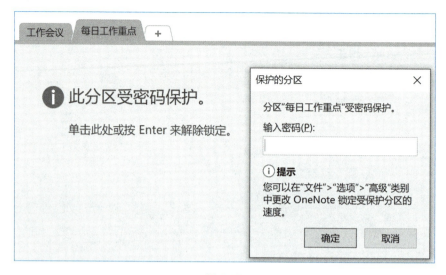

图 6-43

### 小贴士

请牢记密码,如果忘记了密码,任何人都无法为你解锁笔记(甚至 Microsoft 技术支持也不能)。

第 2 步,删除受保护分区的密码。

右击要删除密码保护的笔记本分区的名称,如果是已锁定状态,要先输入密码解除锁定,打开"密码保护"对话框,然后单击【取消密码】按钮,如图 6-44 所示,在"取消密码"的对话框中输入当前密码,然后按【Enter】键。

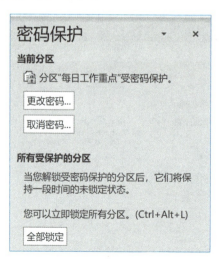

图 6-44

**有关密码的一些重要说明：**

（1）密码只能应用于笔记本分区，不能应用于整个笔记本；

（2）密码区分大小写，在确保【Caps Lock】键已关闭之后再添加或输入一个密码；

（3）OneNote 可以使用密码保护相应的分区，如果你忘记了任何分区的密码，没有人（即使 Microsoft 技术支持）能够为你解锁这些笔记；

（4）受密码保护的分区未包含在笔记本搜索范围内，若要搜索受保护的分区中的笔记，就需要先解锁该分区。

### 6.5.5 如何停止共享笔记

当 Mary 与 user01 完成会议记录后，Mary 如何取消共享笔记呢？在 OneNote 中打开要停止共享的笔记本，依次单击【文件】→【共享】→【与人共享】命令，在左侧的"共享对象"下选择要停止共享的人员的姓名。右击就可以看到【删除用户】或【将权限更改为：可以查看】命令，单击【删除用户】命令后，user01 的权限就被删除了，他无法再次编辑 OneNote 会议笔记，如图 6-45 所示。

图 6-45

**小贴士**

在 OneNote 网页端也可以共享笔记，操作方法与客户端类似。

### 6.5.6 OneNote 笔记导出

Mary 在需要更换电脑或 Microsoft 365 账号时需要把云端或本地的 OneNote 笔记导出。也有时候不一定是更换电脑或账号，而是需要导出一张页面或分区，将它们导出为 Word 文档、PDF 文档等。对此，OneNote 提供了相应功能。

打开需要导出的笔记本，依次单击【文件】→【导出】→【导出当前】命令，然后选择导出的范围，如【页面】、【分区】或【笔记本】，然后再选择导出的类型，如图 6-46 所示。

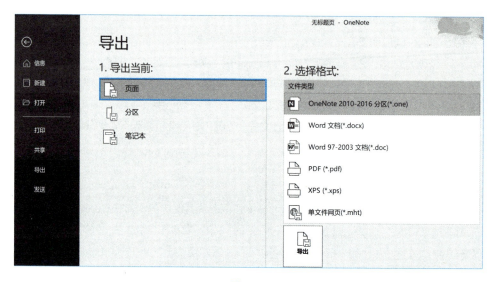

图 6-46

> 小贴士
>
> 如果你的笔记在云端,你只要按以前登录 OneNote 云端笔记的方法在新电脑上登录 Microsoft 365 账号就可以看到以前的笔记了。

**操作方法:**

第 1 步,依次单击【文件】→【导出】→【导出当前】命令,再单击【笔记本】命令,选择格式"OneNote 包",单击【导出】按钮,如图 6-47 所示。等弹出对话框,指定笔记本名称及存储的位置,然后单击【保存】按钮。

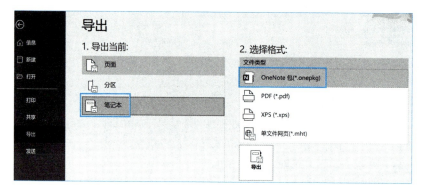

图 6-47

第 2 步,把前一步复制好的 OneNote 文件粘贴到新电脑上,先安装好 OneNote 应用程序,再依次单击【文件】→【打开】命令,找到文件位置,在对话框中更改 OneNote 格式为"OneNote

单文件包（*.onepkg）"，此时可以找到 OneNote 备份文件，单击打开即可，如图 6-48 所示。

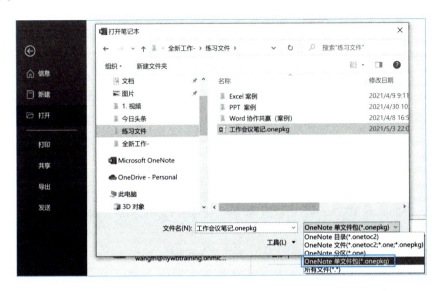

图 6-48

打开后，会弹出解压缩笔记本对话框，在【名称】输入框中可以更改笔记本名称，单击【浏览】按钮可更改解压缩后笔记本存储的路径，单击【创建】按钮之后旧笔记就解压好打开了，如图 6-49 所示。

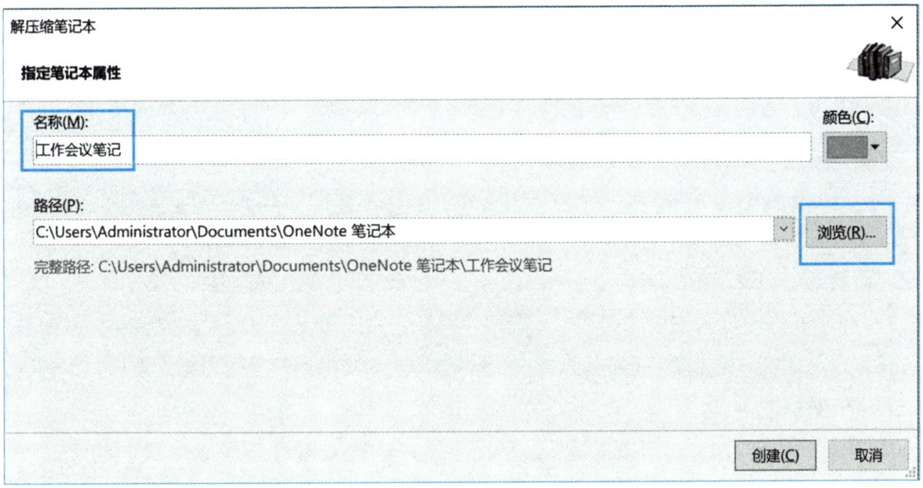

图 6-49

# Part II
# Microsoft 365 尽在"云"端篇

## 第 7 章　OneDrive 个人云端文件库

互联网时代，我们会产生大量的文件资料需要管理存储，但是你不能一直将他们带在身边。传统存于本地硬盘中的文件由于容量、寿命及不能随时随地查看等问题可能无法满足部分人的需求。使用 Microsoft 365 可以将重要的文件和照片存储在 OneDrive 中，这样无论你在什么设备上都可以存取访问文件，并保证个人文件库的安全。

（1）OneDrive 提供的云端存储文件夹需要验证身份才能存取文件，如电话或短信验证码，如过一段时间需要访问很久没有访问文件，如简历文件、身份证明或汽车保险时，OneDrive 就需要重新验证你的身份登录。

（2）OneDrive 还具有在线编辑 Office 的功能，微软将办公软件 Office 与 OneDrive 结合，用户可以在线创建、编辑和共享文档，而且可以和本地的文档编辑进行任意的切换。在线编辑的文件是实时保存的，可以避免本地编辑时电脑死机造成文件内容丢失的问题，提高了文件的安全性。

（3）使用手机上的 OneDrive 应用可以轻松扫描文档或直接将拍摄到的照片存入 OneDrive 文档库中。通过相册的自动备份功能，OneDrive 会自动将设备中的图片上传到云端保存，这样的话即使设备出现故障，用户仍然可以从云端获取和查看图片。

（4）OneDrive 最大的核心亮点是云端协作共享。用户可以共享指定的文件、照片或整个文件夹，只需提供一个共享内容的访问链接给其他用户，其他用户就可以访问这些共享内容，无法访问非共享内容。

如图 7-1 所示，Mary 无论是在办公室，还是在家里或餐厅都可以用身边的设备访问 OneDrive 文件，并随时按需共享文件。

图 7-1

OneDrive 采取的是云存储产品通用的有限免费商业模式，用户注册 Microsoft 账户后就可以获得 5GB 大小的 OneDrive 免费存储空间，像过去的 MSN 账户还是可以登录使用的，并且如果用户的存储空间使用率达到 90%，还可以额外获得 20GB 的存储空间。如果需要更多存储空间的话，建议你购买 Microsoft 365 家庭版或教育版，这些都是个人使用的版本。本章节重点介绍的是 OneDrive 的商务用途。

## 7.1　OneDrive 的功能及应用场景

OneDrive 是 Microsoft 365 云平台的一部分，默认情况下，企业分配给每个用户 1TB 存储空间，也有些企业每人分配 5TB 存储空间。管理员可通过 Microsoft 365 后台自定义设置。企业授予用户的个人存储空间也提供个人文件的存储、同步和共享协作工作文件的功能。

用户可以在以下设备上使用 OneDrive：
（1）安装了 Windows 系统和 Mac OS X 系统的计算机；
（2）安装了 Windows 系统、iOS 系统、iPad OS 系统、Android 系统的平板设备；
（3）安装了 Windows 系统、iOS 系统、Android 系统的智能手机。

从业务最佳实践上讲，为什么要使用 OneDrive 呢？

在使用 OneDrive 前，共享文件一般是通过电子邮件将个人文档作为附件发送给同事的。收件人收到邮件后先下载附件才能进行一些更改，更改完成后要再将其保存在不同的文件名下，最后将其发送回去。

在上述情况下，可以使用 OneDrive 共享文档。收件人可以对同一个文档进行更改，而不是对文档的另一个版本进行这些更改。保存在 OneDrive 中的文档将使用这些编辑功能进行更新。你们之间看到的版本永远是一个，不会有版本的偏差和误解。

然后，如果你确定不需要共享此文件了，你可以停止共享。当一个文档需要很多人处理和协作时，就不应该放在 OneDrive 中，团队文档应位于 SharePoint 或 Teams 中。尤其是非常重要的文档，如果文档放在私人的 OneDrive 中，若文档所有者离职，则此人的账户需要删除，那么团队的其余成员就不能访问这些文件了。

使用 OneDrive 的四大优点包括：安全存储；设备丢失、损坏，数据不会丢失；任何时间、任何地点托管设备均可访问；与同事共享文件始终同步一个版本，如图 7-2 所示。

图 7-2

### 7.1.1　OneDrive 与其他云盘的区别

在互联网上，如果你搜索"OneDrive 与其他云盘的区别"那么会出现各大云盘服务的对比，此时你可能抱着货比三家的心理看这些帖文，每个厂商的优势不同，有的便宜、有的速度快、有的空间大等，每个厂商都有自己的招牌优势。没错，如果是个人购买云盘，这些都是选择平台时要考虑的。那如果是企业商务应用呢？目前我见到的所有购买 Microsoft 365 的企业都给员工开通了 OneDrive 使用权。这相当于公司给每个员工分配了一个云端个人存储空间。

各大云盘的免费服务对比，见表 7-1。

按照免费空间来看百度网盘毫无悬念是最大的，你拥有了 2T 免费空间是事实，但虽然上载文件很快，可下载文件时百度网盘就会对没有付费的用户进行限速。苹果的 iCloud 及微软的 OneDrive 则是用户即便没有付费也依旧会根据使用者当时的网络环境速度上传下载。

对比几家云盘之后我发现，个人的简历、照片文件之类的文件存储在百度网盘、阿里云盘、腾讯云盘上都差不多，如果想有充足的空间及满意的下载速度，用户就要付费。

微软免费账号提供的 OneDrive 空间实在太小，存不了多少文件，如果用户喜欢用

OneDrive，那么我还是建议购买家庭版 Microsoft 365，其包含了 1TB 的存储空间，因为在购买 Microsoft 365 时就会附赠一年的 OneDrive 存储空间，也就是说你不用 Office，OneDrive 的价值无法最大限度发挥，而你一旦使用 Office 那 OneDrive 就相当于免费赠送。

**小贴士**

一个 Microsoft 365 家庭版可以供 6 个账户使用，那么每人都可以有独立的账户及 1TB OneDrive 空间。

表 7-1

| 云　　盘 | 百度网盘 | 阿里云盘 | 腾讯微云 | iCloud | OneDrive |
| --- | --- | --- | --- | --- | --- |
| 免费空间 | 2T | 512G | 10G | 5G | 5G |
| 个人网速决定传输 | ✗ | ✓ | ✗ | ✓ | ✓ |

本书的初衷是带给大家不一样的工作方式，所以我们就不详细对比各家云盘了。

从工作学习角度来看，OneDrive 版本的历史记录功能是第一优势（详见 7.5.5 节）。

公司内协作项目、学生毕业论文等文档免不了反复修改，有的时候会改几十个版本，若操作不慎使文档回到第一版就会导致前功尽弃。目前 OneDrive 是这些云盘中唯一推出了文件历史版本功能的，同一个文件只要经过修改编辑就会自动生成一个版本，以便用户查看或对比之前的版本。OneDrive 确实有自家天然优势，毕竟商务项目文件、学生论文用 Office 文档编辑还是多数。即便最后转换成 PDF 版本，但前期的文稿撰写和设计阶段还是需用 Office 文档的。

从工作学习角度来看，OneDrive 的协作编辑功能是第二优势。

OneDrive 可以多人实时在线编辑，文件无须反复上传下载，那么如何与同事一起编辑文档或 Excel 表格，快速汇总数据呢？如果你把文档保存到 OneDrive，那么你就可以与他人共享该文档，对方收到文档文件链接后单击链接即可直接在线编辑，然后一起协作编辑。他们在网页上无须使用 Word 便可打开文档。

### 7.1.2 用 OneDrive 备份重要的文件

**登录 OneDrive：** 在 Microsoft Edge 或 Google Chrome 浏览器的地址栏中输入"www.Office.com"，按提示输入你的 Microsoft 365 账号及密码，登录后将进入 Microsoft 365 主页，在左上角的九宫格中你可以看到 OneDrive 应用，或者在 Microsoft 365 主页左侧也可以看到 OneDrive 应用的图标，如图 7-3 所示。

单击 OneDrive 应用图标，进入 OneDrive 窗口，如图 7-4 所示。

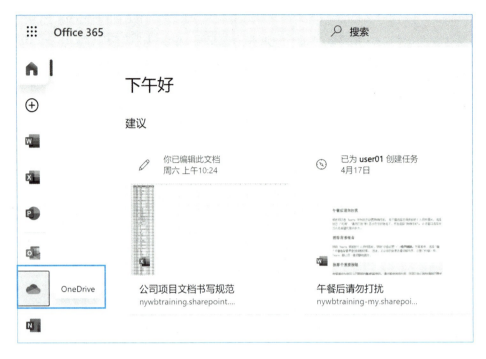

图 7-3

## OneDrive 窗口导航及文件夹

图 7-4

将本地文件或文件夹上传到 OneDrive 中，具体操作为依次单击【上传】→【文件】或【上传】→【文件夹】命令，然后选择你要上传的文件或文件夹，选择【打开】或【选择文件夹】命令。

### 7.1.3 在线创建 Office 文档

在 OneDrive 里单击【新建】按钮，如图 7-5 所示。在其下拉列表中你可以选择【新建文件夹或【新建 Office 类文档】命令，这里新建 Office 文件的操作是纯网页操作，不需要 Office 客户端，这也是我们在线创建 Office 文档开始的地方。

图 7-5

创建 Excel 文档时，OneDrive 会帮你自动保存、自动命名。文档可以在线编辑，你也可以随时分享给其他人。

这是轻量级在线版本的 Office，功能上可以满足大部分用户的需要。而 Office 的深度应用者则可单击【在桌面应用中打开】命令，根据提示保留 Excel 网页版和 Excel 客户端两个窗口，一般【自动保存】按钮默认开启，当在客户端编辑文档时，新的内容将自动同步到 Excel 网页版，如图 7-6 所示。

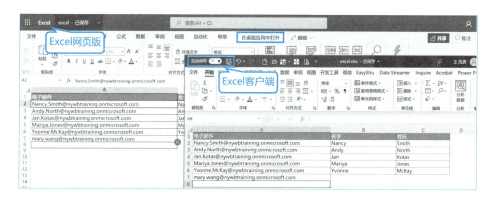

图 7-6

桌面端的 Office 文档也可以直接保存到 OneDrive 中，具体可参考前文中的相关介绍。

### 7.1.4　Microsoft 365 帮你记录使用云端文档的过程

Mary 最近有点忙，有时刚刚看过的文档就会忘记保存在哪儿了，那么如何快速找到它们呢？如果确定文档存储在云端，你可以通过 Microsoft 365 主页发现它。

打开 Microsoft 365 主页时单击【我的动态】命令就可以获取最近阅读的文档的列表。

在 Microsoft 365 主页上【建议】下的文档是你的团队共享的文档，你的团队成员访问的文档都在这里存有记录，你通过它可以获取自己需要的文档，也可以了解团队的文档动态。

但是这并不会泄露团队成员的隐私，你在此处看到的文档，全部都是你有权限看到的文档，你没有权限看的团队其他文档是不会显示出来的，如图 7-7 所示。

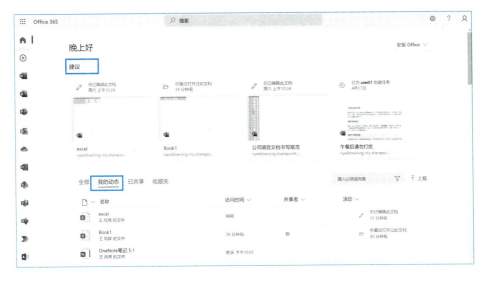

图 7-7

## 7.2 在 Windows 桌面客户端使用 OneDrive 同步文件

OneDrive 提供了计算机与云之间同步文件的功能，以便用户从任何位置访问。如果用户在 OneDrive 应用中的文件夹中添加、更改或删除文件或文件夹，则 OneDrive 网站上也会同步添加、更改或删除该文件或文件夹，反之亦然。用户可以直接在文件资源管理器中使用同步文件，这样即使在计算机的脱机状态下也可以访问相关文件。每次处于联机状态时，OneDrive 都会自动同步你或其他人所进行的任何更改。

### 7.2.1 Windows 7 用户与 Windows 8.1 用户使用 OneDrive 的差异

在 Windows 7、Windows 8.1 系统中，用户需要安装和设置 OneDrive 桌面客户端。

在 Windows 7 中，下载安装 OneDrive 客户端后，依次单击【开始】→【程序】→【Microsoft OneDrive】命令，即可打开 OneDrive，如图 7-8 所示。

下载地址：https://go.microsoft.com/fwlink/p/?linkid=844652

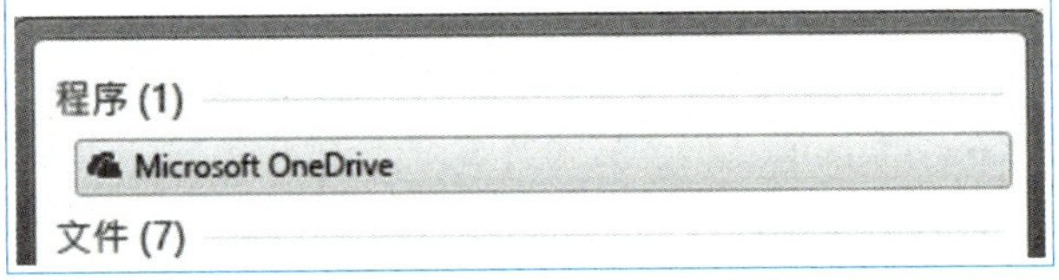

图 7-8

在 Windows 8.1 中，下载安装 OneDrive 客户端后，直接搜索"OneDrive for Business"，然后单击"OneDrive for Business"应用就能打开 OneDrive。只要安装了 OneDrive 客户端，不管什么系统，OneDrive 同步文件的方法都是一致的。

### 7.2.2　OneDrive 文档同步到本地 Windows 资源管理器

如果你是 Windows 10 用户，则你的计算机已安装 OneDrive 应用，如图 7-9 所示。

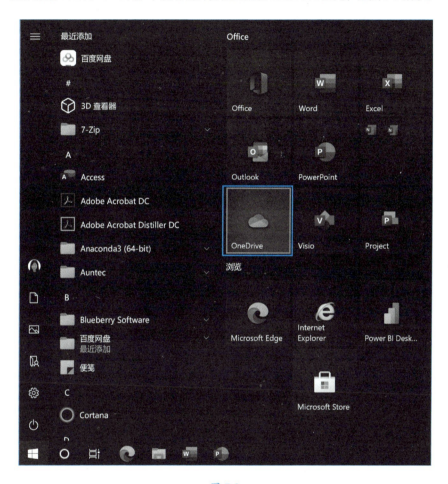

图 7-9

当 OneDrive 安装程序启动时，用户要输入个人账号、工作账号或学校账号，然后单击【登录】按钮，如图 7-10 所示，之后就能打开 OneDrive。

在 OneDrive 网站上，也可以看到【同步】按钮，如图 7-11 所示。

单击【同步】按钮后，系统自动提示网站正在尝试打开 Microsoft OneDrive，在对话框中勾选【始终允许网站在关联的应用中打开此类链接】复选框。单击【打开】按钮，此时会弹出登录账户的页面，如图 7-12 所示。

图 7-10

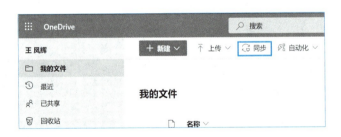

图 7-11

单击【登录】按钮之后会弹出"使用自动更新保持保护"的对话框，定期更新不仅可以保护你的 OneDrive，还可以自动获取新功能，单击【接受】按钮即登录成功。

第一次进入 OneDrive 程序的过程中有以下三个重要步骤。

第 1 步，OneDrive 文件夹位置。

在你的 OneDrive 文件夹屏幕上，如果要更改文件夹位置，请选择【更改位置】命令，这是更改 OneDrive 文件夹位置的最佳时机，后续更改比较麻烦。若不更改文件位置直接单击【下一步】按钮就是接受 OneDrive 文件的默认文件夹保存位置，如图 7-13 所示。

图 7-12

图 7-13

第 2 步,选择要备份的文件夹。

接受 OneDrive 存储位置后要选择备份文件夹,此时你发现桌面、文档及照片三处的文件都被勾选，如图 7-14 所示，这表示桌面、文档、照片三处的文件全部同步备份到 OneDrive 中，在本地也可以看，但文件存储的根目录在云端。

在这里可以体现出公司的偏好和个人偏好，很多企业和用户默认都勾选，这样可以保证所有的电脑信息都随时随地备份在云端。这样做的好处是保证用户的信息不会丢失。

当然也有企业把选择权留给员工，员工可以自由选择是否备份桌面、文档、图片。

勾选完毕后，则单击【继续】按钮。

如果你还没做好本地文件全部放到云端的心理准备，可以取消勾选（后期可以重新更改设置），然后单击【跳过】按钮。

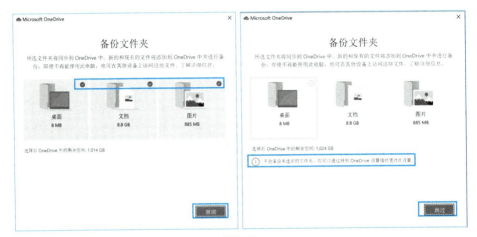

图 7-14

后续步骤根据提示，单击【下一步】按钮。

（1）要添加文件，请将它们拖入或移动到 OneDrive 文件夹，单击【下一步】按钮。

（2）若要允许他人查看或编辑你的文件，可共享它们，他人还可以处理共享给你的文件夹，设置完成后单击【下一步】按钮。

第 3 步，文件随选节省磁盘空间，设置按需可用。

使用 OneDrive 文件随选节省空间，可以：

（1）通过将文件设为仅联机来节省设备空间；

（2）将文件和文件夹设置为在设备上始终本地可用；

（3）查看文件的重要信息，如是否已共享；

（4）即便没有安装打开文件所需的应用程序，仍可查看超过 300 种不同文件类型的缩略图。

在"你的所有文件均准备就绪且按需可用"界面中，你将看到文件是如何标记的（从而使文件显示为仅联机可用、本地可用或始终可用）。文件随选可帮助用户访问 OneDrive 中的所有文件，而无须下载所有这些文件和使用 Windows 设备上的存储空间。各显示状态见表 7-2。

表 7-2

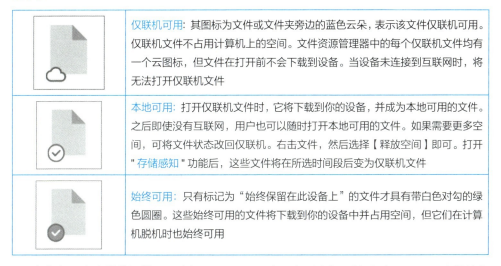

根据提示在本地资源管理器中打开 OneDrive 窗口之后我们可以看到 OneDrive 文件共有三种状态，即仅联机可用、本地可用、始终可用，如图 7-15 所示。

图 7-15

### 小贴士

如果你用的是 Microsoft 365 商业应用版，还可以同步 SharePoint 网站中的文件。

#### 7.2.3 打开 Windows 存储感知助手

Windows 存储感知是一种无提示助手，可以释放不再联机使用的本地文件占用的空间。

### 小贴士

存储感知助手适用于 Windows 10 的 1809 版本及更高版本。存储感知仅在 C：驱动器上运行，因此 OneDrive 位置必须位于系统分区（C：\）。存储感知会忽略其他位置，包括物理驱动器（如 CD 和 DVD 驱动器）和逻辑分区（如 D：驱动器）。

**打开存储感知的方法：**

选择【开始】菜单，然后搜索【存储设置】命令。在【存储】下将切换开关移动到【开】，即开启存储感知，如图 7-16 所示。

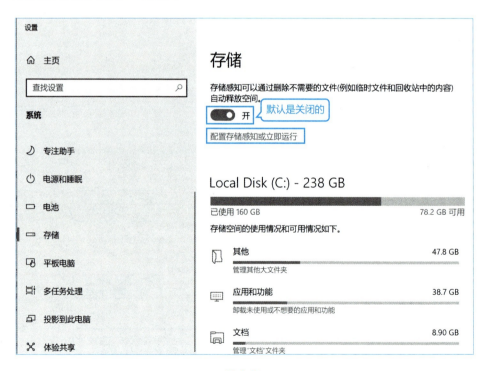

图 7-16

**配置存储感知的运行方式。** 可以定期运行存储感知，而不是仅在设备存储不足时运行。在 Windows 10 的【设置】中单击【存储】命令，选择【配置存储感知或现在运行】命令，在下拉列表中可以设置存储感知运行多久一次。

如果希望存储感知主动地将 OneDrive 文件设置为仅联机，可在"本地可用的云内容"下更改下拉列表中的默认值。例如，如果选择每周运行存储感知并选择文件按需的 60 天窗口，则存储感知将每周运行一次，并识别过去 60 天内未使用的文件，将这些文件改为联机可用，如图 7-17 所示。

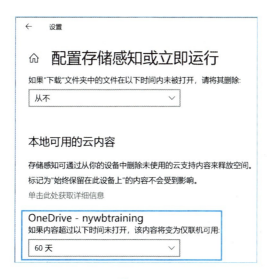

图 7-17

这与手机上清理闲置文件类似，系统会清理 60 天内未使用过的 OneDrive 文件，将其变为联机可用文件，释放本地磁盘空间。

### 7.2.4 场景案例：由于在线文档太多所以按需同步特定文档到本地

**案例背景：**

Mary 想把近期常用的几个文件设置为始终本地可用，如何操作呢？

**操作方法：**

在本地的 OneDrive 资源管理器窗口里，以 ConsumablesOrder.xlsx 文件为例，右击需要的文件，在快捷菜单上单击【始终在此设备上保留】命令，此时文件的图标由云朵  变为绿色的圆圈带白色对钩 ，如图 7-18 所示。

此时 ConsumablesOrder.xlsx 文件在没有网络的情况下始终可用，Mary 也不用担心网络信号不好或没有网络影响工作。

**小贴士**

如果需要把很多文件都设置成"始终在此设备上保留"，那就按住【Ctrl】键多选几个需要的文件，再右击进行设置。

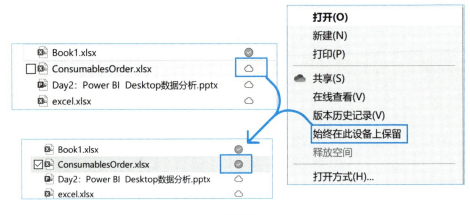

图 7-18

反过来，Mary 近期不需要这几个文件了，想恢复成联机可用的格式，只要右击文件，在快捷菜单上选择【释放空间】命令，如图 7-19 所示，此时文件的图标就由绿色的圆圈带白色对勾变为云朵。

如果需要由 ![] 变为 ![]，就需要再次右击文档，在快捷菜单上再次单击【始终在此设备上保留】命令，也就是去掉【始终在此设备上保留】前面的对钩，如图 7-20 所示。

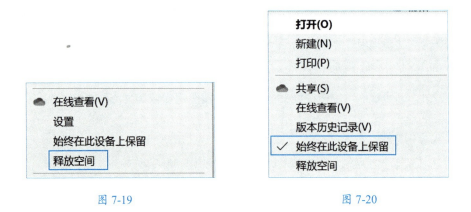

图 7-19　　　　　　　　　　　　　图 7-20

## 7.3　巧用 OneDrive 与人共享协作

与人共享协作是 OneDrive 最大的核心亮点。用户只需提供一个共享内容的访问链接给其他用户，其他用户就能访问这些共享内容，你可以授权给对方只读或编辑的权限，并且可以随时查看跟谁共享了 OneDrive 文件或停止共享。

### 7.3.1　如何设置文档共享权限

无论是在 OneDrive 网页端还是在 OneDrive 客户端，选择文件后，右击之后出现的快捷菜单上都可以看到【共享】命令，如图 7-21 所示。

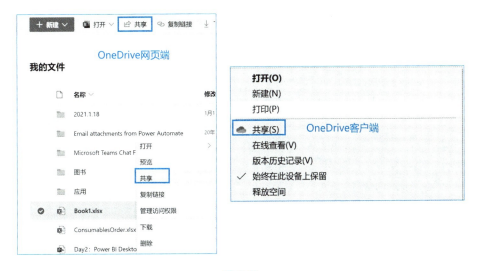

图 7-21

### 小贴士

OneDrive 网页端与 OneDrive 客户端的【共享】命令的功能都一样。

选择【共享】命令后，有 4 种权限类别选择，如图 7-22 所示，后续我们将对四种类别分别介绍。

**第一种，拥有链接的任何人。**

可向收到此链接的任何人授予访问权限，无论他们是直接收到你的链接到还是间接收到其他人转发的链接。这也包括组织外部的人员。很多企业觉得这一项不是特别安全，就把这个权限给关闭了。但有时要看你发的资源属于什么类型，如果本来就是一个推广技术，看的人越多越好，这个选项还是很有用的。

设置拥有链接的任何人后，你也可以对文档做更详细的权限设置，如不允许编辑、阅读到期日期、阅读密码、是否阻止下载等。这些都可以进一步设置文档的安全性，有些企业默认设置权限到期日期为 1 天，如图 7-23 所示。

**第二种，组织名称内的人员。**

可向组织中拥有该文档链接的任何人授予访问文件的权限，无论他们是直接收到你的链接还是收到其他人转发的链接。这种方式适用于公司的公共文件，如重大通知、公司的行为规范等，以及由专属人员向公司全体发送的行政文件等。

**第三种，现有访问权限者。**

具有现有访问权限的用户选项适用于已有权访问文档或文件夹的人员。它不更改共享项的权限。如果只想让已有访问权限的人查看文档或文件夹，请使用此选项。

例如，本来 Mary 就有某个文件的权限，只是她现在找不到链接了，你可以通过这种方式再次发给 Mary 该文件链接。该选项在 SharePoint 团队共享文档库时非常实用和常见，这个功能在 OneDrive 中用处不大。

图 7-22

图 7-23

第四种，特定用户。

可向你指定的人员授予访问权限。如果用户转发共享邀请，那么只有已拥有该项目访问权限的人员才能使用该链接。这是本书最推荐读者使用的一种分享权限，因为权限的安全性极高，如果发给公司以外的人，他登录查看文档时 Microsoft 365 安全中心还会发送一个验证码再次验证身份。

对以上四种权限，用户可根据自己的需要选择使用，在选择第二种和第四种权限后，除了要输入授权用户的邮箱，还要设置编辑、下载的权限，如图 7-24 所示。

允许编辑：通过这种类型的链接共享项目时，人们可以编辑文件，并可在共享文件夹中添加文件和删除文件（如果已登录）。如果共享文件夹，则具有编辑权限的人员可复制、移动、编辑、重命名、共享及删除文件夹中的任何内容。

默认情况下【允许编辑】复选框处于勾选状态。若希望他人仅查看文件，请取消勾选。若选择【阻止下载】命令可以进一步限制权限，这意味着他们无法保存本地副本。

例如，对于 Word 文件，你还可以选择【仅在审阅模式下打开】命令，以便限制人员在文件中留下评论并提出建议。请注意，如果某人已拥有该项的编辑权限，选择【仅以查看模式打开】

命令不会阻止他们进行编辑。对他们而言，文档将以编辑模式打开。

设置完成后单击【应用】按钮，输入共享用户的邮箱地址，然后单击【发送】按钮即完成共享，如图 7-25 所示。

图 7-24

图 7-25

如果只想发送链接，单击【复制链接】按钮可将链接复制粘贴到邮件或聊天信息中，如图 7-26 所示。

图 7-26

在 Windows 7、Windows 10 和 Mac 上通过 OneDrive 桌面应用程序生成共享链接时，只要在计算机上的 OneDrive 文件夹中右击文件或文件夹，然后选择【共享 OneDrive 链接】命令。这时链接将复制到剪切板，以便你将其粘贴至电子邮件、Teams 聊天、微信钉钉聊天等处。

当别人共享给你文件后，无论是邮件还是聊天，单击打开链接之后根据提示就可以阅读或编辑文件了。尤其是使用【特定用户共享】命令之后，收件人除了链接，还可以看到"此链接仅适用于此邮件的直接收件人"的提示，如图 7-27 所示。

图 7-27

### 7.3.2 更改或停止共享文档权限

Mary 想更改某个共享文件的权限或将其停止共享，可以进行如下操作。

 操作方法：

选择要更改的文件，右击之后选择【管理访问权限】命令，这时窗口右侧弹出"管理访问权限"窗口，如果需要停止共享，则直接单击选择【停止共享】命令，如图 7-28 所示。

如果需要更改权限，则单击共享链接旁的【…】进一步修改。例如，使文件为【可编辑】或【可查看】，或者删除现有的权限用户重新添加新的共享者。设置完成后单击【保存】按钮，如图 7-29 所示。

第 7 章 OneDrive 个人云端文件库

图 7-28

图 7-29

221

### 7.3.3 如何查看我的共享文件及共享给我的文件

**1. 在 OneDrive 网页中查看给你共享的文件**

在 OneDrive 导航窗格中单击【已共享】命令。与你共享的文件或文件夹就显示在共享列表里，通过文件可以看到共享者的名字，如图 7-30 所示。

图 7-30

如果你收到的共享文件太多，而且有些文件确定不需要了，可以从共享列表中删除。右击文件，在快捷菜单中选择【从共享列表中删除】命令，如图 7-31 所示。

图 7-31

**小贴士**

从共享列表中删除项目时，将看到"删除并拒绝对此文件的访问"的提示，单击【删除】按钮将取消你对文件的访问权限。这个操作很少人用，毕竟文件是别人共享给你的，你不想看就放这里也没有任何影响。

## 2. 在 OneDrive 网页中查看由你共享的文件

你与其他人共享的文件或文件夹显示在【由你共享】选项下方。右击一个文件,在快捷菜单中可以管理访问权限,具体操作见 7.3.2 节。在该列表中你可以定期查看并适当收回某一文档的权限,如图 7-32 所示。

图 7-32

### 7.3.4 场景案例:OneDrive 中一键分享超大文件给客户

**案例背景:**

Mary 在执行客户项目时需要给客户发送一个项目文件,但发现客户的邮件附件仅支持分享 50M 大小的文件,她这个文件方案有 70M 大小,Mary 想用微信传送但不仅感觉不正式而且不方便追溯。那么她该怎么办呢?

**操作方法:**

此时 Mary 想起来可以先把文件上传到 OneDrive 中,然后在新建邮件时添加 OneDrive 附件(方法见 5.7 节),并设置好客户权限(权限在 OneDrive 中设置好也可以)。

这样当客户收到邮件后,可以通过邮件中的链接下载文件附件或在线查看文件,如图 7-33 所示。

图 7-33

这个操作也同样适用于另一场景案例：在下班路上 Mary 突然发现有个重要的邮件没发，而需要的附件文件在 OneDrive 里，这时 Mary 在地铁里就可以用手机登录网页版 Outlook，创建邮件并添加 OneDrive 附件，这封邮件在 Mary 的下班路上就可以发出去。

### 7.3.5 场景案例：多人同时编辑一个需求文件

Microsoft 365 解锁的是新的工作方式，无论你是在家工作还是在公司都可以获得相应的工具。无论你使用的是计算机还是移动设备都可以轻松的在线参加会议、共享 Office 文件、实时共同创作，以及随时随地高效工作。

尤其是购买世纪互联版的企业，OneDrive/SharePoint 是我们协作编辑的平台。如果是点对点的短时间协作共享，建议使用 OneDrive 共享，如果是长期的多人协作建议使用 SharePoint。两者使用方法类似，支持的应用程序包括 Word、Excel、PowerPoint 和 OneNote 文档。

场景 1：最近公司响应国家号召全民抗疫，包车为员工接种新冠疫苗提供方便，那么每个部门每次去多少人呢，因为并不是大家都在一天内有空。Mary 是部门信息登记的组织者，她在 OneDrive 中新建了自愿接种新冠疫苗登记表，授权部门的同事都可以编辑文件。

因为没有太多的隐私，这次 Mary 授权组织内的人都可以查看及编辑，如图 7-34 所示。

图 7-34

然后她通过邮件及 Teams 同时发出这个通知，需要集体乘车去的同事可以到她发送到邮件或 Teams 链接中（世纪互联版可发到 Outlook、Skype 中）进行自主登记。各同事可以通过各种设备登录编辑，如图 7-35 所示。

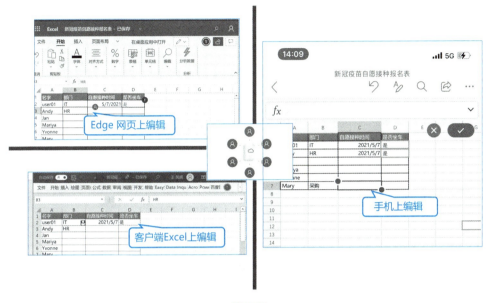

图 7-35

团队协作意味着人们要尽可能并行工作，而且希望无缝构建想法、组织文件、参加会议及与他人协作。使用 Microsoft Teams 时每个人都可以一起工作，无论某人是远程工作还是在不同时区工作都可以完成工作。

**场景 2：** 在很多公司，产品需求来源除了产品经理自己通过市场调研等各种渠道分析出来，还有来自用户的建议、缺陷提交等。还有很多时候是由销售、客户、经验丰富的同事在一个公开的项目文件（称为公共 Backlog）中汇总的，然后产品经理和设计师会定期对项目文件中的需求进行评审处理。在这样的场景中可以使用多人同时编辑一个文件的功能。

**场景 3：** 在大型的项目采购中，Mary 需要跨部门与他人协作编辑同一个文件，Mary 作为发起人起草了 Backlog 文件，存放在自己的 OneDrive 中。她邀请销售团队的 user01 一起编辑。Mary 根据前面介绍的方法，给 user01 分配了文件编辑权限。这时可以使用多人同时编辑一个文件的功能。

**场景 4：** 某品牌在全国有 6 家直属门店，4 家加盟经销商门店。每日每店的销售数字也是可以通过共享文件填写的。这样的场景可以使用多人同时编辑一个文件的功能。

**场景 5：** 三名同学报名参加了校内团队比赛，但由于疫情原因需要三个人在线上协同写论文，这时他们自然想到了 Word 的协同编辑功能。这样的场景可以使用多人同时编辑一个文件的功能。

无论哪一种场景，文档的共享方法是一样的。若参与者没有 Microsoft 365 账号也可以参与协作编辑（可以是被邀请端），只是不能作为文档的发起人（邀请端）。

> 小贴士
>
> 邀请端必须拥有 Microsoft 365 账号，文档的格式要保存成 Microsoft 365 使用的格式。如果被邀请端没有使用 Microsoft 365 的话，建议使用网页端编辑，不要使用 Office 客户端其他版本编辑，避免不必要的兼容问题。

### 7.3.6 场景案例：多人编辑后查看文档版本历史记录

如果多人对同一个文件进行了编辑，那么此文件在什么时间被谁修改过，修改了哪儿，做了什么修改等一系列版本问题都可以在修订中查看到。

例如，在 Excel Online 编辑窗口，依次单击【审阅】→【显示修订】命令，这时在右侧任务窗格中就会显示所有的更改记录，如图 7-36 所示。

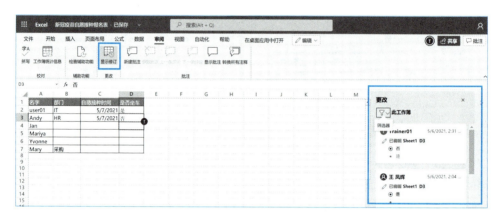

图 7-36

无论是 Word 还是 PPT 中都有这些细节的修订显示。但如果想看这个文件的历史版本记录该怎么办呢？

> 案例背景：

Mary 做产品调研时，邀请了销售、客户、同事在一个公开的项目文件中协作编辑，之后她想看下最近一段时间该文件对产品改进的贡献，也就是这个调研持续了一段时间后，她想看下文档的早期版本，那么该如何操作呢？

> 操作方法：

无论是 Word、Excel 还是 PPT 文档，OneDrive 都提供了版本历史记录功能。

Mary 在 OneDrive 网页上选中文档后，在工具栏上单击【…】之后再单击【版本历史记录】命令，可以打开版本历史记录的列表。从列表中你可以看到各个早期版本，单击版本后垂直的三点，可以进行版本切换、删除版本等操作，如图 7-37 所示。

Mary 在 OneDrive 客户端选中文档后右击，在右击快捷菜单中单击【版本历史记录】命令，

第 7 章 OneDrive 个人云端文件库

这时就打开了版本历史记录列表，可以进行切换版本、删除版本等操作，如图 7-38 所示。

图 7-37

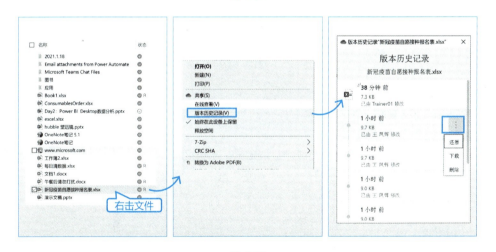

图 7-38

## 7.4 在移动设备上使用 OneDrive

### 7.4.1 Android 移动设备上的 OneDrive 应用

用户只要有 Android 系统手机和平板电脑上的 Microsoft 365 应用就可以在任何场景下应用 OneDrive 来工作。

**小贴士**

以下步骤需要用户运行 Android KitKat (4.4x) 或更高版本。

首先，打开 Android 系统的移动设备，在应用商店下载安装 Microsoft OneDrive 应用，然后使用 Microsoft 365 账户登录，这样用户就可以查看或编辑存储在 OneDrive 中的文件，如图 7-39 所示。

图 7-39

账户切换：Mary 在公司负责两块业务，因为业务特殊性其拥有两个 Microsoft 365 账户，有时候需要在各个账户间切换应用，她如何操作呢？

登录某一账户，然后单击 Android 版 OneDrive 应用中的"账号"图标，然后单击【添加其他账户】① 命令，如图 7-40 所示，之后就可以添加另一账户。

**小贴士**

你只能将个人账户添加到 OneDrive 应用。要打开其他个人账户，请打开设置，单击账户名称之后的【注销】命令，然后再使用另一个账户登录。

### 7.4.2 iOS 移动设备上的 OneDrive 应用

用户通过在 iPhone 和 iPad 上使用 Microsoft 365 应用就可以在

图 7-40

---
① 图中"帐户"的正确写法为"账户"。

第 7 章 OneDrive 个人云端文件库

任何场景下进行工作。

和 Android 系统类似，用户也是需要到 App Store 下载所需的 Microsoft OneDrive 应用。打开应用之后就可以使用 Microsoft 365 账户登录，登录之后就可以查看或编辑存储在 OneDrive 中的文件，如图 7-41 所示。

图 7-41

在 iOS 设备上如果安装有 Office 移动应用（如 Word、Excel 或 PowerPoint），则还可在此打开、查看和编辑 OneDrive 文件，如图 7-42 所示。

图 7-42

229

### 7.4.3 随时随地在移动设备上访问文件

应用场景：我的工作在公司 Windows 电脑上做到一半，带电脑回家很不方便，可是工作今天需要完成，这时就可以把文件存储到 OneDrive 中，回家打开家里的 MacBook，登录 OneDrive 就可以继续未完成的工作了。

此时开始处理文档，请单击任意位置以开始编辑。在 Word、Excel 或 PowerPoint 中，单击你希望放置鼠标光标的位置，并进行几项编辑。查看更多选项，请单击显示功能区按钮，这样我们就可以看到熟悉的 Office 选项卡了，如图 7-43 所示。

图 7-43

在 Excel 中，单击公式键盘按钮就可以调出公式键盘，从而可以快速输入数字和公式。

单击共享按钮就可以邀请其他人查看或编辑你的文档或表格，如图 7-44 所示。

OneDrive 还有一个强大的功能，那就是将文件和照片保存到 OneDrive 后，即使设备遗失了，它们也不会丢失。但是如果你使用的是企业购买的 Microsoft 365 账户，我不太建议你把自己的照片保存到 OneDrive，因为一旦离职就要将这些照片删除或导出。如果是个人购买的 Microsoft 365 则可以使用 OneDrive 存储备份照片及个人文件。

第 7 章 OneDrive 个人云端文件库

图 7-44

### 7.4.4 场景案例：OneDrive 移动端侧面照出正面图片

**案例背景：**

Mary 在一次线上会上想拍下投屏上的内容，但因为她坐的位置不好，拍出来的都是斜角图片。她很想请正中间的人帮她拍，可是别人都在听课并且相互不是特别熟悉，Mary 不好意思打扰别人。她突然想起来，可以使用 OneDrive 应用扫描白板、名片、文档或照片，并且 OneDrive 会自动保存相关内容。

**操作方法：**

Mary 打开手机，在 OneDrive 应用中，单击【扫描】按钮（一个在蓝色背景上勾勒出的白色摄像头）。第一次扫描就是斜视效果，OneDrive 允许在每次扫描后调整边框，有点像斜切照片的样子，在工具栏中你可以对其进行裁剪、旋转或修改之前选择的筛选器（白板、文档、名片或照片），如图 7-45 所示。

图 7-45

保证所有的内容都在边框内，单击【确认】按钮，这时的效果就是正面效果，如图 7-46 所示。

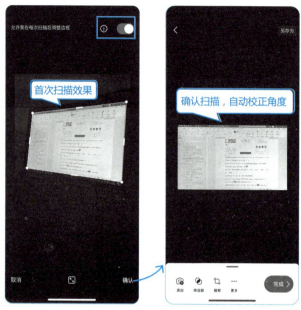

图 7-46

一旦你完成相关编辑，请单击【完成】按钮，输入一个文件名，然后单击【保存】按钮，这时文件会自动保存为 PDF 文件。

### 小贴士

（1）在 Android 6.5 或更高版本中，你可以选择多页扫描，这可帮助你将多个扫描合并到一个 PDF 中。若要使用该选项，请单击【添加】按钮，然后选择【扫描下一个文档】命令。其多页扫描的最大页数 / 图像数为 10 页。

（2）在 iOS 11.31.5 和更高版本中，你也可以选择多页扫描，这可帮助你将多个扫描合并到一个 PDF 中。若要使用该选项，请单击【添加】按钮，然后选择【扫描下一个文档】命令。其多页扫描的最大页数 / 图像数为 30 页。

# 第 8 章　团队网站：SharePoint 应用之道

什么是 SharePoint？ SharePoint 是一个企业级协作的平台。通过这个平台，团队可以共享文档，可以和同事协作完成某件任务，可以自动触发工作流，可以和其他的产品及平台进行交互和通信。

Microsoft Teams 的出现让 SharePoint 成了"幕后主人"，虽然 Teams 团队的共享文档后台都是存放在 SharePoint 上，但是人们开始习惯在通过 Teams 沟通时直接用 Teams 访问 SharePoint 文档库，甚至有些用户并不知道文档后台存储在哪儿，但这并不妨碍用户连接文档。Teams 在企业中应用也就 5 年左右，而 SharePoint 的企业级应用已有 10 多年了。没有使用 Teams 或使用世纪互联版的用户可以通过网站地址直接进入 SharePoint 网站，因为利用 SharePoint 创建生成的互联网网站可以使全球不同地理位置的人员保持互联状态，增强企业员工间的协作沟通，如图 8-1 所示。

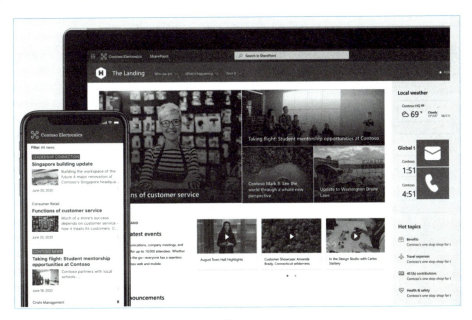

图 8-1

（1）网站内容：企业团队可以通过 SharePoint 随时在 Web 上创建存储和共享内容，创建页面文档库和列表，然后添加文本图像和文档等 Web 部件，设置内容格式并自定义内容。

（2）社交连接：在通信网站上，以现代版式显示重要的视觉对象、新闻和更新，在团队网站上显示与项目的所有相关人员联系，可发现关注和搜索网站文件和人员。

（3）协作流程：通过工作流窗体列表和库管理日常事务，在云中查找和存储文件，与任何人员实现安全协作。

（4）移动应用：通过移动应用随时了解最新的组消息。

SharePoint 在微软的产品中指两项 SharePoint 产品或服务。

（1）Microsoft 365 中的 SharePoint。无论公司购买的是世纪互联版还是国际版的 Microsoft 365，一般企业都会选择订阅 SharePoint Online 服务。企业员工可以创建网站与同事、合作伙伴和客户共享文档和信息。

> **小贴士**
>
> 本章节重点关于 SharePoint Online 关键用户级别的应用。

（2）SharePoint Server。企业可以购买许可自己部署和管理，以及本地安装的 SharePoint Server，相当于企业的私有云，服务企业内部员工。例如，用其创建新式网站页面、新式列表和库、新式搜索、与 PowerApps 集成等。

## 8.1 SharePoint 网站结构和导航

SharePoint 登录：通过 Microsoft Edge 或 Google Chrome 浏览器，在地址栏中输入 www.Office.com，按【Enter】键之后，按提示输入你的 Microsoft 365 账号及密码，登录后系统自动导航到 Microsoft 365 主页，在左上角的九宫格中你可以看到 SharePoint 应用，或者在 Microsoft 365 主页左侧列表中也可以看到 SharePoint 应用，如图 8-2 所示。

图 8-2

在 SharePoint 主页左侧可看到相关图标。在 Microsoft 365 中 SharePoint 起始页是一种新式体验，用户可在其中轻松查找和访问组织内的 SharePoint 网站。你可以从正访问的网站、经常访问的网站及其他建议的新闻中查找新闻，如图 8-3 所示。

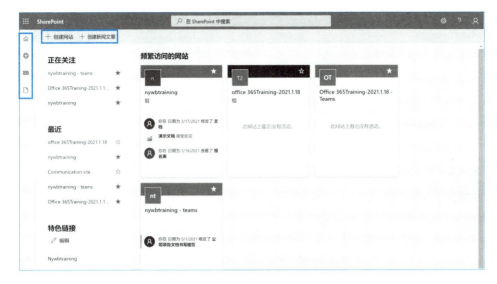

图 8-3

在 Microsoft 365 中提供的 SharePoint 网站属于新式体验，旨在使网站具有吸引力、灵活且更易于使用。

我去过的世界 500 强企业几乎都会选择 Microsoft 365，并且很多企业的业务部门会创建一个大的团队网站，其业务下方一般会分出几个业务线或项目，那么势必需要在部门团队网站下方再创建几个子网站。

无论是团队网站还是子网站，它们只是网站的级别不同，功能上都是一样的。都有最常用的文档库、列表、网站内容、回收站等。

SharePoint 网站的结构，如图 8-4 所示。

根据行业经验，团队网站是各大企业使用率较高的一种类型，后续我们以工作组网站为主要介绍对象。

在 SharePoint 起始页上可以创建网站和创建新闻文章，当你单击【创建新闻文章】命令时还是要选择在何处发布新闻，并选择一个发布新闻的网站。总之创建网站就变得非常重要了。

# SharePoint网站结构

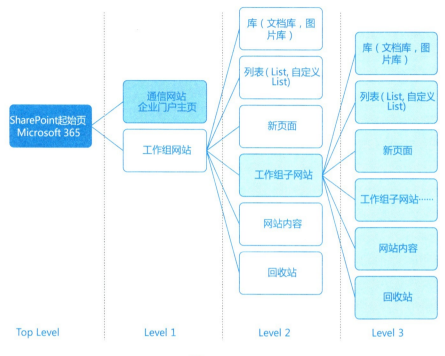

图 8-4

### 8.1.1 创建 SharePoint 网站

**操作方法：**

单击【创建网站】命令，接着选择要创建的网站类型，如图 8-5 所示。

（1）**团队网站**：创建 Microsoft 365 组连接的团队网站，在该网站中各成员可共享文档、与团队中其他成员对话、跟踪活动、管理任务等。按照我的经验，团队网站适用于每个部门级别的团队小组。在第 9 章我们将会学习到 Teams，在 Teams 里每个团队后台都有一个团队网站。

（2）**通信网站**：创建没有 Microsoft 365 组的新团队网站，将动态美观的内容发布给组织内部人员，让他们跟进信息并参与到主题、活动或项目中。按照我的经验，通信网站适用于企业级别的用户。

1. 创建团队网站

在图 8-5 所示的页面中单击【团队网站】命令，按照步骤指定网站名称、组电子邮件地址、网站地址、隐私设置（专用 - 仅 Marketing 成员才可以访问）、选择语言（很多语言可以选择，一旦选择后期不能更改）等，单击【下一步】按钮，如图 8-6 所示。

图 8-5

图 8-6

单击【下一步】按钮后，添加网站管理员及组成员，不需要一次添加完团队所有人，后期还可以添加及更改。最后单击【完成】按钮，如图 8-7 所示。

这样团队网站就建好了，如图 8-8 所示，这就是 Microsoft 365 原生的现代风格团队网站模板，如果你用过 Teams 后台的网站就会发现它和这个网站一模一样，团队可以根据需要在后期对其进行更改美化。

图 8-7

图 8-8

每个部门除了创建团队网站，还需要一个公共的新闻通讯网站，该网站可以开放给全公司的人员访问及参与网站活动。

2. 创建通信网站

在创建通信网站时，除了输入网站名称、网站地址、选择语言，还有三种设计模板，用户可选择主题、展示、空白，如图 8-9 所示。

## 第 8 章 团队网站：SharePoint 应用之道

图 8-9

（1）主题：如果你有大量的信息需要共享，如新闻、事件和其他内容，请使用这种设计。

（2）展示：如果用于展示产品、团队，或者使用照片或图像的事件，请使用这种设计。

（3）空白：如果你想从空白网站开始，快速、轻松地呈现个性的设计，可以选择这种设计。

在此步骤，主题使用率很高，如果公司规模很大，应有专门的人处理公司新闻、事件、行政事务等内容。

完成后的通信网站如图 8-10 所示。通信网站是向其他人传达信息的地方。你可以以具有视觉吸引力的格式共享新闻、报表、状态和其他信息。通信网站的用途类似于早期版本的 SharePoint，但存在许多差异。通常，通信网站的创建更简单，不依赖于发布网站基础结构。

通信网站的设计初衷是在没有子网站的情况下使用。它使用新式页面和 Web 部件。虽然通信网站上的结构和强制执行较少，但可轻松创建一个无须代码即可移动的美观页面。在网站的每个版块可以定期修改每个 Web 部件的传递新闻信息。

### 小贴士

如果单击 SharePoint 主页后，没看到图 8-5 中的页面，则说明用户没有创建网站的权限，应先向企业 IT 部门申请权限，再通过上述方法创建。无论是创建团队网站还是创建通信网站，都需要用户有创建网站的权限，权限分配和管理属于 SharePoint IT 管理员内容，本书中不再详细讲解。

图 8-10

### 8.1.2 新式和经典团队网站介绍

新式团队网站比以往任何时候都更加注重团队协作。它将 Microsoft 365 组用于更简单的权限管理，团队网站还预先填充了现代新闻、快速链接和网站活动。与所有新式功能一样，团队网站经过优化，在移动设备上外观最佳。

提到新式 SharePoint 团队网站，对 SharePoint 历史不了解的读者可能会想，新式以前的 SharePoint 团队网站是什么样的呢？SharePoint 发展有 10 多年了，如果不是专业的 IT 从业者那深扒它的历史意义不大，我最早讲的是 SharePoint Server 2007 版，它的版本基本 3 年更新一次。

目前公司还在用 SharePoint Server 2016 版的用户则对经典团队网站应该比较熟悉了。经典团队网站确实是一代经典，直到 Teams 面世很多企业才陆续转到新式团队网站上来，至今新式团队网站还保留了返回到经典团队网站的按钮。

经典和新式团队网站之间的差异如图 8-11 所示。

Microsoft 365 组是经典团队网站与新式团队网站的最大区别之一。现代团队网站会自动连接到 Microsoft 365 组，Microsoft 365 组就是把团队要协作的一群人聚到一起，并轻松设置供这些人员共享的资源集合，如对应的 Teams 组、共享 Outlook 收件箱、团队计划 Planner、团队 Forms 等资源，Microsoft 365 所有的应用都共用一个 Microsoft 365 组，用于协作处理文件。这样就不必为所有这些资源手动分配权限，因为向组中添加成员时系统会自动为其分配使用所在组提供的工具所需的权限。Microsoft 365 组 与经典时代的 SharePoint 组不同，因为它们跨多个 Microsoft 365 资源，更灵活、更易于使用。用户可以轻松地将人员添加到组中，在团队网站右上角单击【设置】命令，然后单击【更改成员共享方式】命令就能与个人共享网站，如图 8-12 所示。

第 8 章 团队网站：SharePoint 应用之道

图 8-11

图 8-12

无论是在团队权限管理分配上还是在功能上新式的更简单易用，如在 SharePoint 团队网站上左上角显示企业 LOGO 非常常见，经典网站则需要使用网站主题、备用 CSS 和母版页等进行更改，虽然新式网站不支持备用 CSS 和母版页等功能，但还有一些更简单的新方法来执行网站自定义外观和 LOGO 的更改。例如，通过更改主题以反映你的专业风格和 LOGO，或者在团队网站右上角单击【设置】命令，然后单击【更改外观】命令，这样就可以快速轻松地自定义 SharePoint 网站的颜色、字体、LOGO 等，如图 8-13 所示。

图 8-13

新式和经典团队网站相比，一些其他优点包括更快的网站预配、较低的上手使用难度等。

### 8.1.3 经典和新式团队网站的切换

如图 8-14 所示，在新式网站中单击【返回经典 SharePoint】命令时网站自动转为右侧经典网站，单击右图中的【退出经典体验】命令时网站自动返回新式网站。

经典网站上的所有功能与新式团队网站之间没有完全的一对一映射。在 SharePoint 管理中新网站集管理员可以将经典网站链接到新的 Microsoft 365 组，并同时将主页更新为新的主页。如果你是网站集管理员但无法将经典网站链接到 Microsoft 365 组，那么 SharePoint 管理员可能禁用了此功能。这更适合 IT 管理员和开发人员。如果你不是这两者，我们建议你根据需要逐渐开始规划和创建现代页面。本书主要讲解用户级的新工作方式的改变，对 SharePoint 网站集的迁移升级在此不再赘述。

第 8 章 团队网站：SharePoint 应用之道

图 8-14

## 8.2 SharePoint 文档库管理

经常有人说企业中的人才最贵，我觉得企业的信息文档也是十分重要的，很多企业使用的计算机都开启了 BitLocker 加密技术，一旦计算机丢了可以采取"远程毁机擦掉文件"的办法保护企业信息不被盗窃。Microsoft 365 就给每个账户都开启了 MFA 技术，这同样是为了信息安全。

SharePoint 文档库提供了一个安全的位置来存储团队文件，你和同事可以在其中轻松找到需要的文件，一起处理文件，并随时从任何设备访问团队文件。现在很多企业开始用 SharePoint 文档库代替企业文件服务器。因为文件服务器放在本地，文件夹的安全级别就是到文件夹，还需要有专业的 IT 人员维护，而 SharePoint 文档库是 Microsoft 365 的一部分，几乎没有维护成本，安全级别可到文件的级别。例如，你可以在网站中使用文档库存储与特定项目或特定客户端相关的所有文件，只有特定的人才可以进入访问。在文档库的文件夹之间添加文件或移动文件就像将本地磁盘中的文件从一个位置拖放到另一个位置一样简单。

SharePoint 文档库提供了强大的文档管理功能，能够创建或存储各种类型的文档，并对文档进行相应管理。在第 7 章我们学习的 OneDrive 就属于个人文档库类，而 SharePoint 文档库属于团队文档库类。在本节我们专门来介绍 SharePoint 文档库。

### 8.2.1 将文档存储在团队网站文档库中

如何把文件存储在团队网站文档库中呢？在团队网站屏幕上，单击左侧快速启动栏中的

【文档】命令，在右边就可以看到【新建】、【上传】这样的命令，这样你就可以创建新文档，如图 8-15 所示。

图 8-15

在【新建】命令的下拉列表里可以上传现有的文档模板，也可以直接根据模板创建新文档，默认调用 Office Online 应用，用户可在网页上进行编辑，新建文档后系统自动保存，尤其是在移动设备没安装 Office 程序时，用户可以直接在线编辑文件并保存。因为是工作组网站上的文档库，这里新建的文档将自动共享给团队成员，如图 8-16 所示。

图 8-16

### 小贴士

如果你还没有想好要不要分享给团队成员，请在你的 OneDrive 中在线创建文件。

从计算机上传文档到 SharePoint 文档库使用的方法与第 7 章 OneDrive 使用的方法一样，在右击文件时，将弹出文档其他选项的列表并获得指向文件的链接等功能，如图 8-17 所示。

介绍到这里，有些读者会觉得文档的【新建】、【上传】、【删除】及【共享链接】等命令与 OneDrive 中的一样，为什么 Microsoft 365 还搞两个存储地方呢？那文档存储在 OneDrive 中与存储在 SharePoint 中到底有什么区别呢？我应该把文档保存到 OneDrive 中还是 SharePoint 中呢？

图 8-17

## 8.2.2 文件应该保存到 OneDrive 还是 SharePoint

### 1. OneDrive 存储定位给个人

首先 OneDrive 属于个人的云端存储空间。企业为每位员工购买 Microsoft 365 账户时就自带 OneDrive 空间,它和分配给你的工作电脑一样的安全,不用你的账户登录谁也进不去。由此看来 OneDrive 只不过是云端的一块移动硬盘而已,只要你在职就是给你一个人用的。不过你可以在 OneDrive 中建立文件共享,在 OneDrive 中的共享属于私人性质的分享,是你个人的共享行为。

OneDrive 可以跨所有设备给用户提供一致、直观的文件体验。

### 2. SharePoint 存储定位给团队

首先 SharePoint 属于团队的云端网站,在这个网站上有个移动硬盘,它属于你们团队的共享空间,团队的公共文档一般都放在这里。默认团队里的每个人都可以进入这个共享空间查看、上传文档。

SharePoint 可以跨所有设备给用户提供一致、直观的文件体验。

无论文档放到哪儿,使用的方法都是一样的。所以我们要根据文档性质选择保存的位置。如果你正在处理自己的文件,并没用分享的打算,你可以把文件保存在本地磁盘或将其保存到 OneDrive。如果你是以团队方式工作，无论目前文档存储在哪儿，只要你判断此文档需要分享给团队的每个人，属于团队的公共文件，那么就应该将文件保存到团队工作的位置（SharePoint 或 Teams，保存到 Teams 团队的文档终将存到 SharePoint 中）。

OneDrive 文件可以移动到 SharePoint 站点中，反之也可以，如图 8-18 所示。

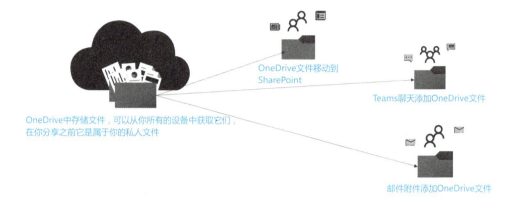

图 8-18

无论是 OneDrive 还是 SharePoint 都是我们常用的云端文档存储位置。这只是一个是"你家的"，另一个是"大家的"问题。搞清楚业务需要之后文件该放到哪儿就是很简单的事了。

### 8.2.3 停止同步云端的个别文件夹

在第 7 章介绍过将 OneDrive 云端的文件同步到本地的操作，而 SharePoint 和 Teams 里文档同步的方法与 OneDrive 方法一致，因此不再赘述。

使用 OneDrive 时在 Windows 桌面右下角的任务托盘中可以看到一个蓝色的"云朵"，它就是 OneDrive 的图标，如图 8-19 所示。

图 8-19

单击 OneDrive 的图标，单击【打开文件夹】命令，随之打开 Windows 资源管理器窗口，在左侧的导航中会显示楼宇标志的 SharePoint 文档库同步后的本地显示和云朵标志的 OneDrive 文档同步后的本地显示。因为 Teams 中的文档后台存储在 SharePoint 中，所以 Teams 文档的同步后显示效果与 SharePoint 同步是一个标志，如图 8-20 所示。

> 案例背景：

有时有用户会反映云端太多文档同步到本地了，占有很多本地空间而且有些不是用户需要的文档，想取消同步怎么操作呢？

图 8-20

### 操作方法：

发生这种情况的用户往往在使用初期，还没有搞清 OneDrive、SharePoint、Teams 三者在文档上的关系，只是听到了一个核心的亮点，即在没有网络时也可以离线访问云端的文档，在操作时没注意文档现在是在 OneDrive 里还是在 SharePoint 或 Teams 里，看到【同步】按钮就单击。随着云端文档越来越多，本地同步也随之越来越多。后面就发生本地磁盘占用过多，或者查找文件出现困难的情况，那么想要取消同步特定不需要的文件夹怎么办呢？

"同步"这个功能的初衷是让用户按需同步，以便我们在没有网络的环境下离线访问需要的文档。

右击 OneDrive 的图标，依次单击【设置】→【账户】命令，如图 8-21 所示。在弹出的对话框中可以看到目前 OneDrive 云存储空间的使用状况，如果本机与目前账户取消关联可以单击【取消链接此电脑】命令。不过你在取消账户前最好把云端文件先停止同步再取消关联账户，这样本地清理的比较干净。

在弹出的对话框中可以看到正在同步 2 个位置：

① OneDrive 上的位置；

② SharePoint 市场部团队位置。

想要停止哪个位置的文件同步，单击其后面的【停止同步】命令即可，此时"始终保留在此设备上的文件"会留在本地电脑里，而"仅在线的文件"在本地电脑里将被删除，这里只是删除，但并没有取消关联账户。

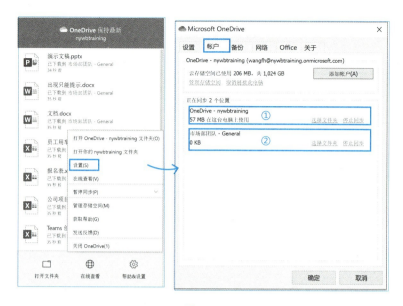

图 8-21

本节关键的话题是假设想要取消同步 OneDrive 上的部分文件夹，请单击 OneDrive 后面的【选择文件夹】命令，弹出新的对话框，如图 8-22 所示。默认勾选【使所有文件可用】复选框，下面所有文件夹在本地都可见，在此可以把不想同步的文件或文件夹全部取消勾选，然后单击【确定】按钮。

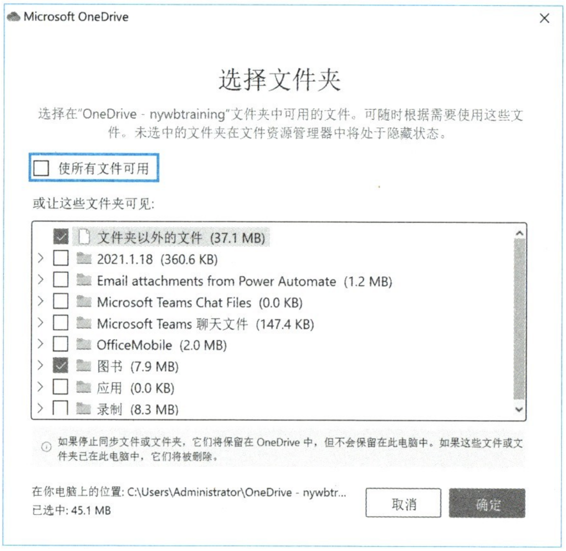

图 8-22

SharePoint 上的部分文件夹也可用同样的方法取消同步显示。

## 8.2.4 场景案例：共享库里限制机密文档特定人访问

SharePoint 文档库中的文件和文件夹在默认的情况下团队成员都可以访问并编辑。但像产品成本、营销成本等数据只有特定的人员才可以访问编辑修改。

**案例背景：**

现在 Mary 所在的市场部有 6 个成员，在市场部的 SharePoint 文档库里有个 Excel 文件，即"市场部成本收集"（如图 8-23 所示），Mary 希望只有特定负责成本的几个人（王凤辉、user01、user02）访问编辑这个文件，如何管理权限呢？

图 8-23

**操作方法：**

有时有用户会反映云端太多文档同步到本地了，占有很多本地空间而且有些不是用户需要的文档，想取消同步怎么操作呢？

第 1 步，选中该文件，停止继承父级权限。

右击"市场部成本收集"，然后单击【管理访问权限】命令，在右侧的"管理访问权限"列表里你可以看到市场部团队站点成员都可以编辑该文件（如图 8-24 所示）。

图 8-24

这是默认的文档库权限，根据需要你可单击【停止共享】按钮，然后再设定管理文件权限。停止共享之后将删除所有具有直接访问权限的人员（除所有者），如图 8-25 所示。

图 8-25

停止权限后，再刷新网站，再次查看"市场部成本收集"的权限就显示只有市场部团队站点所有者能访问该文件了（如图 8-26 所示），但这并不影响其他文件的访问。

图 8-26

单击图 8-26 中的【高级】命令进入 SharePoint 权限管理。你可以看到叹号提示："此文档具有独有权限。"

现在可以给文档单独授予权限了，单击【授予权限】命令之后弹出对话框，再单击【邀请他人】命令添加邀请人的邮箱地址（很多企业中这里只能是内部的 Microsoft 365 账号），选择权限级别之后单击【共享】按钮，如图 8-27 所示。

图 8-27

权限一旦发出后可以去查看文档权限，右击文档后，无论是在管理访问权限中，还是在高级权限列表中，看到的权限都是一样的，指定的三人可以编辑。如果后面工作调整，你可以勾选一个人，对人员的权限变更操作与前文步骤一致（如图 8-28 所示）。

图 8-28

图 8-28 中的命令解读如下。

① 删除独有权限：删除所有独有的权限（自定义权限），从父级站点继承父级权限。

② 授予权限：添加新用户权限（如再添加一个人可编辑、查看等）。

③ 编辑用户权限：重新定义现在的用户权限，如把 user01 从不编辑权限更改为编辑权限。

④ 删除用户权限：把用户权限删除，如把 user01 从权限列表里删除，让 user01 无权访问。

⑤ 检查权限：当对自己的权限或特定用户的权限不清楚时，可以检查用户到底是什么权限。

在 SharePoint 文档库中文档、文件夹权限管理都是一样的。一共有 6 种权限，如图 8-29 所示，当然 SharePoint 管理员还可以自定义更多权限，一般用户是没有权限自定义的，在此不再赘述。

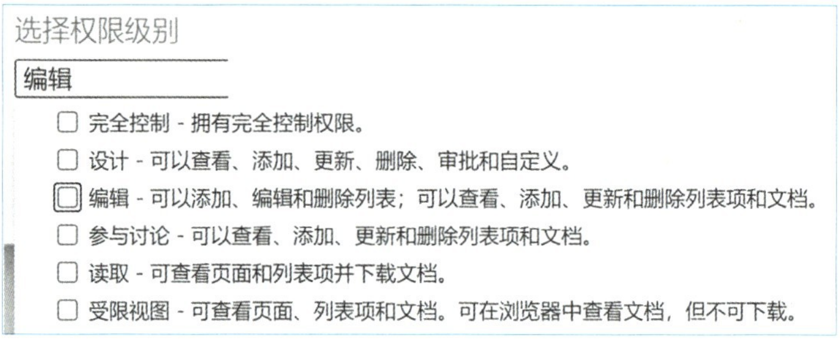

```
选择权限级别
编辑
  □ 完全控制 - 拥有完全控制权限。
  □ 设计 - 可以查看、添加、更新、删除、审批和自定义。
  ☑ 编辑 - 可以添加、编辑和删除列表；可以查看、添加、更新和删除列表项和文档。
  □ 参与讨论 - 可以查看、添加、更新和删除列表项和文档。
  □ 读取 - 可查看页面和列表项并下载文档。
  □ 受限视图 - 可查看页面、列表项和文档。可在浏览器中查看文档，但不可下载。
```

图 8-29

**小贴士**

当遇到所有者工作变动时，可以在所有者离职前登录账号再添加多个所有者，然后再删除要变动的所有者即可。

### 8.2.5 场景案例：同时编辑 Excel 文件，设置不同区域权限

在 SharePoint 协作编辑是指 Word、Excel、PPT、OneNote 这类文档协作编辑，同时间的多人协作编辑由串行的工作变为并行工作，提高了团队沟通效率。

但在一个大的团队中每个人负责的工作内容不同，对特定文档的权限也是不同的，但每个文件进去后，权限都是一样的。下面我们介绍一个案例。

**案例背景：**

Mary 所在的市场部有个成本中心需要每个月收集全国 3 个成本中心的数据。她需要不同的人填写各自区域的数据。每个成本中心都可以看到 Excel 里的内容，但只能修改自己的区域。完成这个业务需求要涉及 SharePoint 文档库、Excel 客户端允许用户编辑区域的权限。

**操作方法：**

第 1 步，Mary 在云端新建 Excel 表格，设置 Excel 文件的访问权限。

在团队文档库里新建 Excel 文件后，除了设计 Excel 表格格式，在文件的左上角可以看到 Excel 文件名，单击下拉列表可以对文档进行以下操作：修改文件名、更改存储地址、查看版本历史记录等（如图 8-30 所示）。用户可以根据 8.2.3 节中的内容对特定文件设置访问编辑权限。案例中的 Mary 就可以设置特定 3 个成本中心的人访问编辑文档。

第 2 步，在桌面应用中设置 Excel 区域密码，保证不同区域不同密码。

在 Excel 网页版的右上角，单击【在桌面应用中打开】命令，即启动 Excel 客户端，此时

要求本地 Excel 应用最好是 Microsoft 365 版本，如果不是可能会出现问题。

图 8-30

本地应用打开在线文件时自动开启自动保存，保存按钮有同步标志，如果文件有共享，会显示共享的标志，如图 8-31 所示。

图 8-31

Mary 首先对成本管理预设 3 个区域，每个负责人填写一块区域，它们分别是 B4:C11、D4:E11、F4:G11（单元格范围按需可设置大一些），颜色只是为了看得更清楚些，不起权限作用。

选中 B4:C11 区域，依次单击【审阅】→【允许编辑区域】→【新建区域】命令，然后设置区域标题（北区）、引用单元格区域、区域密码等，最后单击【确定】按钮，如图 8-32 所示。

用同样的方法设置 D4:E11 区域密码，并命名为南区；设置 F4:G11 区域密码，并命名为东区。最后三个地区都有各自独立的密码，如图 8-33 所示。

将来可以把三个地区的密码分别告诉三个负责人，区域密码不要相同，以保证每个人只能修改自己的那块区域。

253

图 8-32

图 8-33

最后依次单击【审阅】→【保护工作表】命令，输入密码。这个密码管理员 Mary 要保存好，不能给三个成本负责人透露。一旦保存后，【保护工作表】命令就变为【撤销工作表保护】命令，没有密码则工作表保护不能撤销，而且允许编辑区域也是灰色的（如图 8-34 所示）。

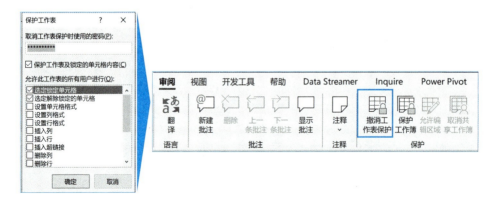

图 8-34

这样 Excel 表格区域密码设置才生效。

保存文件并同步到云端，将链接共享给三位负责人。在 Excel 客户端编辑的内容可以直接保存同步到云端，然后在窗口的右上角单击【共享】按钮，选择"你指定的人员可以编辑"，输入指定人的电子邮箱地址，输入邮件信息，单击【发送】按钮如图 8-35 所示。

图 8-35

这样每个人都可以在一个工作表上填写自己的数字了，也不用担心每个人填错地方。

第 3 步，被邀请人通过邮件链接进入文件，并在 Excel 桌面应用中打开。

当三位成本负责人收到邮件后，系统会提示："此工作表受保护，某些部分可能仅供查看，不能更改。"此时他们只能在线查看不能编辑。

他们需要填写成本数字时要单击【在桌面应用中打开】命令，如图 8-36 所示。

Excel 中的区域保护及保护工作表都属于 Excel 桌面客户端的功能，所以必须转到 Excel 桌面客户端。此时三个成员就可以根据原来 Mary 告诉他们的区域密码进入文件修改了。

因为 Excel 表格中已明确每位负责人的位置，当第一次输入信息时，会提示取消锁定区域密码（如图 8-37 所示），密码输入正确才可以进入编辑状态，且编辑者仅可以编辑自己的区域。

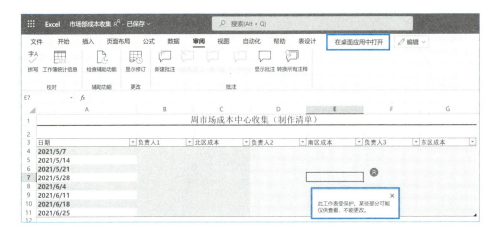

图 8-36

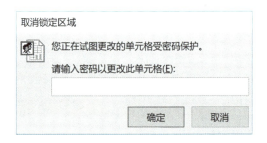

图 8-37

另外的被邀请者都是以同样的方法进入文件并输入区域密码才可以输入数据。三个人可以同时编辑一个文件（可以支持更多人）。当一个人在修改时，可以看到另外的人在修改，而且看到对方在哪些区域修改，修改部分用不同的颜色显示，如图 8-38 所示。

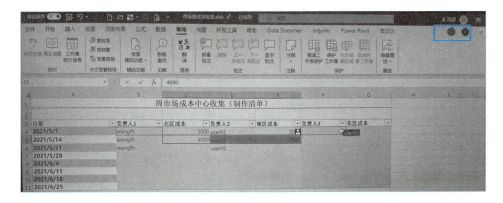

图 8-38

这样就实现了多人修改编辑。目前区域控制密码只有在 Excel 桌面应用中才可以设置。

### 8.2.6 打开共享文件时,提示"文件已被 XXX 用户锁定,无法编辑"

user01 在第一次打开共享文件时,提示"此文件已由 XXX 锁定,无法编辑",如图 8-39 所示。这个提示你会在早期文件服务器共享时经常碰到,但现在较少遇到了。

图 8-39

我们通过查看 user01 账号的 Excel 版本,发现她虽然是使用 Microsoft 365 账号登录,但安装的源程序还是 Excel 2016 版本。

处理方法:卸载原来的 Office 2016 所有程序,通过 Microsoft 365 主页安装最新版本的 Microsoft 365 客户端 ( 如图 8-40 所示 ),再重启计算机。这样就可以同时编辑共享文件了。

图 8-40

### 8.2.7 查询文档库中文件或文件夹发生的更改

在 SharePoint 文档库里每个文件发生更改时用户如何快速知道呢?

第一种方法:查文档版本。

文档库里的文件发生了更改之后系统会默认记录每次修改的版本,用户可以查看文件版本,并查询最近谁修改了文件。你可以单击每个版本对应的日期时间,对版本内容进行查看、删除或还原到上一版本等操作,如图 8-41 所示。

图 8-41

这样通过主动查看文件版本用户就可以判断文件是否被修改了,以及被谁修改了。文档版本管理与 7.3.6 节中 OneDrive 文档版本的用法一致。

第二种方法:文档库文件或文件夹发生更改时收到通知。

文档库中的文件众多,如果无论谁修改了文件都主动查看版本很浪费时间,如果文件发生变更之后系统就自动发个通知邮件给相关用户就很方便了。

拓展学习:iSharePoint 文档库的通知订阅方式。

第一种是文档库的任何文件或文件夹发生更改时相关用户都收到通知。

在文档库里不选择任何文件,直接单击【提醒我】命令,这种通知是针对文档库所有文件及文件夹的,如果你不是文档管理员,显然没必要这样设置,如图 8-42 所示。

图 8-42

第二种情况是特定文件或文件夹发生更改时都收到通知。

勾选需要更改时发送通知邮件的文件或文件夹,单击工具栏中的【…】,然后选择【提醒我】命令。在"项目发生更改时通知我"对话框中更改或填写想要的选项。完成之后单击【确定】

按钮,如图 8-43 所示。

图 8-43

文档通知建立好后,任何人更改了此文件,系统都会自动给你一封邮件。比如成本中心的成本控制表、销售团队报价表,这些表中内容发生变更时都应该通知团队成员。图 8-43 中的"通知发送对象"中可以输入多个用户名或电子邮箱。

那么如果不想接收该文档通知,应如何取消呢?在文档库的列表中单击工具栏中的【…】,然后选择【管理警报】命令,如图 8-44 所示,在"我的有关此网站的通知"对话框中会显示所有你订阅的通知,勾选自己不需要的通知,单击【删除所选通知】命令。

小贴士

文档库文件或文件夹都可以订阅通知,在 8.3 节会介绍 SharePoint 列表,也会有订阅通知、取消订阅通知这样的应用,两者用法一致。

第三种方法:查看文档库中的文件活动。

如果用户不想收到电子邮件,但仍希望随时了解文档库中的更改,可以通过查看无电子邮件警报的更新看一下文档库中的文件活动。单击文档库,选择"打开详细内容窗格"图标ⓘ,如图 8-45 所示。

图 8-44

图 8-45

若要关闭详细信息窗格,则再次单击"打开详细内容窗格"图标。

## 8.3 SharePoint 列表应用和管理

在 Microsoft 365 中,SharePoint 列表是一组数据的集合,它由不同类型的数据列组成,列的类型可以是文本、货币、下拉选项、人员、链接、图片、日期、计算列等。在 SharePoint 网站上创建列表,然后添加列可让你和同事灵活组织团队信息。与 SharePoint 文档库不同，用户创建网站时默认情况下不会创建列表，但用户可以从头自定义创建列表，也可通过自带列表模板获得灵感创建列表。如果你的团队有跟踪、组织工作或要管理的工作流的信息，列表应用则可以为创建公司资产列表提供帮助。用户通过自定义列表匹配团队工作和进行共享，以便整个团队随时了解情况并参与其中。

SharePoint 列表包含以下基本元素。

（1）项：列表项目就是数据库表中的一条记录，如一个员工的出差申请详细信息。

（2）字段：列表字段用作表中的列如员工的姓名、电子邮件地址、电话号码等。

（3）视图：创建列表视图来显示数据，如用户登录"员工出差列表"只能看到自己的出差记录。

### 8.3.1 用 Lists 创建列表

Lists 是 Microsoft 365 中的智能信息跟踪应用列表，创建列表后团队成员可随时随地与任何人协作，团队可以直接通过 Lists 配置列表，更好地整理事件、问题和资产等。通过 Teams 创建的 Lists 列表可以让团队所有人都跟进信息，如你可以使用日历、网格、库或自定义视图按所需的任何方式查看列表，通过条件格式突出显示重要的详细信息。用 Power Apps 扩展 Lists 列表，用 Power Automate 自定义工作流，Lists 列表作为数据源可通过 Power Platform 构建自定义的生产力应用。

在 Microsoft 365 主页上单击 Lists 应用的图标，然后单击【新建列表】按钮，在新的对话框中可以看到创建选项，如图 8-46 所示。

图 8-46

（1）从空白创建列表。选择【空白列表】命令，然后选择【保存】命令，输入列表名称（如果需要，还可以输入说明并选择颜色和图标），选择列表存储位置是"我的列表"还是最近访问的团队网站，最后单击【创建】按钮，如图 8-47 所示。

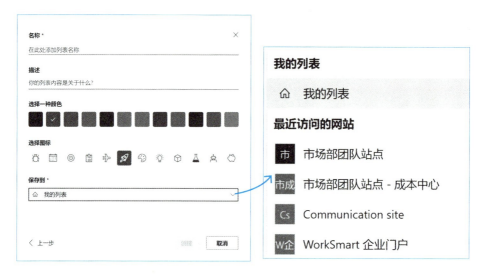

图 8-47

（2）从模板创建列表。在"模板"下，你可以先查看模板是否满足你的需求，当然按模板创建后可以对选择的模板进行更改。若对模板外观比较满意，则在页面底部选择【使用模板】命令。然后在下一页输入列表名称，可以一并输入说明并选择颜色和图标。之后选择列表存储位置是"我的列表"还是最近访问的团队网站，最后单击【创建】按钮。

（3）重新建创建 Excel。用户可以从本地或 OneDrive 中选择 Excel 文件，系统会自动根据 Excel 文件中的表创建列表，工作表标题将成为列表中的列，其余数据将成为列表项。其他操作与前面的创建方法类似。

（4）基于现有列表创建列表。选择"从现有列表"之后选择一个团队，选择一个列表，然后单击【下一步】按钮，输入列表名称（如果需要，还可以输入说明并选择颜色和图标），之后选择列表存储位置是"我的列表"还是最近访问的团队网站，单击【创建】按钮。

小贴士

"我的列表"是属于个人的列表，此列表并没有共享，而保存在团队网站上的列表是团队成员都可以访问的，默认共享。

你可以在 Lists 主页中看到列表是存储在"我的列表"中还是存储在团队网站中，在收藏夹中用户可以看到自己收藏的列表。

单击"最近的列表"右侧的箭头，在下拉列表中选择"我的列表"查看自己的列表，如图 8-48 所示。

图 8-48

### 8.3.2 场景案例：Lists 自动化规则

**案例背景：**

Mary 所在的客服部经常会收到客户产品质量的反馈信息，无论是电话还是邮件，客户的反馈及投诉都要记录下来，以便跟踪、管理及解决问题。Mary 以前是用 Excel 记录这些信息的，但 Excel 只能记录信息，而每条信息的跟踪管理就全靠人工了。而在 Lists 里用户可以通过现成模板创建列表，并可以跟踪、管理和解决问题，以及设置优先级，用户通过状态栏可以知晓问题的进展情况。Lists 在把问题分配给团队成员时会发送通知，让团队成员保持高效工作。这些操作在 Excel 记录表里无法完成。在 Lists 中的相关操作方法如下。

**操作方法：**

第 1 步，创建列表时选择模板"问题跟踪程序"，然后单击【使用模板】按钮，如图 8-49 所示。

在弹出的对话框中输入列表名称"产品问题跟踪程序"及说明内容，勾选【在网站导航中显示】复选框，并单击【创建】按钮，如图 8-50 所示。

第 2 步，Mary 接到客户投诉电话或邮件后，需要创建事件记录。

在市场部团队站点上单击左侧导航中的【产品问题跟踪程序】命令，然后单击【新建】按钮，在弹出的对话框中输入"问题""问题描述""优先级""状态""分配对象"等，把表单填写完整后，单击【保存】按钮，这样客户事件记录就登记好了，如图 8-51 所示。

图 8-49

图 8-50

使用 Lists 模板创建列表的好处在于，模板里最常用的字段类型都已经创建好，用户不需要像自定义列表一样每个字段都自己创建。

第 3 步，创建自动化规则，自动执行列表记录，给分配对象发送邮件。

在 Lists、SharePoint 或 Teams 中创建列表后，用户可以创建规则来让系统自动执行任务，如当列表中的数据发生更改时向某人发送通知。

Mary 创建客户问题后，把当前问题自动发送邮件至分配对象，分配对象发生更改时系统给新分配对象发送邮件。依次单击【自动化】→【创建规则】命令（如图 8-52 所示），选择需要的规则，此处选择将创建一个规则语句，你将在下一步中完成该语句。

图 8-51

图 8-52

在"以下情况时通知某人"下选择触发规则的条件。下面是四种规则的介绍。

**列更改**：列表中某列被更改后系统可以自动发邮件给某个人。例如，该记录中的分配对象发生变更时，系统将此记录信息发给新的分配对象，如图 8-53 所示。

**列值更改**：列表中某列值更改为等于或大于等条件时（可人工录入信息），系统可以自动发邮件给某人。例如，该记录中的状态是已完成时，系统将发送电子邮件给问题的记录者，如图 8-54 所示。

图 8-53

图 8-54

**已创建新项**：创建任何项目时，系统将发送电子邮件给分配对象，如图 8-55 所示。

图 8-55

**某项已删除**：删除任何项目时，系统将发送电子邮件通知创建者，如图 8-56 所示。

图 8-56

根据对以上四种规则的理解，Mary 选择了第三种规则，Mary 希望客服部接到问题电话或邮件后，创建事件记录并指定分配对象，创建完成后，创建新记录时分配对象自动收到邮件（如图 8-57 所示）。

图 8-57

在自动化管理中，不需要的规则要及时关闭，因为系统最多允许创建 15 条规则，（如图 8-58 所示）。

图 8-58

第 4 步，Mary 提交新事件记录后，分配对象 user01 收到电子邮件，通过邮件【转到项目】命令可以查看完整的问题信息，相关人员及时在评论区响应，等问题解决后，再次单击邮件【转到项目】命令可以将事件状态更改为"已完成"（如图 8-59 所示）。

图 8-59

这是一个完整的客户→客服→工程师解决问题的过程。这些操作都可以在移动设备上完成，你可以在移动设备上安装 Outlook、Lists 等应用。第 9 章将会介绍如何通过 Power Automate 把客户问题推送到 Teams 中。

### 8.3.3 场景案例：设置规则访问权限

如果用户在尝试创建规则时遇到错误，原因可能是其权限不够。这就需要列表所有者来帮助用户解决这个问题。

列表创建者就是所有者，其需要打开列表并依次单击【设置】→【列表设置】→【高级设置】

命令。在"项目级权限"下,必须将"读取权限"更改为"读取所有项目",如图 8-60 所示。

此外,为了管理规则,列表所有者必须授予相关用户编辑列表的权限。为此,列表所有者可以与相关用户共享列表并指定其为【可编辑】,如图 8-61 所示。

图 8-60

图 8-61

### 8.3.4 场景案例:Lists 自动化提醒

在上一节我们创建了规则管理列表的自动化,在这一节我们学习列表中日期列的自动化管理。例如,人事(HR)部门的 Lily 根据 Lists 模板创建了一个招聘跟踪表,登记应聘者的信息后,预定了面试日期。因为面试前需要准备很多面试材料并预约相关面试官,所以 Lily 希望在每个应聘者的面试日期到期前 2 天给面试团队发送邮件，提醒他们准备相关材料及与应聘者沟通面试时间、地点等信息。

操作方法：

招聘跟踪表中有三个日期列，即【申请日期】、【电话筛选日期】、【面试日期】，所以在依次单击【自动化】→【设置提醒】命令后会出现 3 个日期选择，因为 Lily 希望在面试日期前 2 天提醒，故这里单击【面试日期】命令，如图 8-62 所示。

图 8-62

此时会出现配置流的提醒，若流涉及的应用都有绿色钩则表示配置完成，单击【继续】按钮进入下一设置，以设置流的名称及提前提醒的天数，再单击【创建】按钮，如图 8-63 所示。

图 8-63

流创建完成后系统会提示"已创建面试日期的提醒流程"，如图 8-64 所示。

图 8-64

### 8.3.5 场景案例：创建团队日历来管理公共的活动

SharePoint 网站上还提供了轻量级的应用来管理企业团队的业务。例如，Mary 所在的部门对外活动比较多，那么他们对如何设定自己的休息日非常关注，他们在 SharePoint 网站上创建了自己的部门日历，部门日历上记录了他们全年的学术计划活动，相关业务的同事会根据活动时间提前得知所有活动事项，也可以把这个公共的日历订阅到自己的 Outlook 中，或者添加到 Teams 中。

操作方法：

第 1 步，在团队网站主页依次单击【新建】→【应用】命令，转到新的窗口，网站内容为你的应用程序，在其中选择"日历"，如图 8-65 所示。这个日历是给团队所有人共享的一个公共日历。就像一个学校的校历或企业日历，这里会给你提供一个团队级别的公共日历。

图 8-65

小贴士

SharePoint Online 提供了大小应用程序共 18 个，如果你有时间不妨看下这些应用程序都是干什么的，看它们能给你的工作带来哪些方便。

第 2 步，根据提示输入名称——部门日历，然后单击【创建】按钮，如图 8-66 所示。

图 8-66

此时在网站主页左侧导航栏的"网站内容"中可以看到【部门日历】命令，如图 8-67 所示。部门日历属于事件列表，是一种特殊的列表。

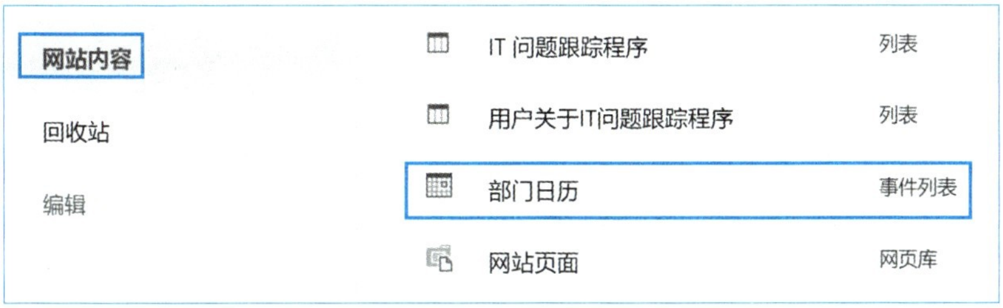

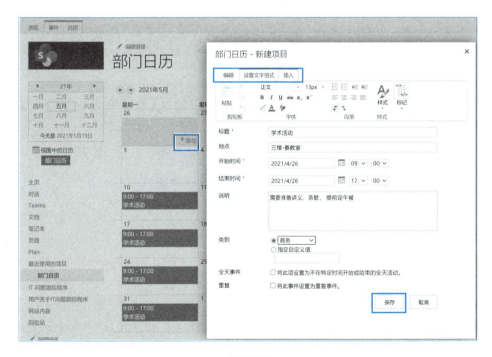

图 8-67

单击【部门日历】命令可进入日历视图，单击日历中的某一天之后单击【+ 添加】命令，就会弹出新建项目对话框，在此对话框中可以输入项的标题、地点、开始结束时间、说明等信息，你可以通过【设置文字格式】选项卡更改文本格式，通过【编辑】选项卡添加附件，通过【插入】选项卡插入更多项目内容，如图片、表格等。全部设置好后，单击【保存】按钮，如图 8-68 所示。

图 8-68

第 3 步，个人可以通过日历工具栏中的【连接到 Outlook】命令便捷订阅部门日历，从而在 Outlook 客户端可以直观查看部门内部大型的年度计划、法定假日等，从而更合理、更高效地跟进会议，如图 8-69 所示。

图 8-69

SharePoint 应用列表在很多时候是"幕后功臣",对使用世纪互联版软件的读者来说,维护人员可以在 SharePoint 网站上维护此日历,而部门内的大部分同事都是日历的查看者,他们只要把此日历同步添加到 Outlook 中就可以了。

对使用 Global 版软件的读者来说,维护人员还可以把部门日历添加到 Teams 中,无论是部门日历的维护者还是查看者都可以通过 Teams 随时查看部门活动安排,如图 8-70 所示。

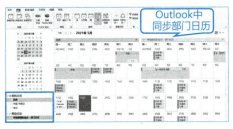

图 8-70

**小贴士**

因为 Microsoft 365 是每月更新的产品,所以在我写完这一节后的几天就发现 Teams 中多了一个"频道日历"功能,Teams 用户完全可以用此功能代替本节介绍的团队日历功能,但因为世纪互联版软件的用户还没有 Teams,故此节没有删除保留在本书里。

### 8.3.6　SharePoint 创建自定义列表

当你对 Microsoft 365 平台的使用需求越来越多时,你可能感觉用 SharePoint 中的列表模板创建列表已满足不了业务需求。接下来我们介绍如何在 SharePoint 中创建自定义列表。在后面的两章中本书还会介绍 Teams、Power Platform 等应用，它们与列表的流程自动化应用有着紧密的联系。

在 SharePoint 团队网站主页创建列表共有以下两种方法。

第一种方法：在 SharePoint 团队网站主页左侧导航中单击【主页】命令，然后依次单击【新建】→【列表】→【空白列表】命令或【从 Excel】命令或【从现有列表】命令，或者在模板中选择一个模板创建列表，如图 8-71 所示。

图 8-71

选择【空白列表】命令就属于自定义列表，在对话框中输入列表名称、描述，如果勾选【在网站导航中显示】复选框，那么在左侧导航中我们就可以看到创建的列表，如图 8-72 所示。

图 8-72

如果未勾选【在网站导航中显示】复选框，则在创建列表时其显示在站点导航中。依次单击【设置】→【网站内容】命令就可以打开网站内容列表，在 SharePoint 站点中就能看到刚创建的列表，如图 8-73 所示。

第二种方法：可以在 SharePoint 站点中依次单击【设置】→【网站内容】命令，然后单击【新建】右侧的箭头，再单击【应用】按钮，之后选择添加一个应用程序来创建一个自定义列表，如图 8-74 所示。

图 8-73

图 8-74

单击【自定义列表】按钮，输入列表名称，最后单击【创建】按钮，如图 8-75 所示。

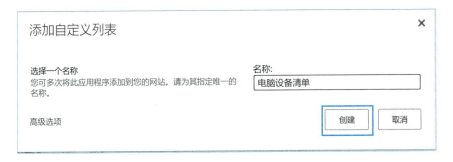

图 8-75

## 8.4 场景案例：自定义员工休假申请单列表

下面我们用一个完整的章节介绍如何自定义员工休假申请单列表。

用户在自定义列表前要构思列表的数据结构、列名称及数据类型（列），再输入管理数据内容（数据）、数据展示方法（视图）、数据驱动流程（流程规则），如图 8-76 所示。

图 8-76

### 8.4.1 创建员工休假申请单列表及自定义列

Mary 已经通过之前的学习创建了空白列表"员工休假申请单"，空白列表默认只有一个列，即"标题"，接下来 Mary 要通过"添加列"添加自定义列来管理数据结构，如图 8-77 所示。

图 8-77

列的类型决定了在列表中如何存储和显示数据。为列表创建列时，首先要选择存储在列中的数据的类型，即列类型，如仅数字、带格式的文本或自动计算的数字。

依次单击【添加列】→【单行文本】命令，在"创建列"对话框中，输入名称为姓名；单击【更多选项】命令开启"要求此列包含信息"，这表示请假单的必填项为姓名，最后单击【保存】按钮，如图 8-78 所示。

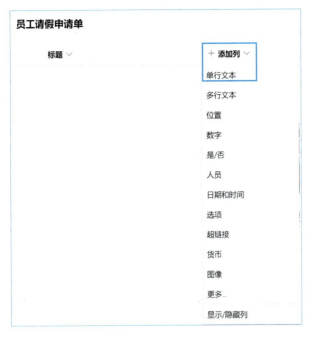

图 8-78

Mary 准备添加的后续列表名称及属性见表 8-1，在添加列选择类型时可参考 8.4.2 节。

表 8-1

| 字 段 名 称 | 属 性 |
| --- | --- |
| 姓名 | 单行文本（姓名一行文本足够） |
| 部门 | 选项（下拉选择所在部门） |
| 休假类型 | 选项（下拉选择休假类型） |
| 开始时间 | 日期和时间 |
| 结束时间 | 日期和时间 |
| 合计天数 | 计算值（结束时间减去开始时间） |
| 直属老板 | 人员（输入直属老板的电子邮箱） |
| 请假事由 | 多行文本（请假事由） |
| 图像附件 | 图像（拍照，或者添加事由假单及相关扫描件） |

添加列时如果信息输入错误，用户可根据下面的方法删除列。

依次单击【设置】→【列表设置】命令，进入设置窗口，在栏区域可以看到列表的所有列名称，单击需要删除的列名称，在弹出的对话框中可以修改列的一些设置，或者删除列表（如图 8-79 所示）。

第8章 团队网站：SharePoint 应用之道

图 8-79

### 8.4.2 SharePoint 列表列的类型和选项

创建列类型及何时使用每种类型的列是本节的主题。列将添加到列表的一个或多个视图中，以帮助用户以有意义的方式显示数据，根据业务不同可显示不同类型的列。

1. 单行文本

单行文本在一行中会显示少量未格式化的文本，最大长度为 255 个字符。其包括：仅文本，如名字、姓氏或部门名称；文本和数字的组合，如街道地址或账号；计算中未使用的数字，如员工 ID 号码、电话号码、邮政编码或部件号。

更多选项如下。

（1）分配字符限制：通过设置需要的最大字符数来限制字符数。例如，如果列存储五位数的员工 ID 号码，可以使用此功能确保用户仅输入五个字符。

（2）显示默认值：当某人添加新项目时，自动显示特定文本，同时允许用户在需要输入其他文本时输入其他文本。设置默认值时，用户可以通过接受默认值更快地输入信息，除非他们需要更改它。

2. 多行文本

在多行上显示带格式的文本或长文本和数字，最大长度为 63 999 个字符，如项目说明、备注等。在列表或库中查看列时，此类型的列将显示所有文本。

单击【更多选项】命令：用户可以通过以下方式自定义多行文本列字段。

对图片、表格和超链接使用增强型格式文本（格式文本）（仅适用于列表），此选项允许使用基本格式，如粗体、斜体、项目符号列表或编号列表、彩色文本和背景色，以及超链接、图片和表格。

将更改追加到现有文本（仅在列表中可用）如果为列表启用了版本控制，则此选项允许用户添加有关项目的新文本，而不替换有关该项目的任何现有文本。如果选择追加更改，则用户可以输入有关项目的其他信息，同时查看以前输入的文本，以及输入文本的日期和时间。在列表中查看时（不是项目窗体中的字段）该列将显示超链接"查看条目"，而不是文本，用户可以单击超链接以查看存储在该项的列中的所有信息。

如果选择不追加更改，则有关项目的新文本将替换列中有关该项目的任何现有文本。

提示：如果在创建列后关闭此选项，将删除最近条目之外的所有信息。

### 3. 位置

从组织或必应地图可以添加丰富的位置数据。由位置列提供相关的其他列，例如用于按相关位置信息查找包括街道地址、城市、省/市/自治区、国家/地区、邮政编码、坐标或名称等，然后进行筛选、排序和搜索。

### 4. 数字

数字和货币列都可以存储数值，并且两者均提供预定义的格式，用于确定数据的显示方式，如图 8-80 所示。

图 8-80

使用数字列存储非财务计算或不需要高度准确数学计算的数字数据。

使用货币列存储进行财务计算的数字数据，或者用于不希望在计算中舍入数字的情况。与数字列不同，货币列在小数点左侧会保留 15 位，右侧会保留 4 位。

你可以通过以下方式自定义数字列。

（1）指定最小值和最大值：限制用户可以输入的数字范围。例如，如果列存储活动的与会者数，并且你想要将与会者限制为特定数字，你可以输入最少与会者数为最小值，最大与会者数作为最大值。

（2）包括小数位数：指定数字是否包含小数位数和要存储的小数位数。如果列需要存储小数位数超过五位的数字，可以选择"自动"。如果列存储计算结果并且希望结果尽可能精确，则自动也是一个不错的选择。但是，如果希望确保列中的所有值具有相同的小数位数，则建议将小数位数限制为零（仅针对全数）或将其他小数位数限制为 5。

（3）将数字格式设为百分比："显示为百分比"设置允许你将数字显示为百分比并存储为百分比，并可以在计算其他值时将数字视为百分比。

5. 是/否

存储 true/false 或 yes/no 信息，如某人是否会参加活动。当用户输入有关项目的信息时，"是/否"列显示为单个复选框。若要指示"是"，团队成员请勾选该复选框；若要指示"否"，团队成员请取消勾选该复选框。

是/否列中的数据可用于其他列的计算。在这些情况下，是转换为 1 否转换为 0。

6. 人员或组

提供人员和组的可搜索列表，用户可以在添加或编辑项目时选择该列表。例如，在"任务"列表中，名为"被分配者"的人员或组列可以提供可分配任务的人的列表。列表的内容取决于如何为 SharePoint 组配置目录服务和组。用户若要自定义列表的内容，可能需要联系管理员。相关设置如图 8-81 所示。

图 8-81

你可以通过以下方式自定义人员或组列。

允许多个选择：允许用户选择他们喜欢的多种选项，或将选择次数限制为仅一个选项。

包括或排除用户组：指定列表是否仅包含单个人员，或者还包括电子邮件通信组列表和 SharePoint 组。

### 7. 日期和时间

存储日历日期或日期和时间。日期格式与网站的区域显示设置相同。如果格式不可用，请找 IT 部门寻求帮助，由 SharePoint 管理员向网站添加对相应区域的支持。

用户可以通过以下方式自定义日期和时间列。

仅包括日期或日期和时间：指定是只包括日历日期还是同时包括日历日期和时间。

显示默认值：当某人添加新项目时，自动显示特定的日期和时间，同时如果用户需要输入其他值，也允许他们输入其他值。默认值可帮助用户更快地输入信息。例如，如果列存储发生费用的日期，并且大多数支出是在会计年度的第一天发生的，则你可以将会计年度的第一天指定为默认值，这样当向列表中添加一个新项并且团队成员不需要输入日期时，该日期会自动显示。

默认值可以是指定的值、项目添加到列表或库的日期，或计算的结果（称为计算值）。当你想要自动显示特定日期或时间，但日期或时间可能因项目而异时，计算值非常有用。若要使用计算值，请输入公式作为默认值。公式可以基于其他列或系统函数（如 [today]）中的信息计算值，以指示当前日期。例如，如果希望列显示当前日期后 30 天的日期，在"计算值"框中键入公式 =[TODAY]+30。相关对话框如图 8-82 所示。

图 8-82

### 8. 选项

允许用户从你提供的选项列表中进行选择。如果要确保列内的所有数据一致，则此列类型是十分理想的选择，因为其可以限制存储在列中的值。

用户可以从下拉菜单或选项按钮中选择。若要在这些格式之间选择，请选择【更多选项】命令，然后在"使用显示选项"下选择首选格式。

还可以按以下方式自定义选择列。

（1）定义选项列表：提供用户可以选择的确切值列表。若要提供此列表，请将"选项"框中的示例文本替换为需要的值。在单独的行中输入每个值。若要开始新行，请按【Enter】键。

（2）启用其他自定义选项：若要允许用户输入选项列表中未包含的值，请勾选【可以手动添加值】复选框。如果不知道用户需要输入有关项目的所有值，则这样做比较稳妥。如果你希望用户仅使用你指定的值，请取消勾选【可以手动添加值】复选框，如图 8-83 所示。

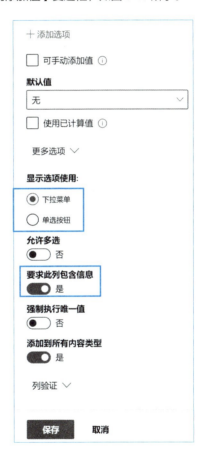

图 8-83

9. 超链接

存储指向网页、图形或其他资源的超链接。

当用户向列表项添加超链接时，必须输入显示在列中的 URL 和描述性文本。如果 URL 适用于图形文件，他们可以选择为图形输入描述性可选文字，该文本适用于在浏览器中关闭图形或依赖屏幕阅读软件将屏幕上的图形转换为语音字词的人。

10. 货币

货币列存储货币值。

自定义货币列与自定义数字列类似。不同的是货币列要选择货币格式，可以选择列的特定货币格式，确保列中的所有值都基于同一货币。下拉列表提供了超过 100 个国家 / 地区的货币格式。

11. 图像

图像是用于将设备中的单个图像文件添加到列表或库中的项。

将图像列添加到列表或库后，可以使用列表或库窗体添加图像。例如，在下面的屏幕截图中"图像附件"是图像列，如图 8-84 所示。

图 8-84

12. 计算值

计算值是基于其他列的计算，如休假天数 = 结束时间 – 开始时间 +1，公式的数字类型必须是数字，如图 8-85 所示。

图 8-85

13. 托管元数据

允许网站用户从托管术语的特定术语集中选择值，并针对其内容应用这些值。用户可以创建托管元数据列以映射到现有术语集或术语，也可以专门为托管元数据列创建新术语集。

用户可以通过以下方式自定义托管元数据列。

单击【添加列】命令，在下拉列表中单击【更多…】命令，在弹出的创建栏对话框中输入栏名为"事件类型"，选择【托管元数据】命令，拉到对话框最后，单击【自定义术语集】命令，选择【事件类型】命令，选择【创建术语】命令，输入术语名称，用户可以根据需要创建更多的术语集，最后单击【确定】按钮，如图 8-86 所示。

图 8-86

### 8.4.3 管理 SharePoint 列表内容

通过前面两章的学习 Mary 已经把"员工请假申请单"创建完成，她可以自己添加列表内容。

单击工具栏中的【新建】按钮添加新的请假记录。

单击工具栏中的【共享】命令可以重新共享整个列表，当勾选某一条记录时，再单击【共享】可共享单条记录。

单击工具栏中的【导出】命令可将列表中的所有记录导出为 Excel 文件或者 *.CSV 格式的文件。

单击列表中某一列的名称可以拖曳移动列的顺序。

单击列表右上角的查看列表权限图标可查看列表权限，以及进一步更改列表权限等，如图 8-87 所示。

图 8-87

单击列表的列名称可以对列表字段进行"排序""筛选""分组""汇总"，还可以单击【编辑】命令重新修改列的属性及删除列等操作。

【显示/隐藏列】命令可以管理列的显示/隐藏效果。

【固定到筛选器窗格】命令更是列表的经典命令，该功能可以把此列字段固定到右上角的筛选窗格中，用户可以根据业务需要增加一些筛选器，多角度对列表数据进行管理，如图 8-88 所示。

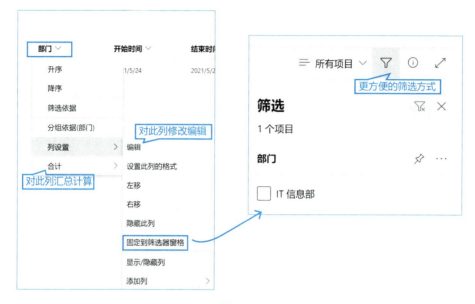

图 8-88

筛选器窗格可以帮助你查找要查找的文件或列表项。进行筛选器选择时，系统将从页面显示的列表中过滤掉不匹配的项。

把特定列字段固定到筛选器窗格是一种新的筛选方式，用户也可以根据需要把列字段取消固定，如图 8-89 所示。

图 8-89

## 小贴士

筛选器窗格在文档库中同样适用,对于文档库,可以仅筛选最近使用的文件、查看由一个或多个人员编辑的文件,或仅显示特定类型的文件,如 Word 文档和 PowerPoint 幻灯片。

## 8.5　场景案例：管理列表视图及自定义视图

无论是在文档库中还是列表中,自定义视图都可以让你组织和显示最重要的列表记录项(如只显示某些列)、添加筛选或排序等具有吸引力的样式。如果你有权限则可以创建一个只有你(当前登录者)才能看到的视图,你可以为使用列表查看的每个人创建一个公共视图。

现在你登录列表后除了看到的默认视图,还有许多其他列表视图。若要查看其他视图,则要单击列表右上角的"视图选项"菜单,然后选择想要的视图,如图 8-90 所示。

默认的列表视图是显示了所有项目的列表视图,你可以基于当前视图创建新视图。

场景 1：Mary 想把"产品问题跟踪程序"列表中的"状态"列等于完成的部分高亮显示出来。

在所有项目列表视图下单击【设置视图格式】命令,选择布局为"列表",选择"条件格式",单击【管理规则】命令如图 8-91 所示。

图 8-90

图 8-91

在"管理规则"对话框中设置规则条件为"状态"等于"已完成"(如有其他条件可以再单击【添加条件】命令),"将列表项显示为"设置为一高亮颜色,如图 8-92 所示。

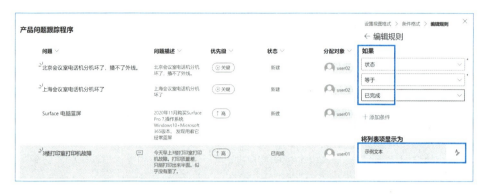

图 8-92

**场景 2**：Mary 在"产品问题跟踪程序"列表中单击"**库**"视图后，可以把列表转换成图片显示方式，这样用户可以一次看到项目的详细信息，如图 8-93 所示。

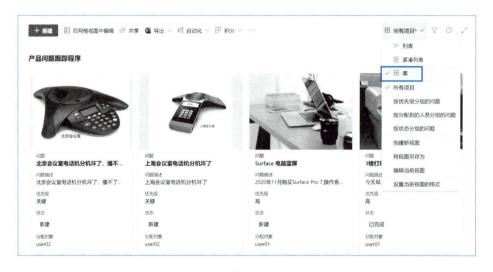

图 8-93

Mary 再次单击【设置视图格式】命令，选择"卡片设计器"。使用卡片设计器可以显示或隐藏列、重新排序列及显示或隐藏预览，如勾选在卡片上需要显示的"报告的日期"字段名称，单击【保存】按钮，如图 8-94 所示。

**场景 3**：<u>更改视图顺序</u>。除了前面两个案例可以直接在列表视图中进行一些更改，还可以通过单击列名称更改项目的顺序、筛选、分组、添加列及其他列设置。

具体操作：首先选择要更改的视图的名称，再次单击【所有项目】右侧的下拉箭头，然后单击【编辑当前视图】命令，如图 8-95 所示。

图 8-94

图 8-95

在"编辑视图"对话框中进行更改（如图 8-96 所示），你可以单击列名称更改项目的顺序、筛选、分组、添加列及其他列设置等。

图 8-96

完成更改后，单击【确定】按钮。

视图编辑完成后，单击【视图选项】命令，然后单击【将视图另存为】命令。然后输入新名称创建新视图，如果需要把此视图设为公共视图，请勾选【将此图设为公共视图】复选框后，再单击【保存】按钮，如图 8-97 所示。

图 8-97

### 8.5.1 自定义只显示本人提交的记录视图

在列表的命令栏中单击【查看选项所有列表】命令，再次单击【视图选项】命令，然后选择【编辑当前视图】命令。

在"编辑视图"对话框中进行更改。视图名称更改为"我的项目"，滚动到筛选区域，单击选择"只有在以下条件为真时才显示项目"，然后设置条件"创建者"等于"本人"。完成更改后单击【确定】按钮，如图 8-98 所示。

这样"我的视图"就完成了。当用户再次单击列表的命令栏就可以看到很多视图，这其中很多都是自定义的视图（如图 8-99 所示），Mary 根据业务需要可以切换显示不同的视图。

图 8-98

图 8-99

## 8.5.2　更改默认视图

通过前面的学习我们定义了很多种视图，但是选择一个用户进入列表后的默认视图极其重要，毕竟大多数用户不需要自定义视图。一般由团队站点的关键用户或管理员定义哪个视图是默认视图。

在列表的命令栏中，选择【查看选项】命令。选择要设置为默认值的视图的名称，如高亮显示完成项目视图后，单击"将当前视图设为默认视图"（如图 8-100 所示）。

图 8-100

设置完成以后任何用户打开此列表都是这个视图。

## 8.6 场景案例：将 Lists 列表添加到 Teams 让所有人都跟进信息

### 案例背景：

Mary 想到一个新的工作方式，即把 Lists 列表添加到 Teams 中，团队所有人登录团队网站就可以访问列表及跟进列表信息，省去了打开网页直接在 Teams 里对话和查看 Lists 列表信息的步骤。在 Teams 中也可以随时并排显示多任务应用，用户可以边沟通边跟进列表项并实时共同协作。

### 操作方法：

第 1 步，首先 Mary 打开 Teams，在"市场部团队站点"中单击【常规】选项卡，再单击右侧标签中的【+】，弹出"添加选项卡"对话框，在对话框中单击 Lists 图标添加 Lists 列表应用，如图 8-101 所示。

随后根据提示保存后，在【常规】中可以看到【Lists】选项卡，还可以看到写有"欢迎使用列表"的界面，这样在 Teams 里你就可以创建列表和添加现有列表，如图 8-102 所示。

第 2 步，选择"添加现有列表"，在此有以下两个选择。

第一，可以从任何 SharePoint 网站中添加列表，需要使用 SharePoint 链接，输入链接后添加。

## 第 8 章 团队网站：SharePoint 应用之道

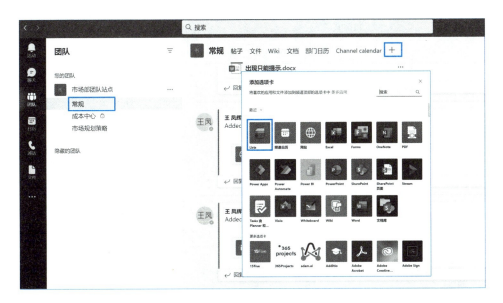

图 8-101

图 8-102

第二，可以从现有团队中选择一个列表，在 Teams 里可以直接看到现有团队中的列表，选择要用的列表即可。Mary 在此选择了"产品问题跟踪程序"列表，如图 8-103 所示。

随之你会发现在【常规】中的【Lists】选项卡名称改为【产品问题跟踪程序】，在【产品问题跟踪程序】选项卡下面就是产品问题跟踪程序列表信息。

在 Teams 里你可以直接对列表进行添加、修改、删除记录的操作。

在列表里用户可以像在网站上一样更改列表视图，如选择"高亮显示完成的项目"及筛选出 user01 创建的任务等，也可以查看和管理任务列表的权限等。

图 8-103

在右上角有弹出选项卡的图标，单击它可以弹出列表新窗口，你可以一边跟踪列表一边在 Teams 中与其他人沟通，并排显示多任务应用窗口工作（如图 8-104 所示）。

图 8-104

在 Teams 里可以直接使用列表，并应用列表规则、提醒和评论列表相关信息。在 Teams 里跟踪团队列表比网页更方便。

> **小贴士**
>
> 目前世纪互联版的用户还没有 Teams，还要使用网页端完成以上操作。

## 8.7 场景案例：Lists 列表共享给团队之外的特定个人

团队列表和列表项目除了可供具有团队网站权限的每个人使用，某些时候还需要给无权访问列表的用户共享特定的记录项目。

通过 SharePoint 列表或列表项你可以决定是允许用户编辑还是仅查看内容，以及你共享的用户是否可以与其他人共享你共享的文件。你随时都可以管理列表和列表项的权限，就像管理共享文件一样。

1. 共享列表

转到要共享的列表，然后单击【共享】命令，之后输入要共享列表的人的名称、组或电子邮件。如果需要，可以输入邮件消息，然后单击【授予访问权限】命令，如图 8-105 所示。

图 8-105

默认情况下只有网站所有者才能共享列表，如果你无法共享列表，但需要共享列表，可以向 SharePoint 网站所有者发送审批请求。列表的访问级别权限如表 8-2 所示。

表 8-2

| 权　　限 | 可 以 查 看 | 可 以 编 辑 | 完 全 控 制 |
| --- | --- | --- | --- |
| 查看列表中的项目 | √ | √ | √ |
| 编辑列表中的项目 |  | √ | √ |

续表

| 权　　　限 | 可 以 查 看 | 可 以 编 辑 | 完 全 控 制 |
|---|---|---|---|
| 向列表添加新项目 |  | √ | √ |
| 共享列表 |  |  | √ |
| 配置列表（例如添加或删除列、创建视图、更改列或视图格式） |  |  | √ |

**2. 共享列表中的一条记录项**

首先勾选共享的一条记录项，然后单击【共享】命令。

这时弹出发送链接对话框，在下拉列表中更改链接类型。"详细信息"窗口随即打开，你可以在其中更改谁可以访问链接及用户是否可以编辑你共享的项目。

选择要授予其链接访问权限的用户选项。

（1）任何人。可向收到此链接的任何人授予访问权限，无论他们是直接收到你的链接还是收到其他人转发的链接，此链接有可能共享给组织外部的人员。

（2）你的组织中的人员。向组织中具有列表项链接访问权限的任何人提供访问权限，无论他们是直接接收你发的链接还是其他人转发的链接。

（3）具有现有访问权限。如果只想向已有访问权限的人发送链接，请使用此选项。

（4）特定人员。可向你指定的人员授予访问权限。

完成操作后单击【应用】按钮。

如有必要，请输入想要与之共享的人员的姓名和一条消息。

准备好发送链接后单击【发送】按钮，如图 8-106 所示。

如果希望用户仅查看列表项，请取消勾选【允许编辑】复选框，其默认是启用的。

图 8-106

**注意 1：**如果共享选项已显示为灰色，则表明 SharePoint 管理员已限制此功能。例如，他们可能会选择"禁用任何人"选项以防止将可用链接转发给其他人。

注意 2：选择"允许编辑"（用户登录后）后你的组织中的人员可以编辑列表项的列值。未选择"允许编辑"时，你的组织中的人员可以查看项目及其列值，但他们无法编辑。

注意 3：网站管理员可以限制共享，以便只有所有者才能共享。如果网站管理员未限制与网站所有者共享，则对列表项具有编辑权限的任何人都可以通过与他人共享或复制链接与其他人共享该列表项。没有编辑权限的用户可以通过复制链接获取对列表项具有访问权限的用户可访问的链接。

## 8.8 场景案例：SharePoint 网站创建 Posts 新闻文章

### 案例背景：

为响应国家接种新冠疫苗的号召，Mary 公司的行政部门积极联系街道卫生服务中心，帮助员工预约疫苗接种及提供车辆统一接送，给员工提供方便。像这类信息 Mary 除了邮件通知、Teams 通知，她还在 SharePoint 网站上创建了 Posts 新闻文章，通过网站上的新闻让团队同事随时了解相关信息。Posts 新闻的形式多种多样，如包含图形和多种格式的通知、用户新闻、状态更新等。

### 操作方法：

第 1 步，添加新闻文章。

在团队网站中依次单击【新建】→【新闻文章】命令，如图 8-107 所示。

你也可以选择【新闻链接】命令，此功能可以获取外部不同页面或网站中的新闻，然后将其添加到团队新闻中。

图 8-107

弹出新闻文章页面后，可以选择从空白模板或已使用文本和图像布局的模板开始，Mary 选择从空白的模板开始，然后双击它或在选中模板后单击【创建帖子】按钮，如图 8-108 所示。

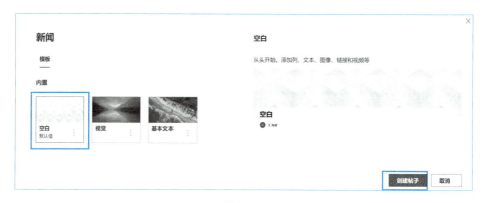

图 8-108

在创建新闻文章的界面中输入新闻标题并选择新闻的标题图像，如图 8-109 所示。

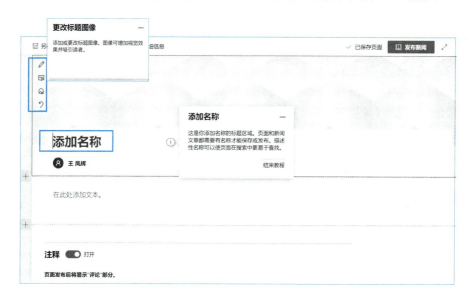

图 8-109

选择获取新闻标题图片的位置，可以是本地图片或是网络图片，并选中图片，然后单击【添加图像】命令。若要设置图片焦点，请选中焦点，然后向上或向下拖动以调整其位置，如图 8-110 所示。

若对标题布局有其他设置，单击标题编辑区的图标 ✎ 即可编辑 Web 部件，在右侧可编辑新闻标题区域，包括布局、主题标题、对齐方式、标题上方的文本、显示新闻发布日期等，如图 8-111 所示。

图 8-110

图 8-111

选择标题区域下方的任意位置，以显示分区边框和分区工具栏。选择要添加新分区的加号以添加分区并选择布局。然后在右侧的分区窗口中选择所需的列数，或者分区的背景底纹等。最后输入文本及对文字格式的处理，如图 8-112 所示。

图 8-112

在节分区下方单击带圆圈的加号以向页面添加新式 Web 部件，如文本、图像或其他多个选项之一。

例如，在新闻的下方增加一些"行动号召"，或吸引大家去单击的相关信息等，如图 8-113 所示。

图 8-113

例如，添加"行动号召"Web 部件，单击左侧的图标 ✎ 编辑 Web 部件，在右侧可编辑背景图像、按钮标签、按钮链接等，如图 8-114 所示。

图 8-114

第 2 步，完成以上操作后，单击【发布新闻】按钮即可发布，如图 8-115 所示。

若要查看团队网站上的新闻文章，则单击页面左上角的【SharePoint】命令，如图 8-116 所示，转到 SharePoint 站点起始页上查看新闻文章，如果需要看到全部新闻文章，则单击【全部查看】命令。

图 8-115

图 8-116

如果有些新闻过期或发布重复,需要删除新闻文章,请选择 SharePoint 站点左侧导航上的【页面】,这样即可看到所有的网站页面,勾选需要删除的页面,单击【删除】按钮,然后在弹出的对话框中再次单击【删除】按钮以确认删除操作,如图 8-117 所示。

图 8-117

如果你发现没有删除按钮,说明权限不足,必须从管理员处获取相应权限才能删除新闻文章。页面被删除后会自动进入 SharePoint 左侧导航的【回收站】里，如果误操作可以从【回收站】里恢复页面，如图 8-118 所示。

图 8-118

# 第 9 章　Teams：团队信息交换中心

微软官方在 2016 年 11 月 Office 发布会上正式推出了全新的 Office 系列应用 Teams，我是 2018 年初在微软的 WSPE 项目上才正式使用 Teams，当时的感觉它就是一个企业聊天、会议的工具，只是比 Skype for Business 多了点功能而已，显然我当时对 Teams 的愿景完全没有理解。随后几个月里因为微软内部员工需要 Teams Only，所有的员工必须从 Skype 迁移到 Teams 并使用，伴随着项目中培训 Teams 课程排课越来越多，"第一场讲功能，第二场悟功能，第三场想场景……"半年里我做了大量的 Teams 的学习和培训，总算把 Teams 的愿景领悟到了。后续的三年多，记不清讲了多少场的 Teams，但我很清楚地记得 2020 年 2 月至 6 月我用 Teams 直播达 77 场。现在 Teams 课程直播、会议更是常态化应用了。借这个机会感谢微软 WSPE 项目，感谢项目团队的每个人给予我的帮助！我从 2008 年开始跟随微软 WSPE 项目已有 13 年之久，这么多年的快速掌握微软最新技术也是从 WSPE 项目开始！

Teams 不仅仅是一种产品，它是 Microsoft 365 以 Teams 为核心的一个平台，更是一种新的工作方式！这种改变影响着我们每一个人（如图 9-1 所示）。

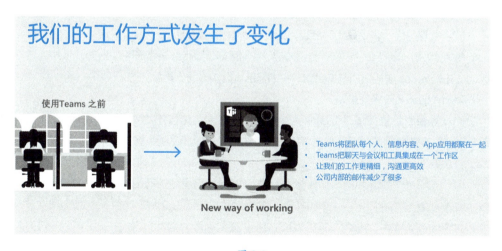

图 9-1

那 Teams 具体应用在哪些场景和应用领域呢？图 9-2 中的循环矩阵图展示了以 Teams 为中心的工作平台。为完成更多工作，Teams 集成了 Power Platform 以助力团队流程自动化，具有 1 个中心（Teams），2 个基本点（数据不搬家、工具无断点），4 个现代化（沟通、协作、（数据）应用、流程）的应用特点。

图 9-2

Teams 的第 1 应用场景如下。

（1）聊天沟通。以 Teams 为中心的工作平台，首先把团队的人聚到一起，从私人一对一聊天到公开式对话都可以通过 Teams 完成，提高了团队凝聚力。

（2）会议沟通。无论是临时会议，还是计划邀约式内外会议，或者开启一个在线会议或 Live Event 直播，以及会中记录、会议笔记、头脑风暴、涂手绘画等都可以在 Teams 中完成。除此之外，Teams 中的日历与 Outlook 中的日历可以实时同步更新。

Teams 的第 2 应用场景如下。

（1）项目跟踪协作。以 Teams 为中心的工作平台，可以集成 Planner，在线设计项目路径图，以及任务分配、团队任务跟踪管理。沟通过程中产品的数据文档集中管理都可以在 Teams 中完成。

（2）沟通协作编辑。以 Teams 为中心的工作平台，不管是在项目中的大小沟通还是在会议中发送的文档，文件内容全部集中管理。聊天发送的文档在 OneDrive 中，频道沟通发送的文档在 SharePoint 中。无论存储在哪儿的文档，在 Teams 中都可以随时找到并可以一边沟通一边编辑。

Teams 的第 3 应用场景如下。

（1）整个 LOB 应用集成。以 Teams 为中心的工作平台集成了 Microsoft 365 所有的工具及第三方工具。你可以在团队内发起 Forms 投票调查，在 Teams 内查看 Power BI 数据报表，还可以团队 Stream 视频、Yammer 企业社交、新闻稿 Sway 等。

（2）应有尽有的 Teams 资源中心。Teams 中的资源中心不仅提供了 Office 办公应用技巧视频，还有海量的 PPT 报告模板，不仅可以给用户带来更多的灵感，更是可以提高用户的工作效率。

Teams 的第 4 应用场景如下。

**团队流程自动化**。以 Teams 为中心的工作平台，无论是通过 Power Automate 对团队列表完成流程审批，还是通过 Teams 集成 PowerApps 自定义团队应用，都为零代码或低代码用户提供了很多创建空间。在 Teams 中使用 Power Virtual Agent 创建客服机器人可以解决团队常规的问题，还可以结合 Power Automate 助力团队流程自动化。

Teams 发挥了整合的力量，把人、数据、工具应用集成到一起。让员工在一个位置就可以完成几乎所有的工作，如图 9-3 所示。

图 9-3

一般国际化跨国公司一定会选择用 Teams，所有的信息集中在一个位置，这样可以数据少搬家，数据是企业的命脉，企业没有了数据就没有工作依据及决策依据。

我之前去过一家国内比较大的制药公司，3 年前这家公司购买的 Microsoft 365 世纪互联版，今年因业务调整与俄罗斯的企业合资成立公司，这样越来越多跨国会议需要使用 Teams，只好从世纪互联版迁移到国际版。

### 小贴士

在中国，微软提供两种类型的 Microsoft 365 产品，即 Microsoft 365 国际版和 Microsoft 365 世纪互联版。目前，Teams 仅适用于国际版 Microsoft 365 产品。Microsoft 365 世纪互联版用户可以选择 Skype 订阅计划。Skype 是一个非常成熟的产品但本书不做介绍。

## 9.1 Teams 把人聚在一起，组建团队完成沟通协作

使用 Teams 把团队的人聚在一个位置进行沟通和协作，可以实现团队协作共赢。如果企业策略允许，Teams 可以把企业内部和外部相关人员集中在一个位置，完成你需要的正式对话、

会议或私人聊天等，并与其他成员无缝协作。Teams 界面导航图，如图 9-4 所示。

图 9-4

### 9.1.1 开始创建一个团队

使用 Teams 的第一步就是创建或加入一个 Teams 团队。如果你是一个部门的部门经理或项目经理，可以在 Teams 上创建属于你的团队，团队规模可支持到一万人，这个数字随着 Teams 的更新可能还在变化。接下来我们开始创建团队。

**操作方法：**

第 1 步，在 Teams 应用左侧选择"加入或创建团队"。在弹出的对话框中单击【创建团队】按钮开始组建新团队，或者在输入栏中输入代码，使用代码加入团队，如图 9-5 所示。

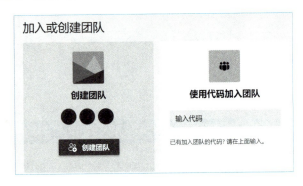

图 9-5

## 小贴士 ⏰

如果没有团队代码，则需要联系团队管理员。

公司可以限制可以创建团队的人，如果无法创建团队，可以联系公司 IT 管理员。

第 2 步，单击【创建团队】按钮后，Teams 应用提供了 3 种创建团队的方式，如图 9-6 所示。

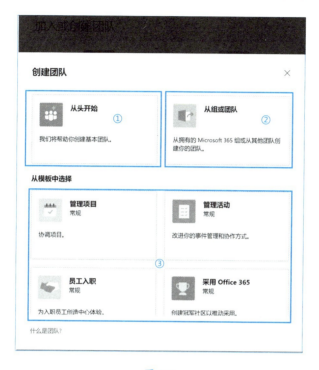

图 9-6

① 从头开始。创建一个基本团队，无论是团队成员、频道，还是业务应用这个团队都没有，需要用户自己一个个添加来组建这个团队。创建团队后系统在 Microsoft 365 后台自动创建 Office 365 组，同时自动创建一个基于同一个 Office 365 组的 SharePoint 团队网站。

② 从组或团队。该功能就是从你现有的组或团队中创建团队。它可以把现有 Office 365 组成员获取过来创建团队，省去了添加成员环节。如果原来的 Office 365 组已经拥有 SharePoint 团队站点，它们会自动关联起来。如果之前没有团队站点，此时系统会自动创建一个基于同一个 Office 365 组的 SharePoint 团队网站。

## 小贴士 ⏰

在第 8 章刚创建完成一个 SharePoint 团队网站时，在网站的左下角也可以看到在 SharePoint 网站添加实时聊天的提示，如图 9-7 所示。

图 9-7

③ 从模板中选择。Teams 提供了很多个模板,以帮助你更快的根据团队业务方向组建团队。例如,选择"采用 Office 365"模板创建,这个团队模板会自动添加 5 个频道和 2 个应用,以帮助你获得更多管理团队的业务思路,如图 9-8 所示。

图 9-8

### 9.1.2 什么时候需要创建一个频道

什么是频道?频道是在一个团队中根据特定的业务方向被分割的一个局部业务空间。团队成员在这里沟通协作关于特定业务的话题、文档、工具应用等。

单击团队后的【…】之后单击【添加频道】命令,如图 9-9 所示。

频道是向整个团队开放的公共空间(专用频道除外),每个人都可以发送文本、音频、视频、对话、文档,并添加业务应用。相关业务的同事在一个频道中工作及记录真正完成的工作内容。

创建频道的注意事项:

(1)不建议随便创建频道,应由团队管理员审批后再创建;

(2)频道的名称创建后不建议随意修改,创建前用户要商定好名称再创建,每创建一个频道,在团队后台的 SharePoint 团队网站中系统会对应创建一个文件夹,频道名称如果更改,后台的文件夹名称不会更改,名称不对应会影响团队文件的管理;

（3）专用频道是在 Team 中分割的隐私性空间，应由团队管理员审批后将特定成员加入专用频道。

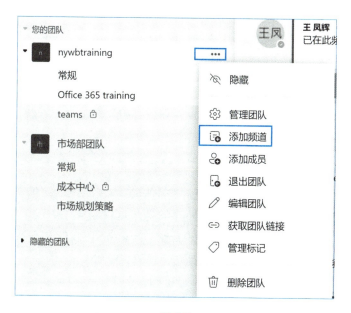

图 9-9

### 9.1.3 专用频道管理团队中的小团队

在 Teams 上 Mary 的市场部团队创建了一个专用频道"成本中心"，并进行了相关设置，如图 9-10 所示，这样在专用频道里共享的文件只有特定的几个人才可以看到并修改。该频道首先保证了这个成本数据只给特定负责人编辑查看。

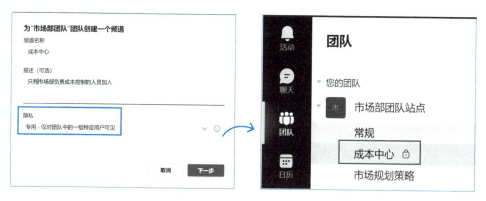

图 9-10

创建专用频道后才可以添加专用频道成员。一个人要先是团队成员，才可以被添加到专用频道中。例如，必须先添加 user01 到团队，再添加 user01 到专用频道。

### 9.1.4 添加成员，管理团队权限

Teams 团队管理包括添加成员、管理成员权限、管理频道、对团队成员分析、管理团队应用等。

单击团队后的【…】，然后单击【管理团队】命令，如图 9-11 所示。

图 9-11

第 1 步，管理团队成员。

此时，用户以团队管理员的身份进入"管理团队"对话框。可以看到第 1 个选项卡【成员】，此处可以添加成员、添加来宾、设置成员权限等，如图 9-12 所示。

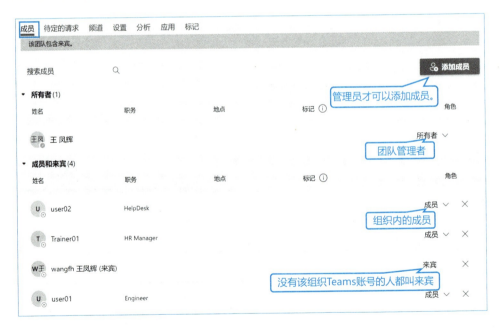

图 9-12

- 团队管理员称为所有者，只有所有者才可以添加成员。
- 添加成员后，可以把普通成员可以设置为所有者身份。
- 当别人请求加入你的团队时，请求会进入【待定的请求】标签，这只有管理员才可以看到。

- 添加成员时可以添加企业外部的来宾（取决于企业安全策略），没有该组织 Teams 账号的人添加进来后都叫来宾，如图 9-13 所示。来宾不能被设置为所有者。

图 9-13

第 2 步，管理团队频道。

单击管理团队中的【频道】选项卡，其主要是用于管理团队频道，如图 9-14 所示。

无论你是管理员还是团队成员，都可以为团队添加频道。虽然可以添加，但不建议成员随意添加频道，除非得到授权，因为创建频道后台就会占用云端资源，应该由管理员统一管理分配。

当频道很多时，你可以通过搜索频道查找需要的频道，并不是每个成员看到的频道都是一样多的。但公共频道所有成员都可以看到，专用频道除外。

如果有人误删除了频道可以通过已删除列表找到需要恢复的频道，单击【还原】命令恢复。

图 9-14

第 3 步，团队整体管理。

单击管理团队中的【设置】选项卡就可更改团队图片，其包括成员权限细化管理、来宾权限设置、查看团队代码等，如图 9-15 所示。

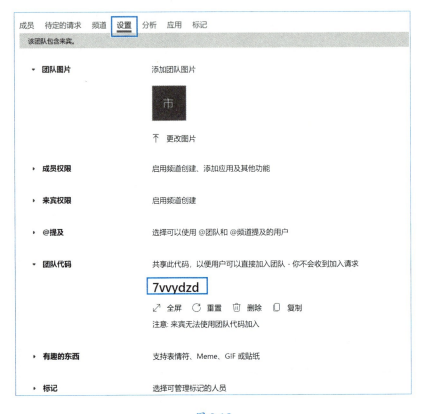

图 9-15

因为每个公司及团队的安全策略不同，所以每个团队分配给成员和来宾的权限有所变化，如果你想查看默认的 Teams 权限分配情况，可以参考表 9-1。

表 9-1

| 权　　限 | 所 有 者 | 成　　员 | 来　　宾 |
| --- | --- | --- | --- |
| 创建团队 | √ | × | × |
| 删除团队 | √ | × | × |
| 更改团队名称、描述 | √ | × | × |
| 添加频道 | √ | √ | × |
| 删除频道 | √ | √ | × |
| 添加成员 | √ | × | × |
| 添加选项卡 | √ | √ | × |

续表

| 权　　限 | 所 有 者 | 成　　员 | 来　　宾 |
|---|---|---|---|
| 频道对话，发送文档 | √ | √ | √ |
| 添加应用 | √ | √ | x |

一般企业对来宾的限制比较多，毕竟是外部的合作伙伴关系，特定的权限需求在一定情况下必须符合企业安全策略，对来宾应合法合规分配权限。

## 9.2　沟通：Teams 可完成的 4 种聊天方式

在工作中要建立有效团队，并保持团队内部的有效沟通，团队成员除了要一起沟通协作，更要彼此信任并遵守规则。当员工了解他们工作的标准时，也会更愿意在需要的时候寻求帮助，团队也会变得更有默契和生产力。Teams 为用户提供了正式和非正式、公开和私人等多种沟通方式，用户可以根据现在要沟通的话题的性质选择以什么方式沟通比较合适。下面我们举例说明什么情况下适用 Teams 的哪种聊天方式。

（1）频道团队公开沟通：跟进团队近期的工作、@ 某位成员、发送文档、发送项目变更需求等。

（2）一对一私聊：如你想问 Mary 中饭一起吃什么，或者下周一家里有点事是否可以换个班。

（3）一对多群组：跨团队团建时，两个助理及两个部门经理需要沟通细节时可以临时组织一对多的群组聊天。

无论是正式的还是非正式的沟通，只要完成你既定的目标，就是最好的沟通方式。Teams 给你准备了 3 种聊天沟通的方式。另外，非常正式的沟通还有 Teams 会议，我们将在第 9 章对其进行讲解。

团队领导者应该知道小组沟通可提高组织效率，强大的团队沟通会产生理解，而这种理解会在团队中建立强有力的关系。

### 9.2.1　频道对话：在团队频道内发帖

在团队中的每个频道里，默认的【帖子】选项卡是团队的公共聊天的地方，类似于团队的论坛，你也可以将其看作一个大型的群组聊天，有权访问频道的每个人都可以在其中查看消息。

为给团队创建业务线聊天规范，团队主管可以根据业务话题不同设立不同的频道，在准备发帖子时，先选择频道，再发帖子或回复帖子。可以在发帖时可以 @ 成员提醒其注意，还可以分享文档，直接粘贴图片、表格，发送表情、视频等，在移动设备上还可以发送音频。

下面介绍下频道对话聊天使用的技巧规范。

（1）按【Shift】+【Enter】键开始新行。

输入对话信息内容时，若需要换行，请按【Shift】+【Enter】键插入换行符，如图 9-16 所示。

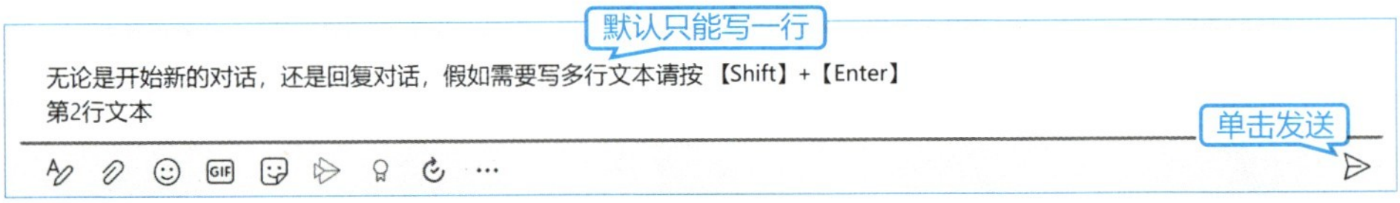

图 9-16

（2）聊天内容格式化。

若要输入格式文本，请单击设置格式图标 A。在此展开格式视图，选择要设置格式的文本，然后选择一个选项加粗或添加下画线①。除此之外，系统中还有突出显示、字号、字体颜色、列表、标记信息重要性等选项。

- 在聊天中可使用一些操作添加修改消息，以及添加图片。
- 输入消息时，按【Shift】+【Enter】键换行输入。

相关内容如图 9-17 所示。

图 9-17

（3）Channel 里的沟通方式：回复话题或新建对话。

回复话题：你的发言和前面的帖文是有关系的，你可以将对某条频道消息的答复依附于原始消息。这样一来，任何阅读者都能轻松看到完整的对话过程。这就是主题对话的优势！

新建对话：如果你的发言和前面的帖文没有关系，可以开启新建对话，如图 9-18 所示。

（4）需要引起某人或整个团队的注意。

若要在频道对话或聊天中引起某人的注意，就要 @ 提及他们。只需在他们的名字前输入 @，然后从显示的建议菜单中选择。

- 输入 @ 加频道名就是通知收藏该频道的所有用户。

---

① 软件图中"下划线"的正确写法应为"下画线"。

- 输入 @ 加团队名就是向该团队中的所有人发送消息，如图 9-19 所示。

图 9-18

图 9-19

### 9.2.2　场景案例：在多个频道中发布公告

**案例背景：**

Mary 公司以前使用的是文件服务器，部门内的成员通过访问公共盘访问部门文件。现在公司升级到 Microsoft 365 后，IT 部门在最近又把文件服务器升级了，所有以前的公共盘文件全部都可以通过 Teams 直接访问了。为了让大家知晓此事，Mary 想要发布一个公告告诉大家文件服务器新的访问方式。那么 Mary 要如何在 Teams 中发布公告呢？

**操作方法：**

第 1 步，新建对话。

选择从常规频道中发帖，单击【新建对话】按钮，在其中键入帖子处，单击文字框下的格式编辑图标，打开格式文本编辑，在新建对话下拉列表中选择消息类型为"公告"。

第 2 步，编辑公告。

输入公告的标题、副标题、正文等，单击标题右侧的图片标志更改为公告背景。

第 3 步，多频道发布公告。

公告写好后依次单击【在多个频道中发布】→【选择频道】命令，然后选择要在其中发布的频道或使用搜索功能来查找频道，无论是同一个团队还是跨团队都可以发布公告，单击【更新】按钮即可。

第 4 步，发布公告。

检查公告内容，选择多频道发布，全部检查完成后，单击【发送】按钮。

相关更改，如图 9-20 所示。

图 9-20

公告发布完成后的效果，如图 9-21 所示。

图 9-21

公告发布成功后，看到公告的人可以在帖子下方回复"收到"，也可以为公告点赞，或者表达对公告的其他态度。无论用哪种方式回复帖文该公告都会一直置顶。

## 第9章 Teams：团队信息交换中心

 **小贴士**

可以单击回复帖文，切记不要在【新建对话】里发送"收到"。因为这样别人就不知道你收到的是哪一条内容。这些在初用 Teams 的团队中经常发生。Teams 不仅仅是沟通工具，更是一种工作习惯，一种新的工作方式！

### 9.2.3 场景案例：发送邮件时抄送给频道一份

**案例背景：**

在 Teams 中你可以直接通过 Outlook 向频道发送电子邮件。Mary 在向公司同事发送端午节放假通知时发现 Outlook 通讯录里的全员不包括公司的合作伙伴，为了让项目团队的合作伙伴也知道本公司的端午节放假安排，她获取了相关合作伙伴所在的频道邮件地址，在发送邮件时抄送一份给频道邮件地址。这样来宾可以在 Teams 频道中就可以看到 Outlook 向频道发送的电子邮件。

**操作方法：**

获取电子邮件地址的方法：转到频道名称，单击【…】然后单击【获取电子邮件地址】命令，如图 9-22 所示。

图 9-22

电子邮件在频道中时，任何人都可以通过答复它开始新的对话。

 **小贴士**

如果向频道发送电子邮失败，可能有以下几个原因。

① IT 管理员未启用此功能。
② 频道对可发送电子邮件的人员做出了限制。
③ 电子邮件所含的嵌入式图像超过 50 张。
④ 电子邮件带有超过 20 个文件的附件。
⑤ 电子邮件有一个附件超过 10MB。
⑥ 与频道关联的 SharePoint 文件夹已被删除或重命名。

### 9.2.4 场景案例：把自己常用的频道固定到顶部以便及时找到

**案例背景：**

最近 Mary 在工作中发现加入的 Teams 团队越来越多，导致频道信息跟微信群一样多，使团队成员无法快速获取自己需要的信息。

**操作方法：**

在 Teams 里也有类似微信群置顶的设置，即用户可以通过 Teams 固定频道，这样固定频道始终保留在列表顶部，如图 9-23 所示。

图 9-23

若要固定频道，请转到频道名称并选择更多选项【…】，在菜单中单击【固定】命令，把频道固定到列表顶部。如果改变了主意，只需再次将频道名称选中并取消固定即可。

固定频道后，可以拖动频道调整顺序。

### 9.2.5 聊天：一对一聊天/群组聊天/会议中聊天

在 Teams 中除了频道对话聊天，Teams 左侧的导航中也专门提供了聊天功能。这里的聊天属于私人性质的聊天，你可以进行一对一单独私聊，也可以建立几个人的小范围群聊。这里的聊天不同于频道对话聊天。频道聊天属于公共公开的话题讨论，聊天则属于私人之间的对话。

下面我们专注于介绍聊天，相关内容如图 9-24 所示。

图 9-24

#### 1. 一对一聊天

当你想要与某人进行一对一交谈时，你可以主动发起一对一聊天，在聊天列表顶部单击新建聊天的图标即可创建聊天，在聊天中你可以发送包含文件、链接、表情符号、贴纸和图片的消息。

#### 2. 群组聊天

若你希望进行群组聊天，则在一对一的聊天中添加新成员加入聊天，此时一对一聊天自动变为一对多聊天。在聊天中，你可以发送包含文件、链接、表情符号、贴纸和图片的消息。

（1）聊天中可使用相关操作添加修改消息，添加图片。

（2）输入消息时，按【Shift】+【Enter】键换行输入。

#### 3. 会议中聊天

在会议中也可以发起聊天。会议中与会者不能开启麦克风，因此有问题时只能通过聊天发言。Teams 中所有的非频道会议，只要有人通过聊天发言，系统就会自动把聊天信息推送到【聊天】导航中。

如图 9-25 所示，一次课堂上我加入了客户的在线会议，会后客户把我移除聊天群，但我依然可以看到我当时的聊天内容。

图 9-25

## 9.2.6 场景案例：群组聊天组建临时团队

**案例背景：**

Mary 公司要举办"公司成立 20 周年庆典",活动涉及的部门人员比较多,有负责该项目的领导层、对内外的沟通协调员、物料采购员、内部关键的演职人员等。但因为这是一个临时性的活动,不太适合创建 Teams 团队,Mary 就在 Teams 里创建了一个聊天群组。虽然建立一个微信群也可以解决参与者的沟通、发送文件等问题,但沟通的历史记录及文件无法自动保存到云端,将来也无法给公司留下任何存档性资料。下面介绍下 Mary 是如何利用 Teams 组织这个活动及如何管理整个临时性群组的。

**操作方法：**

1. 命名群组聊天,以便轻松跟踪

Mary 把目前需要沟通的 3 个成员邀请到一个群组,将群组命名为"20 周年庆承办团队",以便明确对话的主题,如图 9-26 所示。

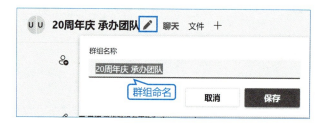

图 9-26

2. 固定最常用的群组聊天

Mary 担心 Teams 消息太多,错过群组重要消息,她把群组"20 周年庆承办团队"固定到团队的顶端。固定和微信里的置顶功能类似,是临时执行跟踪聊天的一种很好的方法。固定聊天最多可设置 15 个,当 Mary 不再需要聊天时,可以取消固定该聊天,如图 9-27 所示。

图 9-27

3. 通过群组聊天共享文件和进行通话

Mary 在群组聊天时，可以把活动涉及的文件共享到群组，群组成员也可以把自己负责的资料共享到这里，成员之间可以一起协作编辑文件。在必要的情况下可以立即呼叫整个聊天中的人员开启视频或音频聊天，如图 9-28 所示。

图 9-28

> **小贴士**
>
> Teams 群组聊天最大可以容纳 250 人，但是一旦 Teams 群组聊天中的成员超过 20 人，则系统自动关闭该群组聊天中的"视频通话"和"语音通话"功能。

4. 向对话中添加人员，可选择要包含的聊天历史记录

Mary 把一位新成员添加到群组聊天时，可以设置新成员能够查看多少对话历史记录。

如图 9-29 所示，单击"20 周年庆承办团队"群组聊天，选择 Teams 右上角向团队添加联系人的图标，并添加参与者，然后键入要聊天的人的姓名，之后选择要包含的聊天历史记录，然后单击【添加】按钮。

> **小贴士**
>
> Teams 可以保存整个聊天历史记录，直至第一条消息。如果有人离开组，其聊天回复将仍在聊天群组历史记录中。

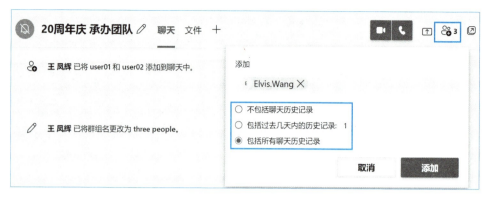

图 9-29

Mary 为公司的 20 周年庆典组建了这个临时群组，把涉及的所有内部成员聚到一起沟通协调、安排人员及共享采购文件，所有人都可以看到沟通历史及文件。庆典当天所有的照片也都可以保存在群组中，经验知识及活动流程内容全部都保存在整个 Teams 群组里面。

### 小贴士

Teams 群组聊天最大可以容纳 250 人，而且视频通话超过 20 人就不能用了，如果需要举办一个万人的团队活动，像"云年会""全球性盛宴"等大型活动建议直接申请创建 Team 团队，活动中用 Teams 群组功能和团队频道功能，几乎不用使用任何额外的技术支持，零成本打破空间的限制，完成万人连接，从而可以完成人员沟通、文档共享、视频会议、进度计划等工作，所有的信息资产、经验知识及活动的内容全部都保存在整个频道里面。新加入的同事或错失了这次活动的同事如果想学习了解相关内容，则可以在 Teams 里查看相关信息。所以 Teams 群组及频道功能的设计确实能够满足万人以上的活动需求。

## 9.3 会议：创建 Teams 会议进行沟通

新冠病毒疫情给我们的生活、工作、心灵等各个方面都造成了一定的影响，以前面对面沟通的事，很多都改为在线沟通了。面对"混合办公"新模式，近 60% 的人觉得自从改用远程办公方式后，他们与同事的联系减少了。在办公室时如果大家需要聊点事，有时候会走到跟前，或者在电梯、茶水间里几句话就聊完了。而在远程办公时每次想要和同事沟通都要通过 Teams。在某种程度上很多人会感觉这种交流更加正式，但同时沟通的压力也会更多。

在进行在线会议时你肯定遇到过静音的问题，如果不是主讲人，无论是你没有静音，还是其他成员没有静音，可能都会打扰到会议开展。除此之外，在会议过程中，尤其是远程的会议，太热闹不太好，但没人说话也不行，团队的主管在远程办公情况下与同事的联系越来越少，那么如何让大家既保持热情，又让这个热情有一定的限度？虽然人的主观能动性是主要的，但 Teams 从技术上给会议带来了一些保证，Teams 经常更新一些功能，大到改变一些用户体验,小到多一个按钮选项,大家要多留心观察,新功能无时无刻不在帮助我们减少沟通障碍,去保障远程工作的高效性。

### 9.3.1 Microsoft Teams 组织在线会议

Teams 日历里提供了 4 种会议模式,如图 9-30 所示。用户可以根据情况紧急性、会议目标有计划地安排会议。

(1)立即开会。其用于即时会议,发起人可以直接开始会议,由发起人邀请参会的人开会。例如,项目中遇到紧急事件,项目经理邀请大家开会。

(2)安排会议。其用于计划性会议,可以邀请很多人参会,同时可以预定会议室,这个与之前在 Outlook 里创建 Teams 会议差不多,用于 1 000 人以下的计划会议。

(3)网络研讨会。网络研讨会提供了组织者用于安排在线研讨会议、注册与会者、运行交互式演示文稿的功能,可以分析与会者数据,是有效跟进会议的工具。

(4)实时事件。其用于一种广播性质的会议,要邀请与会者,一般是计划性人员超过 300 人的会议,在创建 Live event 活动之后复制链接,再在日历中创建会议邀请并发送链接给被邀请人。

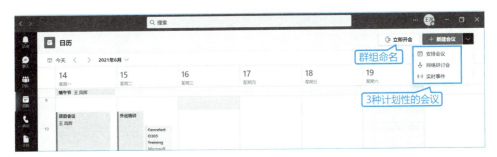

图 9-30

Mary 经常根据工作需要安排内外部的计划性会议,下面我们来看安排会议的注意事项。

(1)安排计划性会议。

Mary 想邀请客户开个项目进度会议,进入 Teams 日历后,单击右上角【新建会议】中的【安排会议】命令之后将会弹出一个日程安排对话框,如图 9-31 所示。

在日程安排表单中可以为会议指定标题、邀请人员和添加会议详细信息。使用"日程安排助理"可以查找适合每个人的时间。

(2)邀请组织外部的人员。

使用 Teams 可以邀请组织外部的人员,包括没有 Teams 许可证的人员。只要输入他们的完整电子邮件地址就能邀请他们。

(3)添频道会议。

在"时间和日期"字段下显示"添加频道"的位置输入频道名称。用户可以根据需要选择是否在频道中显示会议。会议邀请发送后,将无法再次编辑或添加频道,但可以使用更新后的频道发送新邀请。

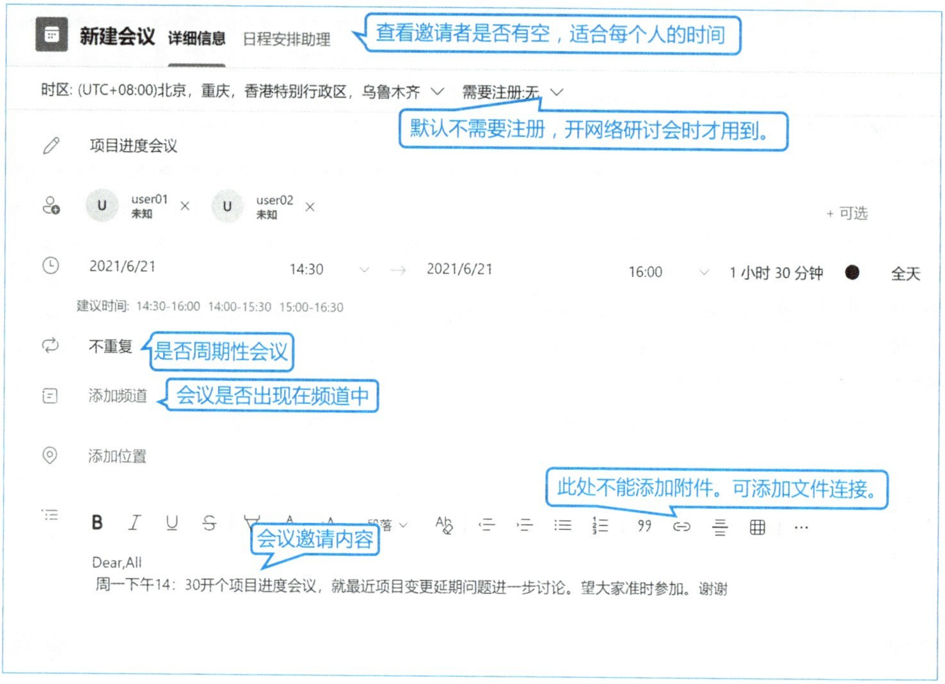

图 9-31

**（4）不能添加附件。**

需要注意的是在 Teams 中创建会议不能添加本地附件，只能提前把附件上传到云端，在会议详细信息中插入文件链接。填写完详细信息后即单击【发送】按钮。此操作将关闭日程安排表单并将发送邀请到被邀请者的 Outlook 收件箱。

> **小贴士**
>
> Teams 中最多邀请 1 000 人进行交互 Teams 聊天、音频和视频。

### 9.3.2 更改参会者的 Teams 会议权限

尽管默认参会者设置由组织 IT 管理员确定，但会议组织者可能希望为特定会议更改这些设置。组织者可以在"会议选项"界面上进行这些更改。

Mary 在发出 Teams 会议邀请后，可以重新进入会议邀请中单击【会议选项】命令。会议组织者可以更改多个不同的参与者设置。

**1. 选择谁可以绕过大厅**

作为会议组织者，其可以决定谁可以直接进入会议，以及谁应等待某人允许才能进入。

**2. 让通过电话呼叫进入的人绕过大厅**

你将在"始终允许呼叫者绕过大厅"旁边看到一个切换按钮。启用此设置后，通过电话呼入的人将加入你的会议，而无须等待某人准许他们加入。

3. 当呼叫者加入或离开时收到通知

当有人通过电话加入或离开会议时，你可能希望收到通知。默认情况下这些提醒是启用的。而通过"当呼叫者何时加入或离开时进行语音提示"旁边的开关可以更改此设置。

4. 选择谁是演示者

在会议之前或会议期间选择演示者和更改某人角色等。

5. 防止与会者取消自己静音和共享视频

为了避免在大型会议中分散注意力，你可能希望决定与会者何时可以取消静音和共享其视频。

6. 允许会议聊天

通常，参加会议邀请的用户可以在会议之前、期间和之后参与会议聊天。如果此选项已禁用，则与会者不能进行会议聊天。

如果选择"仅会议中"，会议聊天在会议之前和之后将不可用。

7. 允许回应

你可以选择用户能否可以在会议中使用实时回应。如果选择不允许，他们仍然可以举手。

### 9.3.3 参会者没有 Teams 照样参会

Mary 为主办方组织了一次国际学术会议，有很多教授平日就没有使用 Teams，Mary 担心有教授参加不了这次会议。她后来经过查询得知无论是否拥有 Teams 账号，与会者都可以随时从任何设备加入 Teams 会议。如果没有 Teams 账号，与会者可作为来宾用户加入会议。

👆 操作方法：

第 1 步，转到会议邀请，然后选择"单击此处以加入会议"，如图 9-32 所示。

图 9-32

第 2 步，完成第 1 步之后会打开一个网页，在网页中我们可以看到 3 个选项：下载 Windows 应用、在浏览器上继续、打开 Teams 应用（如图 9-33 所示）。

在与会者没有 Teams 账号时，可以选择"在浏览器上继续"加入会议，浏览器可以使用 Microsoft Edge 或 Google Chrome。随后浏览器会询问是否可以使用 Teams 和相机，请务必允许，以便其他人可以在会议中看到该与会者的头像并听到他的声音。

图 9-33

然后输入你的姓名并选择你的音频和视频设置，准备就绪后单击【立即加入】按钮即可。

第 3 步，随后你将进入 Teams 会议厅，系统会自动通知会议组织者你已经在会议厅等待，然后参加会议的某人可以准许你参加会议。

**小贴士**

在 15 分钟内如果没有人允许你参加会议，你将从大厅中被删除。如果发生这种情况，可以尝试再次加入。

### 9.3.4 Teams 网络会议应遵循的礼仪和秩序

一些商务会议是十分正式的场合，每个人都应遵循社交礼仪和秩序。新冠病毒疫情改变了我们的工作方式，一些跨国或跨地区的业务会议、集聚性会议在线召开已经成了常态化。网络视频会议同样对参会者有些要求，良好的视频会议礼仪准则可以帮助人们在工作中更好地使用视频会议。下面我们就介绍一些在 Teams 会议中应遵循的秩序，未来 Teams 中可能还会有一些新功能帮助我们保持会议制度。

1. 参会全过程的礼仪和秩序

（1）参会前：预留时间做一些会议前的准备，如视频会议中音视频调试、文档共享等。参会发言人员在进入会议时请检查好自己的麦克风，测试音频设备是否正常，避免进入会议后发现不能发言。如果你不是主持人,进入会议前先把自己静音,提前预览摄像头,选择合适的背景,避免一些不必要的麻烦,如图 9-34 所示。

当召开 4 人以上的会议时,Teams 默认设置为静音。当召开 20 人以上的会议时,会议的秩序就非常重要,尤其有很多内外部人员时,Teams 从技术上就可以屏蔽一些误操作。

(2)参会中:主持人维持会场秩序并提醒参会人遵守会议规则。

① 主持人可以管理参会人员的声音权限,如是否允许参会者开启声音;会议主持人可以掌握发言顺序,提醒发言人员合理控制时间。

图 9-34

② 参会人员不需要讲话时关闭麦克风,有问题可以举手,或把问题发送到聊天界面中。

在进行视频会议时以下行为应避免出现:

① 进行会议时突然有手机响起;

② 背景干扰,如周边的音乐、噪声;

③ 参会人员同时进行多项工作或看来不专心;

④ 参会人员在不适当场所参与会议,如公共交通工具或商场内。

对于最后一个问题"参会人员在不适当场所参与会议,如公共交通工具或商场内",想必有时很多人也是公务在身,身不由己,除了购买降噪耳机,Teams 也提供了一个降噪功能,在 Teams 的设备设置里有"噪声抑制"的选项,其中对降噪能力有不同设置。这个选项可以由大家自由控制,如图 9-35 所示。

Teams 的噪声抑制对嘈杂的声音可以起到抑制作用,完全可以满足会议需要,如图 9-36 所示。

## 2. Teams 会议可以选择合适的剧场背景

参会人员在合适的剧场模式下是一种平静而且更加趋于放松的状态。如果有很多人出现在 9 宫格画面里有的人就会高度紧张,这是因为每个人的大脑和反应是完全不一样的。

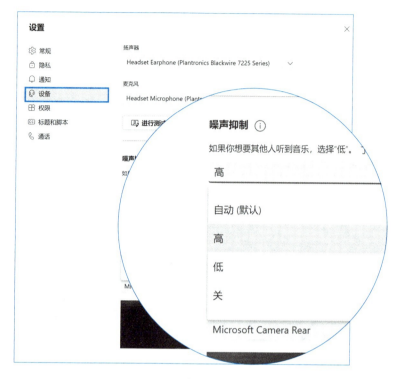

图 9-35

图 9-36

合适的场景实际上可以提升员工的使用体验,尤其是疫情期间有的公司只能远程管理,而线上团队工作人员的幸福度高了,生产力自然就高。各个场景如图 9-37 所示。

## 3. 不要吝惜你的赞赏——丰富的会议表情

如果领导在会议上安排一件事情,聊天框里会出现很多收到,这可能把重要的信息都盖掉了。

图 9-37

对于会议中的发言者而言,你的一个赞或小爱心都表达了你的认可,整个线上会议或课堂都需要这种实时的互动。你的一个动作就可能鼓励到发言者,让他也热情高涨。各种会议表情如图 9-38 所示。

图 9-38

#### 4. 锁定会议不要迟到

锁定会议类似闭门会议,需要更好的会议秩序。尤其是一些财务会议、高层董事的会议,在涉及的信息非常机密的情况下,与会者迟到了就需要主持人允许才可以进来,如图 9-39 所示。

图 9-39

### 9.3.5 录制 Teams 会议

开始录制会议时，Teams 会向 Teams 桌面、Web 和移动应用中的所有参与者及通过电话加入的人员显示通知。在召开 Teams 会议时，录制人需要依法获得每个人的权限才能进行录制。在开始之前，请确保录制经过了发言者及参会人员同意。

在允许录制的情况下，你可以录制任何 Teams 会议或通话，以捕获音频、视频或共享屏幕。录制内容将自动存储在云中，保存后，录制内容可在整个组织中安全地被共享（会议录制文件中不包括白板和共享笔记内容）。

微软官方声明称，在 2021 年第 1 季度，Teams 会议录制将不再保存到 Microsoft Stream，今后所有会议录制都将保存到 OneDrive 和 SharePoint。

开始或加入会议后，若要开始录制，请转到会议工具栏，并单击【…】，然后单击【开始录制】命令，如图 9-40 所示。这时会议中的每个人都会收到录制已开始的通知。录制的通知还会发布到聊天历史记录中，所以 Teams 录制是公开透明的。

图 9-40

若要停止录制，请转到会议控件并单击【…】，然后选择【停止录制】命令，这样录制的视频内容将保存到 SharePoint（频道会议）或 OneDrive（Outlook 邀请的会议）中。会议录制的视频显示在会议聊天中，或者显示在频道对话中（如果是频道会议）。

**小贴士**

软件无法同时多次录制同一会议。如果有人开始录制会议，该录制文件将存储在云中，并向所有参与者提供，但是来宾和外部与会者除外，来宾和外部与会者需要找到视频原有文件，再单独共享一次才可以查看。

可以开始或停止录制权限说明见表 9-2。

表 9-2

| 用 户 类 型 | 是否可以开始录制 | 是否可以停止录制 |
| --- | --- | --- |
| 会议组织者 | 是 | 是 |
| 来自同一组织的人员 | 是 | 是 |
| 来自另一个组织或公司的人员 | 否 | 否 |
| 来宾 | 否 | 否 |
| 匿名 | 否 | 否 |

**小贴士**

第一，即使开始录制的人员离开了会议，录制也会继续；

第二，每个人都离开会议后，录制自动停止；

第三，如果某人忘记离开会议，则录制将在 4 小时后自动结束；

第四，如果其中一个参与者有合规性记录策略，则即使该参与者来自另一家组织或公司，系统也会根据该策略录制会议。

## 9.3.6　场景案例：如何在会议时添加实时字幕

用 Teams 召开会议时，系统可以检测会议中发言者说的内容并呈现实时字幕。发言者字幕将包含说话人归属，因此你将不仅看到发言者所说的内容，而且还能看到谁在说。

进入会议后，发言者可以单击会议窗口中的【…】，然后单击【开启实时辅助字幕】命令，开始讲话，实时字幕将自动在所有参会人员窗口中显示，在左上角会提示"实时辅助字幕已开启（仅限英文）"，若要关闭实时字幕，则要再次单击【…】，然后单击【关闭实时辅助字幕】命令，如图 9-41 所示。

图 9-41

### 9.3.7 场景案例：在会议中开启白板共享创意

**案例背景：**

在 Teams 会议中，除了共享桌面、共享窗口、PowerPoint Live 演示时查看备注、幻灯片等，还可以共享白板。白板可以让演示者和观众在一张空白板上进行徒手绘画，就跟我们日常会议室的白板类似，大家可以借助它来表明自己的看法，尤其是现在远程的会议越来越多，大家还是要多沟通，除了说我们还可以一起徒手画、写，并且可以共享这个白板，让参会人员在舒适安全的 Teams 会议中愉快构思并进行头脑风暴。

**操作方法：**

Mary 在参与竞品分析在线会议的讨论和辩论环节时，单击 Teams 会议中的【共享】命令，然后选择【Microsoft 白板】命令，如图 9-42 所示，就将白板共享给了别人。

进入白板后，Mary 带领她的团队成员对竞品展开分析。这时候可以首先提供一些文本形式的输入，如果你觉着自己徒手画不方便就可以用文本的形式。团队成员共同写完之后，单击右上角的设置图标就可以把刚才的头脑风暴信息导出为图片，下载后该图片可以插入 PPT 或其他的报告中。默认的会议模式下白板开启了所有与会者都可以编辑的权限，也就是说我们团队的成员每个人都可以参与这个修改或参与这个头脑风暴绘画，如图 9-43 所示。

如果参会人员已经离开了会议，还可以再次进入会议查看这些白板上的讨论内容，这与我们普通的会议室白板有很大区别。在 Mary 之前的会议场景中，每日会议室的白板纸保存也比较麻烦，有的第二天就找不到，或者再过一段时间就不知道弄到哪里去了。而在 Teams 中召开的会议的记录过几个月都还在这里，这给我们之后回顾会议提供了方便。

图 9-42

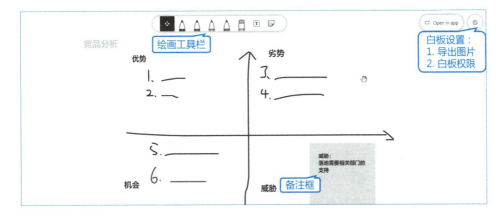

图 9-43

### 9.3.8 场景案例：一招让你多出几个分组讨论室

**案例背景：**

在大于 10 人，甚至人数达到 50 人的会议中，要想让这些人之间实现真正有意的交流互动往往很困难。Mary 曾经组织过一场课堂开放讨论，场面一度失控，最后不得不分讨论。那线上会议该如何分组讨论呢？

对此，Teams 推出了分组讨论功能。在 Teams 在线会议中创建分组讨论是将一个会议拆分成几个多人小会议，然后随机或手动把与会者划分到不同的小会议里，每个小会议是独立的一个小组，其他会议室成员不能进出，与会者加入小组后可以相互交谈，相互讨论。这个小会议室就叫分组讨论室。分组讨论室的组建过程如图 9-44 所示。那么会议组织者是如何对线上会议划分小组管理的呢？

图 9-44

**操作方法：**

1. 线上会议自动创建分组讨论室

在 Teams 会议中，会议组织者在会议窗口的顶部工具栏中单击分组讨论室的图标。一个会议组织者最多可以创建 50 个分组讨论室，会议组织者可以根据实际情况选择自动还是手动管理与会者。自动是指 Teams 按照自动的方式创建指定数量的分组讨论室，并将所有与会者平均分配到各个分组讨论室。手动则是指由会议组织者手动创建指定数量的分组讨论室，并且手动将与会者指定分配到各个分组讨论室中，如图 9-45 所示。

如果选择自动，虽然所有参会者已经被分配到不同的聊天室了，但默认新创建的聊天室处于关闭状态，要在【分组讨论室】中单击【启动会议室】按钮，从而一次性启动所有分组讨论室，如图 9-46 所示。

需要注意的是，没有被分配到人的聊天室依然是关闭状态的。会议组织者可以在分组讨论期间进入任何一个分组讨论室，只需单击某个分组讨论室名称右侧的【…】，并选择【加入会议室】命令即可，如图 9-47 所示。

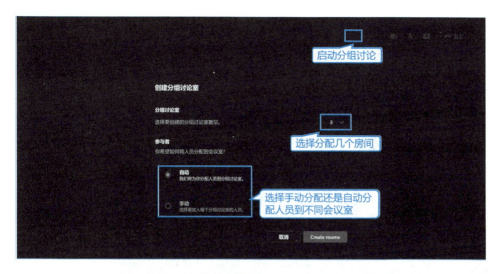

图 9-45

图 9-46

在分组讨论室中，会议组织者可进行重命名会议室、关闭其中一个会议室等操作。如果想停止分组讨论，则单击【关闭会议室】按钮就可以一次性关闭所有分组讨论室。同时，该操作也会将各位参会者拉回到当前的 Teams 会议。

2. 手动自定义管理分组讨论室

如果对自动划分的讨论小组不满意，不需要删除会议室，单击分组讨论室右侧的【…】之后单击【重新创建会议室】命令，就可以直接在当前 Teams 会议中取消当前的分组。等待几秒钟后，系统会弹出重新分组的对话框，这次选择【手动】命令进行分组，会议组织者就可以重新手动创建分组讨论室并为其分配参会者。

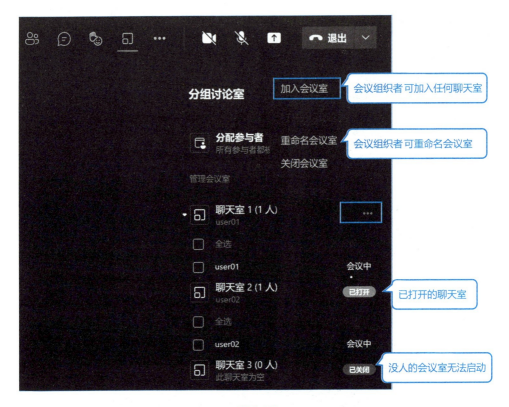

图 9-47

(1)会议室设置。

单击分组讨论室右侧的【…】之后单击【会议室设置】命令,在弹出的对话框中若"自动将参与者移动到会议室"在开启状态则表示当会议组织者启动分组讨论室时,其中的参与者将被"强制"拉入分组讨论室(在这种情况下,参与者对自己加入与否没有自主决定权);若"自动将参与者移动到会议室"在关闭状态则表示当会议组织者启动分组讨论室时,其中的参与者将被"询问"是否加入分组讨论室,参与者可以自主选择是否立即加入。如果参与者选择"稍后",则可以通过稍后单击 Teams 会议窗口顶部工具栏中的【加入会议室】按钮来加入,或者组织者再次向这位参与者发出邀请,该参与者会再次看到询问对话框,并从中选择"接受"或"拒绝"加入分组讨论室。

"参与者可返回到主会议"默认为关闭状态,表示参与者加入分组会议室之后,Teams 会议窗口上不会提供任何可供其返回主会议的控件,只能等待会组织者关闭其所属的分组会议室,才能返回主会议。若其开启则参与者可以随意返回主会议。

"设置时间限制"的功能开启后组织者可以选择参与者返回分组讨论的时间限制,定义参与者在多长时间后要自动返回主会议。以上功能的打开方法如图 9-48 所示。

第 9 章　Teams：团队信息交换中心

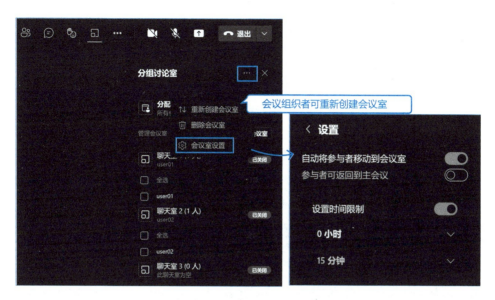

图 9-48

采用【手动】命令创建的分组讨论室不会被自动分配参会者，需要组织者展开"分配参与者"列表来手动为每个分组讨论室分配参与者，如图 9-49 所示。

图 9-49

根据讨论规则，可以单独启动某个指定的分组讨论室，组织者只需单击该分组讨论室名称右侧的【…】,并选择【打开会议室】命令即可,而不必单击总开关【启动会议室】按钮来一次性启动所有分组讨论室。

在已启动的分组会议室中,单击讨论室名称右侧的【…】,并单击【加入会议】按钮可进入分组会议室讨论。如果有人出于某种原因要中途返回主会议,则此人可以在会议窗口顶部的工具栏中单击【退出】按钮,如图 9-50 所示。同样,此人若打算回到刚才的分组会议室,则可以单击讨论室名称右侧的【…】,然后单击【加入会议室】按钮,以便重新返回原先的分组讨论室。

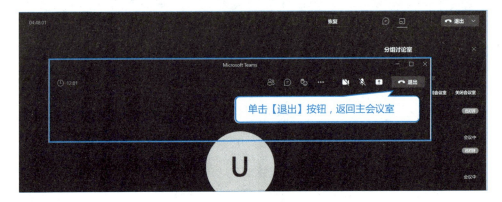

图 9-50

### 3. 向所有分组讨论室发布公告

会议组织者还可以向所有分组讨论室发布统一的公告。例如,提醒各个讨论小组将要讨论的主题,或者材料发放通知,提醒他们分组讨论还有多长时间结束等。在"分组讨论室"中,单击"分组讨论室"右侧的【…】,并单击【宣布】命令即可,如图 9-51 所示。

图 9-51

在"公告"对话框中输入要面向全体参会者发布的公告内容,并单击【发送】按钮。此时,每位参会者都会在各自的"会议聊天"对话中看到这条公告消息,如图 9-52 所示。

图 9-52

10 分钟后,会议组织者可以关闭所有会议室结束分组讨论。当所有分组讨论结束,各个分组讨论室均已被关闭之后,如果主会议也没有其他后续议程,那么会议组织者就可以结束当前的 Teams 会议。

4. 结束会议并查看各小组内容

如果你想查看在刚才的分组讨论室中输入的聊天内容、上传的文件、记录的会议笔记或在白板上徒手画出的想法等。可在 Teams 主窗口左侧的"聊天"列表里查看这些内容,如图 9-53 所示。

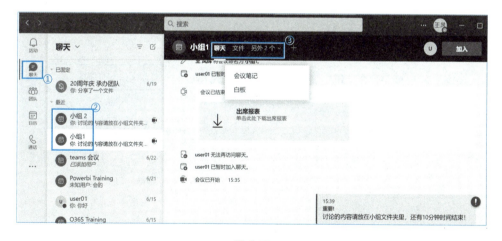

图 9-53

对于会议组织者来说,分组讨论室功能必须使用 Windows 版或 Mac 版的桌面端 Teams 应用程序;使用 Web 版或移动版 Teams 应用则无法创建分组讨论室。

### 9.3.9 场景案例：Teams 网络研讨会

**案例背景：**

Teams 提供的会议形式除了有常规会议和实时事件，还有一种会议活动不仅提供了注册报名入口这样的功能，还能在此基础上自动生成一份注册报告和出席报告，方便会前和会后统计，这就是网络研讨会。下面我们来看 Mary 是如何组织一场网络研讨会的。

**操作方法：**

1. 安排一场网络研讨会

在 Teams 的"日历"视图中单击打开【新建会议】的下拉列表，此处要选择【网络研讨会】命令，如图 9-54 所示。

图 9-54

这时会打开"新建网络研讨会"。在这里，首先要明确一个问题：观众是否必须预先注册才能加入网络研讨会？以及哪些观众必须预先注册？你可以使用【需要注册】的下拉列表来回答这个问题，"无"代表不需要，另外两个选项"用于组织中的人员"和"给所有人"都需要注册。这次我们选择"给所有人"需要预先注册，如图 9-55 所示。

图 9-55

既然确定了所有人都需要预先注册，接下来就要为他们定制一份注册表单。

2. 设置用户注册窗口

单击【查看注册表单】命令，注册表单有 4 个区域内容需要设置，如图 9-56 所示。

第9章 Teams：团队信息交换中心

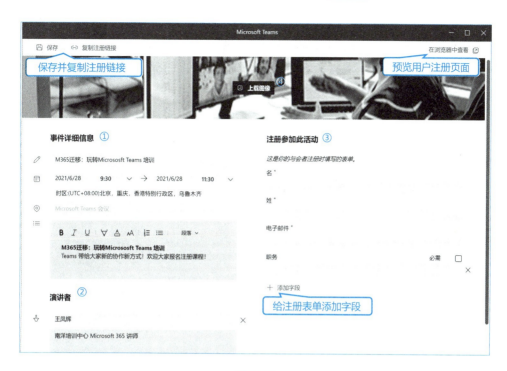

图 9-56

（1）"事件详细信息"区域。

要在该区域中给出本次网络研讨会的标题、起止时间和活动说明。需要注意的是在此处设置的开始和结束时间是对于所有观众的活动起止时间。而活动组织者和演讲者需要提前入场准备和延后离场收尾，这个时间将在你稍后返回"新建会议"界面时进行设置。

（2）"演讲者"区域。

在此处添加本次网络研讨会邀请到的各位演讲嘉宾及其个人简介。

（3）"注册参加此活动"区域。

在此处设计一个面向观众的会前调查问卷，单击【+添加字段】命令就可以添加多种类型的问题，勾选【必需】复选框则可以将其设置为必答题。

（4）"上载图像"区域。

在此处通过单击【上载图像】按钮来上传一副图像，并从中截取适用的部分，以此来作为注册表单的头图。

至此，注册表单就定制完成了，依次单击【保存】和【复制注册链接】命令，以便保存该表单并获取该表单的链接，你可以通过电子邮件、社交媒体、公司网站等渠道来公布该链接，以供观众注册本次网络研讨会。

3. 完善网络研讨会详细信息，并发送

关闭注册表单窗口，在"新建会议"窗口中填写本次网络研讨会的标题、起止时间和活动说明。需要注意的是在此处设置的开始和结束时间是对于组织者和演讲者来说的活动起止时

339

间，由于他们可能需要提前入场准备和等待观众离场后再离场，所以建议此处时间相比观众的时间要分别提前和延后（如提前和延后 15 分钟），如图 9-57 所示。

图 9-57

随着你在各种媒体渠道上公布观众注册链接，将会有观众通过你所公布的注册链接开始陆续注册，他们可以在浏览器中填写并提交注册表单，如图 9-58 所示。

图 9-58

然后，他们会在自己的收件箱中收到注册成功的邮件，其中附有参会链接，如图 9-59 所示。

图 9-59

在临近活动日期时，组织者可以在 Teams 的"日历"视图中再次打开这个网络研讨会，并下载注册统计报告，根据注册人数及问卷调查结果来有针对性地调整演讲内容，如图 9-60 所示。

### 4. 全程控制网络研讨会

在网络研讨会召开时间到来时，注册观众将通过注册成功邮件中的链接加入会议。默认情况下，观众会在会议厅中等待，直到组织者允许其加入会议。

会议的组织者和演讲者将通过 Teams 日历加入会议，当观众陆续加入会议且会议即将正式开始时，组织者可以在"参与者"界面中为所有与会者禁用麦克风和摄像头，以便让他们专心观看和倾听。

演讲者像控制普通会议一样进行演示就可以，如有需要可进行如下设置。

（1）可以启动会议录制，以便在会后将会议录制结果发布到公司网站或提交给客户，供未能参会的人员观看。

（2）演讲者可以利用基于 PowerPoint Live 的演示文稿共享功能来以演示者视图方式放映演示文稿，并进行演讲。

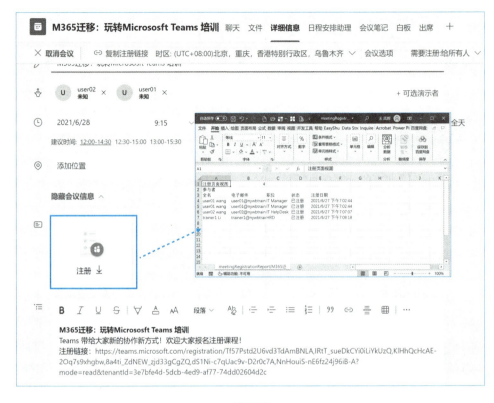

图 9-60

（3）在会议进行过程中，参与者可以在"会议聊天"界面中留言，表达自己的一些观点或疑问。

（4）会议组织者也可以通过添加应用的方式来添加"Forms 投票"功能，以发起现场投票，征求观众的反馈意见或对观众的知识吸收情况进行现场考核。

当网络研讨会结束时，需要由会议组织者结束会议，以便让会议中的所有人员统一退出会议。只有会议组织者可以看到【结束会议】这个选项，如图 9-61 所示，包括演讲者和参与者在内的其他人只能看到【退出】按钮。

图 9-61

5. 网络研讨会信息资源集中管理

当网络研讨会结束后，会议组织者和演讲者可在 Teams 的【聊天】选项卡中看到本次会议的相关资源，如聊天内容、会议录制内容、投票结果及出席报表。在【文件】、【会议笔记】和【白板】选项卡中可以获取会议期间共享的文件、会议笔记和白板涂鸦。网络研讨会还专门提供了【出席】选项卡，为会议组织者提供了一种直观了解人们出席情况的视图，如图9-62所示。

图 9-62

### 9.3.10 Teams 的各种会议类型区别及应用场景

Teams 里提供了立即开会、频道会议、常规会议三种会议，他们之间只是时效性和开会的位置及人员范围有些区别，但总的来说都属于常规会议。正式来说 Teams 一共提供了三种会议类型，即常规会议、网络研讨会和实时事件，它们之间的共同点和不同点见表9-3。

表 9-3

| 功　　能 | 常 规 会 议 | 网络研讨会 | 实 时 事 件 |
| --- | --- | --- | --- |
| 最大参与者人数 | 1 000 | 10 000 | 10 000 |
| 内置注册表单 | 无 | 有 | 无 |
| 使用视频和音频 | 可以 | 可以 | 可以，仅限演示者使用 |
| 共享内容 | 可以 | 可以 | 可以，仅限演示者和创建者使用 |
| 静音参与者 | 可以 | 可以 | 可以，由创建者控制演示者何时发言；与会者仅可收听 |
| 移除参与者 | 可以 | 可以 | 不可以 |

续表

| 功　能 | 常规会议 | 网络研讨会 | 实时事件 |
|---|---|---|---|
| 批准等待大厅中的人员进入会议 | 可以 | 可以 | 不可以 |
| 更改参与者角色 | 可以 | 可以 | 可以 |
| 录制会议 | 可以 | 可以 | 可以 |
| 使用聊天沟通 | 可以 | 可以 | 仅可使用问答功能聊天（若已启用） |
| 邀请来宾 | 可以 | 可以，取决于组织者对"需要注册"选所有人 | 可以，通过共享事件链接，来宾无须身份验证 |

注释：
① 常规会议：最大容量为 1 000 人。
② 网络研讨会：最大容量 10 000 人。当参与者小于 1 000 人时，参与者可以实现交互。但当参与者大于 1 000 人时，自动转换为仅供查看模式（在疫情期间，仅供查看模式可实现最多 20 000 名参与者的直播功能，官方说有效期到 2021 年底）。
③ 实时事件：最大容量 10 000 人。直至 2021 年 6 月 30 日，实时事件的临时最大容量为 20 000 人，并可以通过 Microsoft 365 辅助计划扩容为 100 000 人

根据表 9-2 我们可以知道企业级别的会议只要是允许参与者参与沟通都可以使用 Teams 网络研讨会，因为它独有的注册表单与加入会议过程之间实现了无缝集成，从注册到参会，一气呵成，给参与者带来了更加平滑无缝的参会体验。实时事件更适合国际会议，Teams 实时事件直播配合 PPT 演示实时翻译的多国语言字幕可以完美实现广播。

## 9.4 通话：用 Teams 拨打电话及语音留言

在 Teams 中通话是一种快速高效的呼叫方式，单击 Teams 左侧导航中的【通话】按钮可以设置快速拨号、添加或删除联系人、查看通话记录和语音邮件，如图 9-63 所示。

如果公司的电话系统已集成到 Teams，你可以从拨号盘输入要联系的联系人的号码。若要进行群组通话，请在拨号盘中输入多个号码，然后单击【呼叫 】通话按钮，如图 9-63 所示。

如果公司的电话系统没有与 Teams 集成，你依然可以与 Teams 用户拨打网络电话。通过 Teams 呼叫对方时，对方如果一直没有接听时，Teams 将自动转接至语音信箱，当你听到嘀声后就可以留言了，如图 9-64 所示。

Teams 会自动把留言音频存储在语音邮箱里，当你需要时可以随时查看和管理这些留言，如图 9-65 所示。

第9章 Teams：团队信息交换中心

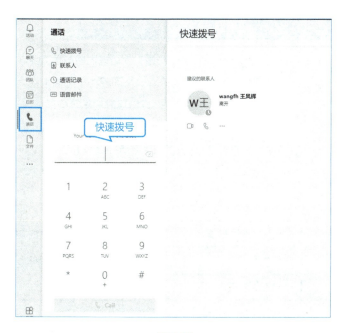

图 9-63

图 9-64

图 9-65

## 9.5 协作：Teams 团队协作文档集中管理

无论是在 Teams Chat 中聊天还是在频道中对话，都可以直接与他人完成文档集中管理及对在 Teams 中分享的文档进行查看、编辑或再分享。从而解决了邮件附件大小受限，U 盘复制文件有传播病毒风险，搭设公司服务器需要硬件环境且高成本等问题。在 Teams 里实时与团队成员协作编辑，可以确保每位成员用同一个版本进行内容更新，团队有方便、稳定、安全的文件共享系统，可以更好地完成团队协作共享。如表 9-4 所示，在 Teams 中不同的聊天方式在聊天时发送的文档存储位置不同。不同位置中的文档对应权限也是不同的。

表 9-4

| 方 式 | 对 话 方 式 | 聊天时发送的文档 |
| --- | --- | --- |
| 团队公开聊 | 频道对话 | 存放在 SharePoint 团队网站上 |
| 1 对 1 的私聊 | Chat 私人聊天 | 存放在私人的 OneDrive 上 |
| 1 对多的群组聊 | Chat 建立群组聊天 | 存放在私人的 OneDrive 上 |

### 9.5.1 Chat 聊天里协同编辑与 OneDrive 的秘密

#### 1. 文档存储位置与权限

在 Chat 的所有对话中传送的文档都集中在【文件】标签里，而【文件】标签中的文档自动存放在发起人的 OneDrive 中，如图 9-66 所示。默认文档就是与聊天对象共享的编辑权限（聊天对象访客除外）。如果 Chat 聊天对象是外部访客，他是不能打开该文件的，默认 OneDrive 不会给访客设置共享权限。如果访客需要查看编辑该文件则要转到 OneDrive 中，给文档专门设置共享特定用户。

如果你需要在 Teams 里与组织内的其他人同时编辑文档，在 Teams 聊天时直接发送文档后单击文件，将在 Teams 中打开文件，你可以随时沟通随时修改，它支持多人同时修改，如图 9-67 所示。

#### 2. OneDrive 自动保存历史版本

在 Teams 编辑后，后台的 OneDrive 会自动对多人的修改保留多个版本，以供人们随时查看比较，如图 9-68 所示。如果要看文档版本，请转到网页版 OneDrive 中查看。

#### 3. 更改共享文档权限

如果想收回在 Teams 中共享给别人的文档的文档权限，也需要转到网页版 OneDrive 中修改文档权限。可参考 7.3.2 节，更改或停止共享文档权限。

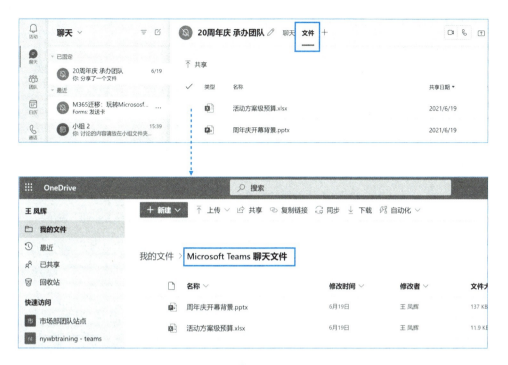

图 9-66

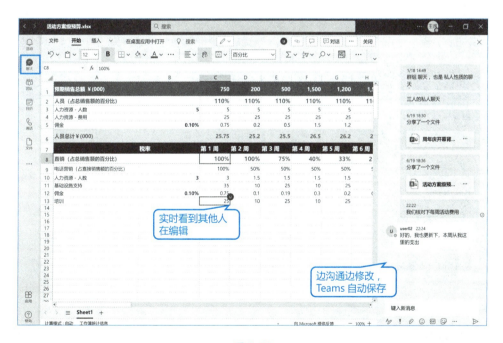

图 9-67

图 9-68

### 4. 在 OneDrive 回收站中能找到误删的文件

如果在 Teams 中访问 OneDrive 时误删了文档，文档将自动放到 OneDrive 回收站里，你需要登录到网页版 OneDrive 中恢复，如图 9-69 所示。

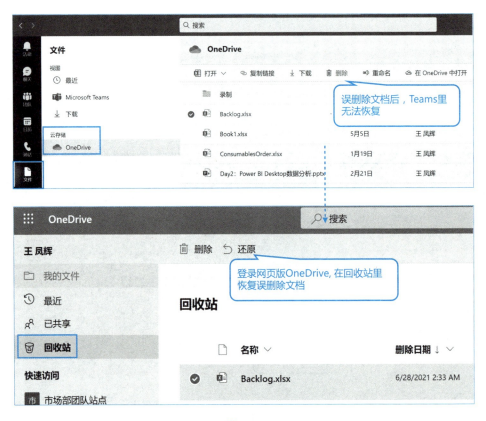

图 9-69

> **小贴士**
>
> Chat 群组聊天与 Chat 一对一聊天发送文档的权限是一样的。

### 9.5.2 Teams 频道里协同编辑与 SharePoint 的秘密

Teams 中的沟通少不了文档协作共享，那么我们在 Teams 团队频道中发送的文档后台保存在哪儿？团队成员在 Teams 里编辑文档后，如何查找文档版本呢？在 Teams 中有人更改共享文档我如何知道呢？

#### 1. Teams 频道对应的 SharePoint 文件夹

在 Teams 频道中，【文件】标签下的文档后台存储在 SharePoint 文档库里，SharePoint 给 Teams 文件集中管理及共享提供了方便、稳定、安全的文件共享系统，以确保每个团队成员查看文件时是统一的最新版本，每位成员用同一个版本进行内容更新。在没有使用 Teams 之前，团队成员需要通过网页登录 SharePoint 网站再访问团队的共享文档，再进行协作编辑。总之，SharePoint 网站将你和你的团队与每天所共享的内容、信息和应用连接起来。

单击频道中的【文件】标签，再单击【在 SharePoint 中打开】命令，随后系统会自动在浏览器中打开团队对应的 SharePoint 网站，如图 9-70 所示。

图 9-70

在 Teams 中创建频道时，在 SharePoint 的文档中可以看到与频道名称相同的文件夹，人们可以在该文件夹中管理每个频道中的各项文档，如图 9-71 所示。

Teams 频道中的文件一旦误删除，文档同样会自动放到 SharePoint 的回收站里。若想恢复则需要到频道对应的 SharePoint 站点中打开回收站恢复文件。而在回收站中删除文件后，还可以在 SharePoint 网站的二级回收站中恢复文件。

#### 2. Teams 成员与 SharePoint 站点是同一个 Office 365 组

Teams 成员与 SharePoint 站点共有一个 Office 365 组，创建 Team 时我们可以选择创建一个 Office 365 组，同时自动创建 SharePoint 站点；反之，创建 SharePoint 站点时系统也会自动创建一个 Office 365 组，此组可以用于创建 Teams 团队。在 Teams 团队中删除成员时，对应的 SharePoint 站点也会删除该成员。除了 Teams 与 SharePoint 站点共用一个 Office 365 组，像 Microsoft 365 其他应用，以及 Planner、Forms、Stream 等也是共用一个 Office

365 组，如图 9-72 所示。不过管理员可以对每个 Apps 中成员的权限进行更改。

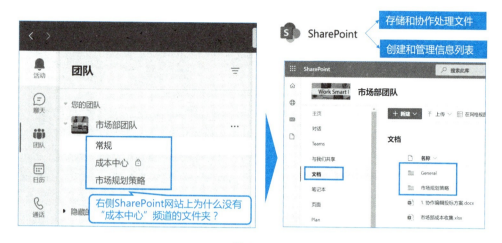

图 9-71

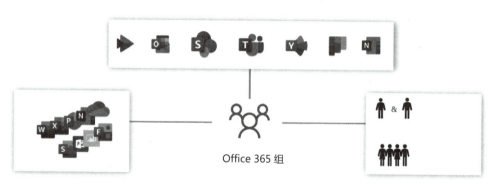

图 9-72

3. 专用频道区别于普通频道，拥有独立的 SharePoint 网站

这里就回答了图 9-71 中的问题，SharePoint 网站上为什么没有"成本中心"频道对应的文件夹？因为，在 Teams 里常规频道和专用频道不同，专用频道拥有独立的 SharePoint 网站。

原理是在创建专用频道时，系统会自动创建一个独立的 SharePoint 子网站，它是挂靠在父团队网站下的子网站。子网站与父团队网站的结构差不多，但它只是一个拥有专用频道的几个人访问的网站。

在 Teams 里单击"成本中心"专用频道，再单击频道中的【文件】标签，之后再单击【在 SharePoint 中打开】命令，随后系统在浏览器中自动打开专用频道对应的 SharePoint 网站。用户通过专用频道单击【父团队】标签可导航到父团队网站，如图 9-73 所示。

因为权限问题，从专用频道的子网站可以转到父团队网站，但在父团队网站中是无法查看专用频道子网站的，并且用户在父团队网站无法一键跳转到专用频道的子网站上。

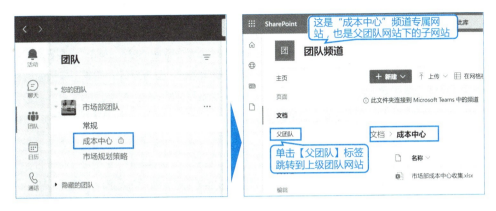

图 9-73

### 9.5.3 场景案例：频道里的文件默认共享，查看版本记录

**案例背景：**

在 Teams 团队中，频道里的文件默认是共享给团队全员的，包括所有者、成员、访客等身份。你可以随时在 Teams 里与团队内的其他人协同编辑文档，团队成员很多时该如何记录每个人修改的版本呢？

**操作方法：**

在 Teams 中可以协作编辑，但不能查看文档的历史版本，你需要到导航到 SharePoint 团队网站中，右击文件，或者单击勾选文件后，单击工具栏中的【…】就可以看到【版本历史记录】命令，如图 9-74 所示。

图 9-74

### 9.5.4 场景案例：团队文档更改，系统自动发送变更通知

在 Teams 团队中，频道里的文件默认共享给团队全员，包括所有者、成员、访客等身份。这意味着团队里的成员都可以打开编辑文档，大家彼此信任，遵守规则。如果不是因为工作需要大家可以查看，但不要更改。但如果想知道是否有人更改了你比较关注的文档，你可以订阅文档变更通知。目前 Teams 团队里没有这项功能，要导航到 SharePoint 订阅通知，具体操作详见 8.2.7 节。

SharePoint 一直有订阅文档变更通知这个功能，但很多人不知道要去订阅。而有的人是觉得邮件里太多通知很麻烦，并且太多通知邮件偶尔会导致你错过重要邮件。因此你不必订阅所有的文档变更通知，建议你根据自己的需要订阅少数几个文档的变更通知。

在一家公司的销售团队曾经发生过一件这样的事。同一个产品销售部团队的 A、B 两位销售员报给客户的价格不一样，客户最后找到销售团队的主管理论。大家都知道产品价格的统一性是多么重要，可是为什么会发生这样的事情呢？

原来负责产品价格更新的 C 同事在某次会议后，立即在 Teams 中更新了产品价格。但 C 同事认为文档本来就是共享的，并且每个人都参加了产品价格更新会议，所以 C 同事并没有再次发邮件通知大家产品价格更新。这时有客户问起价格，B 同事记得更改过的价格，所以他直接将最新报价发给了客户。但 A 同事当时因为有其他事情没参加产品价格更新会议，而且她也没主动去 Teams 中看产品价格更新了没有，就直接把手上的老报价发给了客户。因此后来发生了上边的事情。

为了避免类似的事情发生你可以根据 8.2.7 节介绍的操作去订阅关注的文档。

SharePoint 文档发生更改后系统会自动推送一份更改通知给你，你也可以帮助别人订阅，这并不需要更改者主动发送请求。

## 9.6 连接工具：Planner 跟踪管理团队计划

Planner 以一种简单直观的方式组织团队并协同处理项目可以使我们轻松应对团队规划、组织和分配任务、共享文件、讨论进行中的工作等，并可以让管理者随时随地在任何设备上跟踪团队任务进度。在微软的项目管理工具里还有一个 Project，Project 主要用于管理比较复杂的项目，像进度管理、资源管理、成本管里、跟踪报告等。但是很多时候我们的项目不会有那么复杂，需要管理的内容也没有那么多，简单规划项目分解、分配任务、跟踪进度等就可以了，这种情况下 Planner 是最合适的工具。相关介绍及展示如图 9-75 和图 9-76 所示。

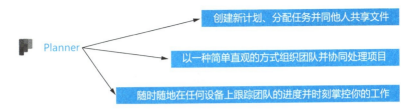

图 9-75

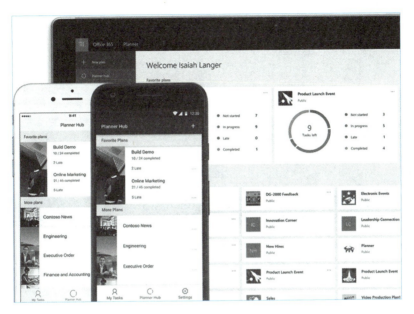

图 9-76

### 9.6.1 什么是 Planner

Planner 是 Microsoft 365 订阅产品的一部分，使用 Planner 可以让你的团队轻松创建新计划、分配任务并同他人共享文件，以讨论进行中的工作，并随时获取进度更新。在 Microsoft 365 主页可以直接导航到 Planner，如图 9-77 所示。

在 Planner 网页端可以单击【Planner 中心】标签进行查看，团队内的所有 Planner 计划都在这里，你可以根据需要收藏关注的计划。单击计划就可以对它进行管理。

如果你需要新建计划，请单击【新建计划】命令，然后新建待办事项，再将相关事项分配给不同的团队成员。在【我的任务】中可看到团队管理员分配给你的任务。如果你的任务完成后，可以单击任务更改任务状态。

在 Planner 中心单击创建好的计划，进入计划可以查看、编辑状态，单击【…】可以查看"MD 成本控制"的更多内容，在 Planner 中成员之间可以对话，并且可以查看成员、共享文件、共享计划笔记本及 SharePoint 站点等。除此之外，它还可以把计划添加到收藏夹，复制一个新计划，将计划导出到 Excel，复制计划链接，设置计划，如图 9-78 所示。

图 9-77

图 9-78

单击 Planner 计划的【计划设置】命令，你可以查看到【常规】、【群组】、【通知】三个标签对计划的整体设置，如图 9-79 所示。

① 在【常规】标签下你可以更改计划的背景。

② 在【群组】标签下你可以更改计划的名称及隐私权限。

③ 在【通知】标签下你可以针对计划中任务分配的人员、过期的任务等发送邮件通知。

工作中团队的协作无处不在，Teams 已把团队的成员沟通对话功能、文档共享功能整合到一起，它还可以集成 Planner 为团队分配项目任务，管理、跟踪任务。

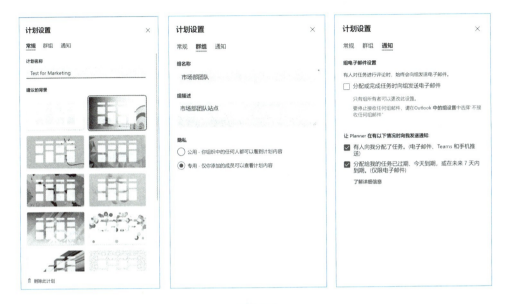

图 9-79

### 9.6.2 场景案例：Planner 跟踪团队计划必要的"仪式"

很多人觉得 Planner 用起来很简单，感受不到 Planner 在团队管理和跟踪中的意义。而站在团队管理者的角度我们就会慢慢探索到 Planner 在团队管理中的轻便和强大。

**案例背景：**

一家企业的老板 Jackson（化名）就带领他的团队将 Planner 用到了极致，这也是我在给别人讲解 Planner 使用方法时经常想起的一个团队。

他带领团队不仅用好了 Planner，并开发了一套以 Teams 和 Planner 为基础的管理系统。

Jackson 对使用 Planner 提出了 3 点提醒。

首先，与要合作的人一起创建团队，一个高效的团队应由 5 到 12 人组成。

其次，为了促进团队成员内部积极合作、透明管理，你需要确保讨论信息的机密性及每个人的心理安全，要彼此信任、遵守规则。

最后，要确保将 Planner 放在正确的频道上，让每个团队成员或子团队成员都可以访问，并让团队成员清楚了解项目的进度及状态。最开始建议使用【常规】频道创建 Planner 可视化面板，如有必要也可以放在【专用】频道上。

## 操作方法：

### 1. 准备开始使用 Planner

在 Teams 中单击团队名称，再单击频道名称，单击右上角的加号，再在弹出的"添加选项卡"对话框里选择"Tasks 由 Planner 和微软待办提供支持"，如图 9-80 所示。

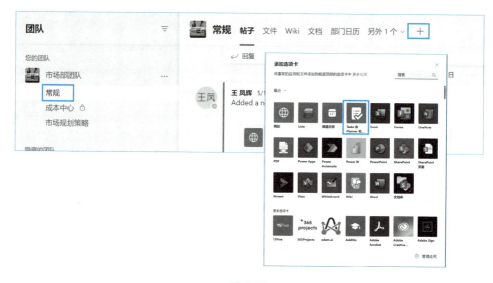

图 9-80

接下来弹出的对话框如图 9-81 所示。你有两个选项，可以选择"创建新计划"，或者选择"使用来自此团队的现有计划"。如果你之前没有在网页版 Planner 中创建过计划，在此要选择"创建新计划"，然后单击【保存】按钮。

图 9-81

在【常规】频道里已创建了一个名为"Test for Marketing"的新标签,在创建任何任务之前,先保证你在【按存储桶分组】的视图中,因为 Jackson 建议要先创建"存储桶",他建议使用 5 个"存储桶",即 List of actions/projects(行动/项目列表)、TODO(待办事项)、Doing(正在做)、Done(完成)、Obstacles(障碍),并把它们按从左到右的顺序排列,如图 9-82 所示。

图 9-82

在图 9-82 中②的位置,不仅可以按"存储桶"分组,还可以按照"已分配至""进度""截止日期""标签""优先级"等分组,其中对按"标签"分组的意义 Jackson 也有自己的看法,他把标签定义为和市场部业务有交集的部门及任务的会议决议分类等,如图 9-83 所示。

图 9-83

2. 创建任务计划并分配管理

Jackson 在 Teams 中发布消息,告知"Test for Marketing"团队任务面板已创建完成,然后邀请团队成员发挥主人翁的精神把团队项目中的任务列出来。创建任务时尽量做到详细，如图 9-84 所示。

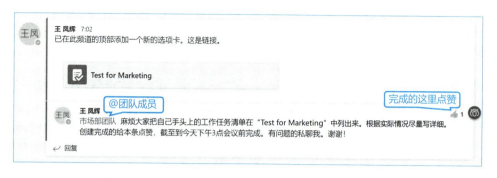

图 9-84

团队成员收到消息后，转到"Test for Marketing"面板，单击【按存储桶分组】命令，再单击【添加任务】按钮，输入任务名称、自己估计的截止日期、分配给谁等内容，再单击【添加任务】按钮。此时一个非常简单的任务就出现在列表里。如果要详细补充任务信息就单击任务名称，这时就会弹出该任务的详细信息编辑页面。

在"任务 1"的详细信息页面里，你可以更改任务名称、更改分配的人员、添加任务标签、设置任务优先级、添加备注、添加任务清单列表，还可以给任务添加附件（文档，邮件等）及个人对当前任务的评价或遇到的困难，如图 9-85 所示。

图 9-85

当所有参与者记录完自己负责的任务后，Jackson 通过"Test for Marketing"面板可以看到所有记录的任务列表，并通过 Teams 帖文的点赞人数知道还有多少人没有完成任务的记录。

如果是一个全新的项目，创建任务的工作可以由项目经理完成，任务详细信息可以由项目经理和团队成员共同完成。

如果项目进度中有新的任务，管理者可以创建任务，并分配给相应的成员。分配后系统会自动给相应成员发送一封邮件通知。当任务已过期或在未来 7 天内到期，系统也会发邮件给任务分配的成员。

项目会议上，项目管理及团队成员连接到会议后，项目经理会快速介绍项目，如果是一个新项目，Jackson 会启动一个"Planner 站立式会议"，开展项目的破冰计划。

会议流程如下。

（1）检查团队必须实现的项目任务。

（2）逐个检查任务，先把项目任务清单列出来，并估计每个任务清单的截止日期。

（3）任务一旦分配给成员后（也就是有人领走了这个任务），该任务所有者就手动将任务拖曳到"TODO 存储桶"（只能在会议上拖曳并更改任务状态，其他任何时候都不可以更改）。

（4）借助按优先级设置的"存储桶"，我们可根据任务的实际状态、紧急程度将任务从一个"存储桶"移动到另一个"存储桶"（只能是任务所有者移动，且只能在"Planner 站立会议"上移动），如图 9-86 所示。

（5）使用依赖关系重新组合任务，此时补充任务的详尽信息，并确保每个人都同意该任务的分配状况，直到所有的任务分配及补充信息完善后，解散会议。

图 9-86

"Planner 站立式会议"指项目管理者讲到某成员的任务时，二人都站立起来，其他人继续坐着听会议，对任务展开讨论沟通，直到把所有的任务信息补充完整，如果是线上会议，任务会议上必须开启摄像头完成站立式计划，如图 9-87 所示。

图 9-87

后来，这个通过"Planner 站立式会议"在 Teams 中管理团队项目的方案被推广给了很多客户，他们有的在此基础上做了调整更改，但大方向仍没有变。大多数人认为这是受疫情的影响，远程会议增多，团队之间面对面的沟通变得少了，从而让有仪式感的线上会议变得越来越有趣味。

### 3. 跟踪项目进度计划，共享计划文档

"Planner 站立式会议"并不只是在项目第一次分配任务时才有，后续每周的会议上团队管理者都可以利用"Planner 站立式会议"模式跟踪团队任务的进度。

每次周会时，检查到某个任务时，任务负责人会根据自己的实际情况介绍任务的进度，并一定是在所有人都在场的情况下，更改任务进度及标记任务状态。

例如，在"Planner 站立式会议"上，user01 介绍了本周项目的进度，进度状态更改为正在进行中，本任务清单已完成前两个，将这两个任务勾选标记为完成，并添加了自己对任务的评论，如图 9-88 所示。

"Planner 站立式会议"有点像老师请学生回答问题，有一定的仪式感，就我本人而言，当站立起来时思路比坐着时更清晰。如果你觉得"Planner 站立式会议"太烦琐，你也可以做个简单粗暴的项目经理，但有仪式感的团队必定是幸福的，毕竟是公开透明的，任务在所有人都在场的情况下合理分配。

### 4. 查看项目状态报告

在项目会议上，团队成员可以通过单击【图表】命令查看任务状态，如图 9-89 所示。

① 状态：展示有多少任务已完成，有多少任务正在进行中，有多少任务还未开始，有多少延迟的任务等。

② 存储桶：从中可以看出整个项目划分了几个存储桶，每个存储桶有多少个任务及其进度状态。

③ 优先级：可以看出整个项目任务中紧急的任务有多少个，中等的任务有多少个。

④ 成员：看到每个成员的任务工作量情况，及其任务完成的情况。

图 9-88

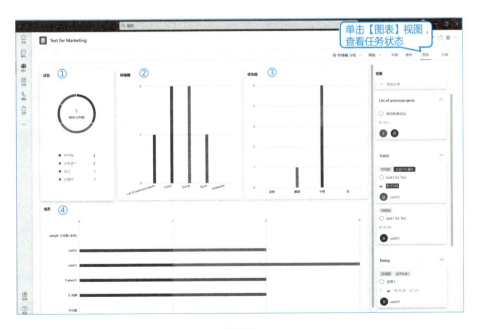

图 9-89

(1)查看每个人的空闲程度并分配任务。

在图 9-89 所示的界面中,管理者可以通过右侧的"任务"列查找空闲的团队成员,然后为其分配任务。

在"成员"中可以查找任务分配量最少的团队成员,再依次单击【分组依据】→【分配对象】命令,这样在列表的最前面会显示未分配的任务。

选择成员,然后将选定的未分配任务拖动到团队成员上,以创建分配,如图 9-90 所示。

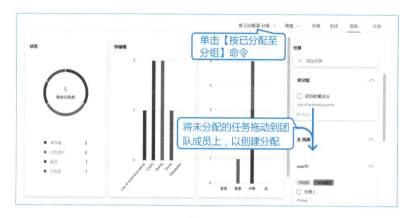

图 9-90

(2)通过【版块】命令查看每个人的状态。

通过【版块】命令可以查看所有任务,以查看每个人的进度并平衡其工作量。

依次单击【版块】→【分组依据】→【按已分配至分组】命令来分配对象视图。管理者可以查看任务名下方的存储桶名称,以便按优先级平衡工作,并且可以通过拖放任务更改分配这些任务的人员,如图 9-91 所示。

图 9-91

另外，管理者可以根据不同条件筛选查看任务状态、人员状态，根据列表视图查看项目所有任务，根据日历视图查看项目所有任务。

### 9.6.3 场景案例：在 Teams 专用频道中添加 Planner 计划

**案例背景：**

Mary 所在的成本中心虽然属于市场部的一个分支，但因为产品成本比较重要，所以她在 Teams 中创建了专用频道"成本中心"，但她发现专用频道是无法添加 Planner 应用的，现在只好用 Website 的方法来变通应用。

**操作方法：**

第 1 步，你只能在网页版的 Planner 应用中，先为专用频道创建一个 Planner 计划，也可以用现有的计划复制一个新的成本计划（就是必须先有一个计划）。

第 2 步，可以先转到网页版 Planner 中，单击【Planner】命令之后单击更多内容选项【…】，最后单击【复制计划链接】命令，Planner 计划链接就自动复制到剪贴板，如图 9-92 所示。

图 9-92

第 3 步，在 Teams 专用频道里增加网站。

转到 Teams 中，通过单击加号，并在弹出的"添加选项卡"对话框中，选择【网站】命令，如图 9-93 所示。

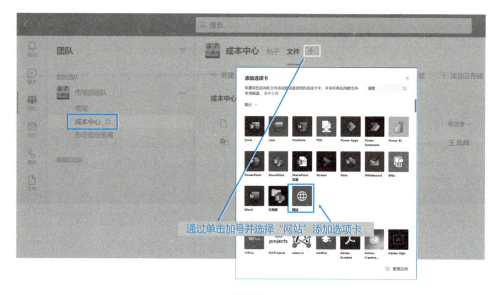

图 9-93

在弹出的对话框中输入选项卡名称,然后将前面第 2 步复制的 Planner 计划链接粘贴进去,并单击【保存】按钮,如图 9-94 所示。

图 9-94

第 4 步,因为是将网站添加到 Teams 里,所以第一次查看 Planner 计划需要登录,以验证账号密码,验证过后的操作就和 Web 端 Planner 的操作一样了,如图 9-95 所示。

图 9-95

## 9.6.4 在 Teams 的左侧导航中添加 Planner 查看我的任务

对于大多数终端用户来说，安排计划不是工作的内容，只要按照领导的吩咐执行就够了，此时你可以在 Teams 的左侧导航中添加 Planner 开始自己的工作。

单击左侧导航栏中的【…】，在搜索框中输入"Planner"，搜索到【Tasks 由 Planner 和微软待办提供支持】命令之后单击它，在弹出的对话框中直接单击【添加】按钮，但不要添加到团队，如图 9-96 所示。

图 9-96

添加完成后，在左侧的导航中可以看到【由 Planner 和微软待办提供支持的 Tasks】命令，在【已分配给我】的列表里直接列出了相关任务，如图 9-97 所示。

图 9-97

通过这些操作，Planner 已经把任务清单都列好了，抓紧完成任务吧！

### 9.6.5 在移动设备上使用 Planner

在移动设备上使用 Planner 和在计算机及网页上的使用方法一样，用户可以创建新计划、分配任务并同他人共享文件，以一种简单直观的方式组织团队并协同处理项目。在 Teams 里你可以与他人保持联系，确保进度相同。管理者可以随时随地在任何设备上跟踪团队的进度。

如果需要下载 Planner 应用，iOS 系统的移动设备可以直接在 App Store 中下载，但 Android 系统的移动设备则不能直接搜索下载。除此之外，你可以在网页版 Planner 上直接获取 iOS 和 Android 版本的 Planner 应用，如图 9-98 所示。

图 9-98

### 1. 在 iOS 版 Planner 应用的注意事项

拥有 Microsoft 365 企业或学校订阅的人员可以使用 iOS 版 Planner。其可以执行大多数网页版 Planner 可执行的操作，但外观和感觉略有不同。遗憾的是，Microsoft 365 个人版或政府版订阅不能使用 Planner。拥有 iPhone、iPad 和 iPod Touch 的用户可在任何使用 iOS 9.0 或更高版本 iOS 系统的设备上使用 iOS 版 Planner。但在 iPhone 和 iPad 上的外观和操作效果最佳。iOS 版 Planner 可执行的操作见表 9-5。

表 9-5

| 操　作 | Web 版 Planner | iOS 版 Planner |
| --- | --- | --- |
| 删除计划 | 是 | 否，需使用 Planner 网页版才可删除计划 |
| 通过使用设备照相机拍照来添加照片 | 否 | 支持 |
| 所有其他功能 | 是 | 是 |

### 2. Android 版 Planner 应用的注意事项

拥有 Microsoft 365 企业或学校订阅的人员可以使用 Android 版 Planner。其可以执行大多数网页版 Planner 可执行的操作，只是外观和感觉略有不同。同样，Microsoft 365 个人版或政府版订阅不能使用 Planner。Android 版 Planner 可执行的操作见表 9-6。

表 9-6

| 操　作 | Web 版 Planner | Android 版 Planner |
| --- | --- | --- |
| 删除计划 | 是 | 否，需使用 Planner 网页版才可删除计划 |
| 通过使用设备照相机拍照来添加照片 | 否 | 支持 |
| 所有其他功能 | 是 | 是 |

## 9.7　连接工具：用 Forms 表单做好在线问卷调查

Forms 是 Microsoft 365 中的应用，其可以轻松创建调查和投票，以收集客户反馈、衡量满意度和收集团队活动意见等。老师也可用它来快速创建测验，以检验学生的知识水平、评估班级学习进度和关注学生需要提升的科目，如图 9-99 所示。

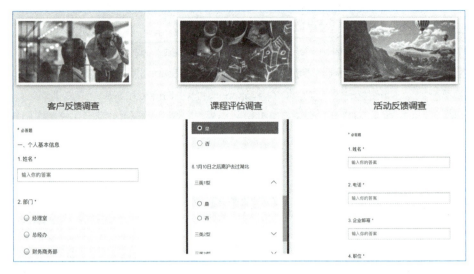

图 9-99

### 9.7.1 场景案例：Teams 添加 Forms 表单做即时调研反馈

Teams 沟通无处不在，调研问卷则是沟通最快捷高效的方式之一，尤其是在 Teams 沟通时意见不一致的情况下，或者需要调研信息、收集项目评价时 Forms 表单尤其重要。在 Teams 里集成 Forms 表单可以让我们沟通时轻松完成信息收集的工作，并快速给出调研的结果，如图 9-100 所示。

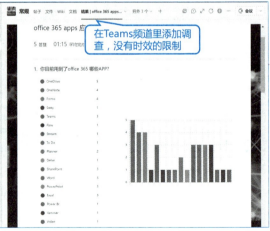

图 9-100

在 Teams 里有 3 处可以直接添加 Forms 表单。

第 9 章　Teams：团队信息交换中心

 **操作方法：**

第 1 处，在频道的帖子里沟通时，随时添加一个实时调研表单，单击【新建对话】命令，查找更多应用，转到 Forms 应用，在对话中创建的表单将直接存储在团队组的名下。

第 2 处，在频道的 Tab 里直接单击加号添加 Forms 应用，转到 Forms 应用，在对话中创建的表单直接存储在团队组的名下。

第 3 处，在 Teams 会议上找到聊天的图标，在聊天框中单击【…】就可以看到 Forms。在会议上发起问题、沟通讨论，最后都可以用 Forms 确认结果，从而使沟通效率倍增。调研过程全部透明，消除信任障碍，还可以调研结果的共享与分发，如图 9-101 所示。

图 9-101

**小贴士**

在 Teams 的聊天中不能添加 Forms 调研。

## 9.7.2　Forms 表单的保存位置

在 Microsoft 365 主页可以直接导航到 Forms 应用，单击打开 Forms 并新建表单或测验。Forms 表单的保存位置如下。

（1）新建表单、新建测验存储在个人账号下面。团队的成员可以答复表单，但不能编辑表单。

（2）在"我的组"需要先单击团队组名称，再新建表单、新建测验，它们存储在团队组下面，团队中的所有人都可以编辑修改表单，如图 9-102 所示。

在创建表单前，你可以先预设一些表单问题。

369

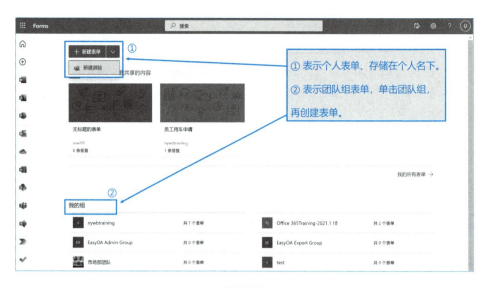

图 9-102

### 9.7.3 利用 Forms 创建信息收集表单

单击【新建表单】按钮，弹出新建表单窗口，在此窗口中你可以随时增加标题、副标题等（标题最多包含 90 个字符，副标题最多包含 1 000 个字符），再添加不同题型如选择、文本、评分、日期、排名、李克特量表、文件上传、Net Promoter Score（净推荐值）、分区等，如图 9-103 所示。

图 9-103

在向表单添加标题时，你可以在表单标题右侧的②处添加企业 LOGO，或者添加 Gif 动图、视频等个性化内容，你可以在副标题处添加问卷声明描述，以便让信息填写人知道填写的目的，放心填写。

Forms 表单提供了主题个性化，当你开始定义表单时，单击【主题】标签，这时会弹出多种配色方案，你可以根据自己的需要选择背景或自定义背景，完成后可以单击【预览】按钮查看效果，如图 9-104 所示。

图 9-104

我们先对 Forms 里提供的 9 种题型做个介绍，这样你用起来才会游刃有余，才能设计好一个调研问卷。

1. 选择

在问题区单击加号添加选择题，输入问题及答案选项后，还可以添加其他选项、复制问题、删除问题、上下移动问题等操作。你可以对问题做出更多设置，如你可以把单选题变为复选题、设置必答题等。如果是考题还可以随机调整答案选项顺序，做成下拉框选项，添加问题的副标题，给问题添加跳转等，如图 9-105 所示。

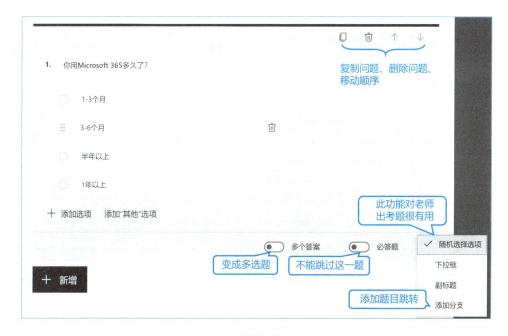

图 9-105

### 2. 文本

在问题区单击加号添加文本题，其可以开启长答案选项，当需要填写的答案是数字时，可以单击添加限制，限制数字的区间。文本题同样可以开启必答题、问题副标题及添加问题分支跳转，如图 9-106 所示。

图 9-106

### 3. 评分

在问题区单击加号添加评分题，在评分题里可以开启标签让别人更清楚评分标准。评分题同样可以开启必答题、问题副标题并添加问题分支跳转，如图 9-107 所示。

图 9-107

### 4. 日期

在问题区单击加号添加日期，在日期里不能输入时间，日期的格式和填写人的系统时间格式应一致。日期同样可以开启必答题、问题副标题并添加问题分支跳转，如图 9-108 所示。

图 9-108

5. 排名

在问题区单击加号添加排名，把排名的多个答案输入即可。排名同样可以开启必答题、问题副标题并添加问题分支跳转，如图 9-109 所示。

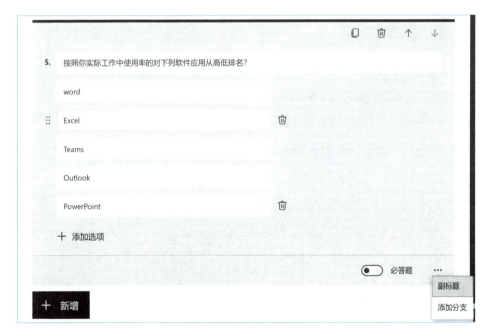

图 9-109

6. 李克特量表

在问题区单击加号添加李克特量表。多个评分标准一致的题目可以放到一起调研。李克特量表同样可以开启必答题、问题副标题并添加问题分支跳转，如图 9-110 所示。

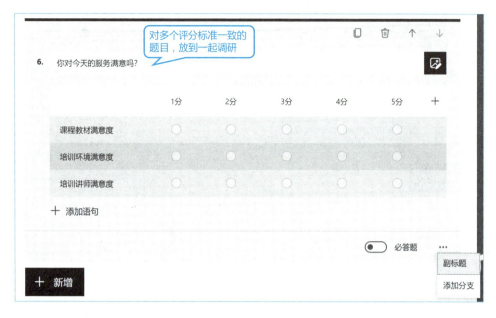

图 9-110

7. 文件上传

在问题区单击加号添加文件上传（表单添加附件），企业内部的表单可以启用文件上传（表单添加附件），同时可以限制文件个数、单个文件大小、文件类型。文件上传同样可以开启必答题、问题副标题并添加问题分支跳转，如图 9-111 所示。

图 9-111

## 小贴士

响应者提交附件后,系统将在 SharePoint 中创建新文件夹,在文件夹中可以捕获由响应者上传的文件。请注意,上传文件时系统将自动在 SharePoint 中记录响应者的名称和文件详细信息。因此,此题型不适合共享给公司外部人员。

### 8. Net Promoter Score

在问题区单击加号添加 Net Promoter Score,调查响应者对某团队的信任度,如图 9-112 所示。

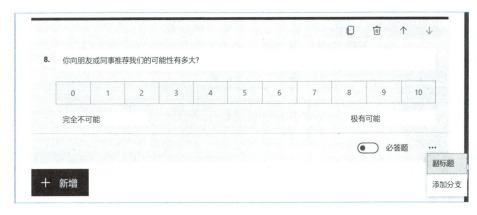

图 9-112

### 9. 分区

当问题很多,需要分类,或者你希望对每个分区都设置跳转时,可以添加几个分区。

在问题区单击加号添加分区,添加分区后输入本区的标题和副标题,然后添加分区里的问题,如图 9-113 所示。

图 9-113

当所有分区的问题、问题分支都已经设置完毕，你可以单击页面上方的【预览】命令尝试填写表单，如果预览没问题，就可以将表单发送给其他人并收集答案。

### 9.7.4 Forms 表单通过多种分享权限来收集信息

在共享表单前，单击右上角的【…】，然后单击【设置】命令就可以对表单进行设置，如"谁可以填充此表单""表单回复选项""索取表单回执"等；单击【多语言】命令可以给表单添加不同的语言，方便用户选择语言后再填写表单，给用户提供了更好的体验，如图 9-114 所示。

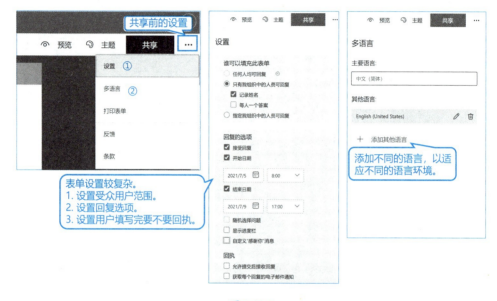

图 9-114

所有设置完成后，单击右上角的【共享】按钮就可以设置人们用什么样的方式填写表单。Forms 表单有以下 3 种共享权限，如图 9-115 所示。

（1）只有我组织中的人员可以回复。其表示公司内的人都可以通过登录自己的 Microsoft 365 账号填写回复表单，这同时也表示人们要实名制填写表单。

（2）任何人均可回复。其表示公司内外部用户都无须登录 Microsoft 365 账号既可填写回复表单。但如果"任何人均可回复"是灰色的，则是因为表单里添加了附件题型，把添加附件那个问题删除即可。使用该权限则表示参与者将匿名填写表单。

（3）仅我组织中的特定人员可查看和编辑。其表示指定的公司内部特定人员才可以回复表单。不在授权列表的人即便拿到表单链接，也不能填写表单，就像特定的人才有权力投票。

在分享 Forms 表单时，先选择以上 3 种权限，再勾选【缩短 URL】复选框，然后单击复制链接，将链接粘贴到邮件、Teams、微信等任何沟通渠道都可以分享链接。同时你可以单击生成链接右侧的二维码，通过二维码分享 Forms 表单。除此之外，还可以把 Forms 表单通过 embed 嵌入代码嵌入网页里。

图 9-115

1. 共享模板，生成模板链接

如果做的表单具有代表性，你可以把自己的 Forms 表单当模板，共享给任何人。复制共享模板链接，当把链接粘贴到其他网页窗口时，若提示"复制此表单以供自己使用"，单击【复制它】按钮即可在自己的账号下复制一样的表单，如图 9-116 所示。

图 9-116

2. 共享协作，生成共享链接和同事一起编辑

如果做表单需要与其他人共享，你可以选择以下 3 种方式与他人共享协作。

（1）拥有 Office 365 企业或学校账户的用户进行查看和编辑。其表示任意拥有账户的用户都可以共享协作编辑表单，即无论是公司外部还是内部的人都可以共享协作编辑表单。

（2）我组织中的人员可查看和编辑。其表示任意我组织中拥有账户的人员都可以共享协作编辑表单。

（3）仅我组织中的特定人员可查看编辑。其表示指定的公司内部授权列表名单中的人才可以共享协作编辑表单。

我们要根据以上规则复制链接，将其分享给需要的人。

### 9.7.5 查看 Forms 表单反馈结果

当 Forms 表单共享后，无论是通过填写链接提交反馈，还是通过扫二维码填写反馈，Forms 表单都可以自动收集信息并对表单做出分析报告，如图 9-117 所示。

单击问题右侧的【答复】按钮可以打开 Forms 表单的反馈结果分析，单击【查看结果】按钮可单独一条条查看反馈结果，单击【在 Excel 中打开】命令可以看到所有收集的反馈结果，调研问卷收集的信息会存储到专用的 Excel 表格里。

单击【…】可以看到以下 3 个选项。

（1）删除所有回复。你可以一次性删除存储在 Excel 表格中的调研结果。

（2）打印摘要。你可以打印调研结果。

（3）获取摘要链接。其是指向分析结果的 URL 链接，你可以把摘要链接分享给更多人，包括所有内外部人员。

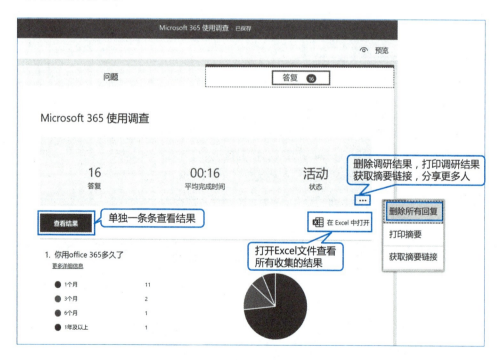

图 9-117

### 9.7.6 场景案例：用 Forms 创建测验考卷

📋 **案例背景：**

在很多使用 Microsoft 365 的学校中，教师可以使用 Forms 快速评估学生进度，并通过相关测验获取实时反馈。

Forms 还包括丰富的实时分析，可为单个学生提供摘要信息和结果，可将测验结果导出为 Excel 表，以便进行更深入的多维度分析。

👆 **操作方法：**

1. 开始新建测验

使用学校账户登录 Forms。选择【新建表单】按钮旁边的箭头，然后选择【新建测验】命令，输入测验的名称，并按需要输入其说明，如图 9-118 所示。

图 9-118

单击加号向测验添加新问题。

选择要添加的问题类型，如"选择""文本""评分""日期""排名""李克特量表""文件上传"或"Net Promoter Score"。若要组织问题的分区，请选择"分区"。新建测验与表单的题型基本上一样。不一样的地方是测验可以先预设正确答案，如果回答错误不得分，提交试卷后系统可以自动统计总分。

例如，使用"选择"问题类型作为示例，你可以预先设置正确答案，预先设置分数，为防止答案固定，可以使几个选项顺序随机，如图 9-119 所示。

若要在问题中显示数学公式，则单击必答题右侧的【…】，然后选择【数学】命令，再进行设置。选择"输入公式"以触发要用于测验的各种数学符号和公式选项，如图 9-120 所示。

如果遇到多选题，就开启多个答案按钮设置多个答案，如图 9-121 所示。

2. 预览测验效果

所有的测试题设置完成后，单击【预览】命令即可预览测验，查看测验在计算机或移动设备上的外观，如图 9-122 所示。提交答案后，用户可以随时看到自己考了多少分数。

图 9-119

图 9-120

图 9-121

图 9-122

### 3．设置随机出题及开考时间并发布测试卷

受疫情的影响，很多留学生不能返回校园，他们除了上网课，还要完成在线考试。90%的国际学校都使用 Microsoft 365 教育版，那么师生之间不仅可以用 Teams 搭建在线课堂，老师还可以随机抽取测试题，对课堂的单元做些测试。如果遇到学期末的结束性考试，老师可

以设置开考时间，并打乱每个学生的答题顺序，防止作弊。因为每个学生都有 Microsoft 365 教育版账号，所以学生必须登录自己的 Microsoft 365 账号，实名制考试。老师也可也对测试考卷做更多设置，如图 9-123 所示。

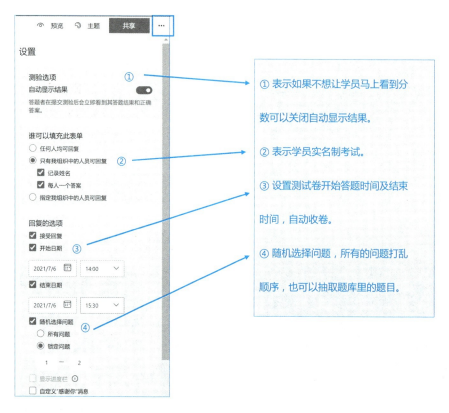

图 9-123

设置完毕后，老师可以单击右上角的【共享】按钮将测试题共享给学生。

## 9.8 连接工具：在 Teams 频道添加 Power Apps

Teams 不仅仅可以连接现有的 Office 365 应用、第三方应用，还可以连接我们自主开发的 Power Apps 应用。将 Power Apps 画布应用添加到 Teams 中的频道来定义日常工作需要的工具，从而实现在一个窗口完成所有工作的目的。

下面我们介绍如何将"外地出差申请"应用添加到 Teams 频道，然后从该频道打开应用。

小贴士

首先要确保自己创建或你的团队给你共享了 Power Apps 的应用权限。

第 1 步，在 Teams 中选择一个团队及该团队下的一个渠道。本例选择在市场部团队下的【常规】频道。选择加号添加选项卡，在"添加选项卡"界面中选择 Power Apps 的图标，如图 9-124 所示。

图 9-124

第 2 步，单击【所有应用】命令，之后选择"BusinessTrip"，最后单击【保存】按钮。

这时就可以在频道中使用应用了。如果你因为业务需要出差，直接在 Teams 中就可以申请出差了。每个团队的成员只能查看到自己的出差申请，如图 9-125 所示。

图 9-125

## 9.9 连接器让 Teams 功能无限延伸

通过前面的内容我们知道 Teams 已经可以集成很多工具，Teams 里还有一个连接器（Connector），它可以帮助我们连接更多的微软产品工具及第三方工具。

如何查看你的 Teams 目前安装了多少 Apps？依次单击团队名称→【…】→【应用】命令，界面中就列出了当前团队安装的所有应用。这包括 Microsoft 365 原生应用和我们通过 Power Apps 开发的应用，也有第三方的应用。单击【更多应用】按钮可以添加更多应用，此时会导航到 Teams 窗口单击左下角的【应用】图标可以看到更多的应用，如图 9-126 所示。

图 9-126

在 Teams 应用商店里可以看到功能列表里的【连接器】命令，你可将连接器与 Teams 和 Microsoft 365 组一起使用。连接器可以将外部服务中的内容和最新动态直接连接到 Teams 频道或聊天里，在相应服务中接收团队活动的最新动态。

在团队频道里通过连接器可以接收 Yammer 中特定类型、特定组甚至包含某个关键词的新消息，设置方法如下。

依次单击【连接器】→ Yammer 图标→【社区】命令，单击【打开】按钮，打开下拉列表，并单击【添加到团队】命令，此时选择团队频道中的"市场部团队"常规频道；再单击【设置】按钮，打开其下拉列表，单击【设置连接器】命令；在弹出的界面中根据提示和需求设置关注的 Yammer 组、获取通知的类型、Yammer 用户、关键词、频率等，设置完成后单击【确定】按钮，如图 9-127 所示。

图 9-127

配置完成后，在 Teams 团队频道对话里，系统将提示你添加服务并配置，如图 9-128 所示。

图 9-128

## 9.10 Teams 移动应用

通过前面章节的学习，我们已经了解了 Teams 中的消息、文件、人员和工具均集中在一处，可在此处即可访问团队的全部内容和进行协作。Teams 也支持在移动设备上使用,所以无论在何处,你都能从随身的移动设备上访问文件。

无论你用的是什么品牌的移动设备,都可以到各大应用商店下载 Teams 移动应用,如图 9-129 所示。

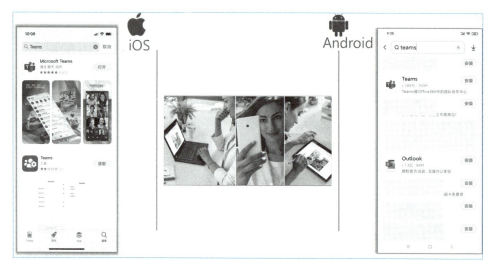

图 9-129

在用 Teams 移动应用进行群组聊天时可以发送语音留言。用户使用 Teams 移动应用集成的工具可以在移动设备上直接参与团队工作。

随着业务能力的提高,你一定有更多提高业务能力的点子……

① 创建团队:把团队中在任何地理位置的人聚到一起,聊天沟通……

② 大会小会:会前沟通、会议纪要、会后文档汇总……

③ 各种文档:Word、Excel、PPT、PDF……

④ 各种工具:Planner、Forms、Power BI、Power Apps、Power Automate……

⑤ 一线员工:一线同事用正确的技术手段来高效完成工作。

Teams 集各种工具于一体,这就是 Teams 的扩展能力,可以让每个人更智能、更快、更好地工作!

# 第 10 章　Microsoft 365 额外的增值生产力应用

前面章节介绍了工作中最常用的 Microsoft 365 里的几个应用，本章我们来学习 Microsoft 365 额外的增值生产力应用，以便我们全面了解 Microsoft 365。

## 10.1　使用 MyAnalytics 了解你的习惯，以更智能地工作

MyAnalytics 是一个小程序，可以让你了解自己的沉浸式工作和各种会议分别占用了多长时间，让自己更好的工作和生活。当你每天被一个接一个的会议和无休止的通知分散注意力时，是很难深入研究具有挑战性的工作的。

### 1. 在工作时获取个人生产力见解

在 Outlook 中获取 MyAnalytics 提供的建议，可以帮你在一周全部排满会议之前留出专注时间，还能帮你掌控任务和电子邮件并与重要人员保持联系，如图 10-1 所示。

### 2. 改善工作模式

在 MyAnalytics 仪表板和每周电子邮件摘要的帮助下，你可以了解和改进自己的工作模式，给自己留出不被打扰的专注工作时间，让自己能够抛开工作放松休息，并与重要人员高效联系和协作。

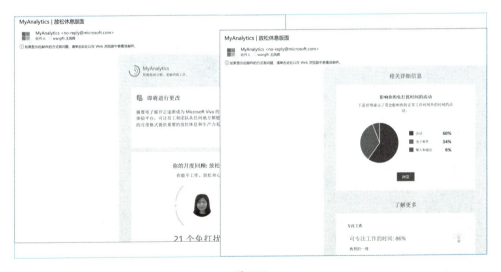

图 10-1

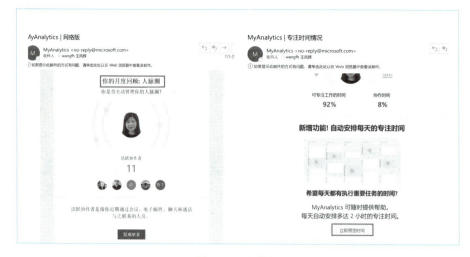

图 10-1　（续）

### 3. MyAnalytics 精心设计，可保护你的隐私

MyAnalytics 可以提供固有的隐私保护，只有你可以查看 MyAnalytics 根据你的电子邮件、会议、通话和聊天中的工作模式得出的个人数据和工作建议。

除了在 Outlook 中看到自己每周的 MyAnalytics 报告，你还可以登录 Microsoft 365 主页，找到 MyAnalytics 应用，在 MyAnalytics 上可以查看专注工作的时间、设置自己的放松休息时间、维护人脉圈、研究你与其他人协作的方式能否更加高效，如图 10-2 所示。

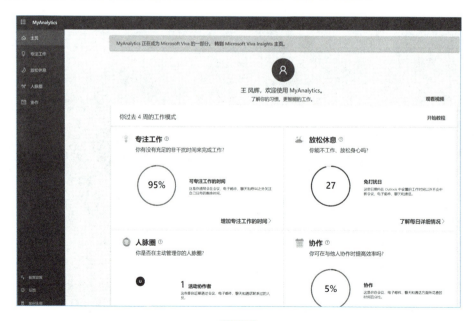

图 10-2

## 10.2 企业级用户的社交平台 Yammer

Yammer 是 Microsoft 365 中的应用，它定位为一个企业级用户的社交网络平台，可理解成企业内部的活动源（Activity Feed），用户在其中可以发布新闻、讨论主题、想法、表扬、发起投票等，用户可以将工作中学到的知识分享到 Yammer 上，并与同事连接、共享信息。当你遇到问题时，可以在 Yammer 上查找答案，在其中接触和发现其他人员的智慧。Yammer 还可以将散落在每个时间点的电子邮件用串联起来的信息代替，让信息具有回忆性、连贯性，从而提高我们沟通的效率。

在很多全球性企业，很多国外的同事比较喜欢在 Yammer 上发布信息，在 Yammer 上可以创建很多个社区，为了提高参与度，你可以加入与工作和兴趣相关的社区，如图 10-3 所示。

图 10-3

使用 Yammer 可在企业级社区或团队级社区开启实时事件直播活动，如全球性员工大会、公司会议和培训。Live Event 最多可容纳 10 000 名参与者（来自微软官方方信息），支持跨浏览器和移动设备观看视频及讨论。

### 小贴士

只有社区的管理员才可以开启实时事件直播活动。

**操作方法：**

第 1 步，安排现场活动。

单击【Create Live Event】命令，在弹出的界面上填写实时事件的详细信息，输入实时事件名称，邀请演讲者和制作人，设置演示时间，在开始时间和结束时间里可以多预留一些时间用于直播前的准备，其他信息输入完毕后单击【Next】按钮进行下一步设置，接下来选择最适合你的视频直播工具，建议你选择 Teams，如果选择 External App or Device，要确保外部应用与 Yammer 高度集成。最后单击【Create】按钮创建实时事件，如图 10-4 所示。

图 10-4

实时事件创建完成后，单击左侧的社区名称，再单击【Event】标签就可以看到社区的所有实时事件，单击【View】命令就可以查看详细信息，如图 10-5 所示。

图 10-5

第 2 步，共享实时事件链接。

查看实时事件详细信息时，单击【Share】命令就可以复制实时事件链接（如图 10-6 所示），将实时事件共享给其他同事。如果你是管理员，还可以单击【Edit event details】命令编辑实时事件。

图 10-6

第 3 步，在团队中制作现场活动。

演讲者和制作人在各自的电脑中打开 Teams 应用的日历，单击打开实时事件活动，单击事件活动链接加入活动，如图 10-7 所示。

图 10-7

在制作人的 Teams 中，单击【Start setup】按钮开启设置，等待数秒后单击【Start event】按钮开启直播，如图 10-8 所示。在实时直播时，你可以随时看到直播的在线人数及人员的对话留言。在实时事件中可以向 Yammer 发送消息。

图 10-8

演讲者与平日用 Teams 召开会议一样操作，准备好自己的演讲稿、检查视频音频设备、共享屏幕。演讲者准备好之后就开始共享屏幕，如果有需要可以开启视频。

在制作人的屏幕上单击【内容】命令，把推流内容添加到左侧队列（左屏幕）中预览内容，如果预览没有问题，再单击【发送实时事件】命令，开始实时活动。

如果只是共享演讲者本人的画面，在屏幕底部单击【演示者】命令，在队列中（左侧）预览，预览没有问题再将其发送到实时活动。发送到实时活动前确保演讲者已准备好。相关内容如图 10-9 所示。

在演讲者停止的 30 秒后，再单击【结束】按钮在 Teams 中结束活动。

第 4 步，之后跟进。

实时事件活动期间和之后，社区的所有成员都可以继续在 Yammer 中进行讨论。无法看直播的人员可以通过录制的视频在 Yammer 或 Stream 上观看，如图 10-10 所示。

第 10 章　Microsoft 365 额外的增值生产力应用

图 10-9

图 10-10

## 10.3　用 Stream 搭建企业员工学习视频平台

　　Stream 是 Microsoft 365 提供的一个完全属于公司自己的视频网站，是一个只有公司内部用户能够观看视频或进行直播活动的平台。正是因为 Stream 上的视频只能共享给内部的员工，有些企业 HR 团队把 Stream 打造成了企业在线学习中心。有些企业职能部门特殊的学习培训视频、团队会议录音等都可以放在 Streams 应用中，以提高对培训和学习的知识保留程度，使每个人都能通过对等信息共享知识。用户无论是在计算机上还是在移动设备上都可以参与制作、查看视频并通过自适应尺寸调整视频画质，如图 10-11 所示。

393

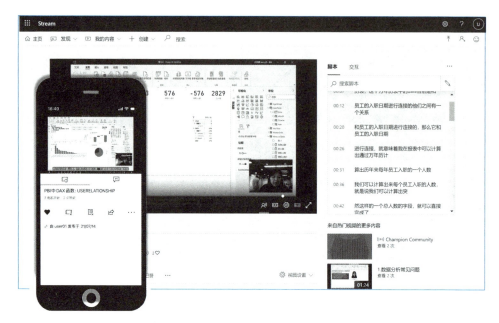

图 10-11

通过 Stream，你可以执行以下操作。

（1）管理员创建适用于全公司或仅适用于特定人的组和频道。

（2）公司的每个人都可提供视频。在不同的频道内上传视频、创建直播事件、邀请同事观看视频。

（3）Stream 视频允许嵌入 SharePoint 团队门户网站、Teams 频道、Yammer。

（4）用户可以自行观看公司的视频，并可对视频留言评论、点赞、转发。

（5）使用 Stream 视频管理工具可以自动生成字幕，并通过搜索字幕可以及时定位到自己需要的视频片段。

### 10.3.1　创建不同权限的组和视频频道

在 Stream 主页依次单击【发现】→【组】命令，查看目前 Stream 上已经建立的所有组，组右上角有三个点表示当前登录用户有管理组的权限。组中有"Public"表示此组的视频对全公司公开，任何人都可以进入查看视频。组中有"Private"表示此组的视频对公司特定人员开放，需要审批才可以进入查看视频。具体内容如图 10-12 所示。

仔细看，你会发现 Stream 中的组与 SharePoint 组、Teams 组共用一个 Office 365 组。如果要删除组，无论在哪个应用里删除，另外一个应用中同时也被删除。因此创建组之前建议先去别的应用中看一下，以免重复创建。

 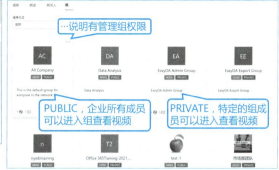

图 10-12

**场景 1**：user01 是生产部技术主管，如果他发现自己部门还没用一个组，如何创建组呢？

在 Stream 主页上依次单击【创建】→【组】命令，之后会弹出新建组的对话框，输入组名称、描述，选取组权限为"Edit settings"。

组的权限分以下 2 种权限：

Private-Only Approved members can see what's inside；

Public-Anyone in your organization can see what's inside。

**场景 2**：Mary 属于 HR 团队的培训专员，她想创建一个适用于全公司的视频组。

**场景 3**：user01 属于生产部技术主管，他想创建一个仅适用于生产部门的组和频道。Stream 可以满足不同的场景权限要求，完成企业的视频投放。

user01 想创建属于自己部门的组，选"Private"，如图 10-13 所示。Mary 想创建属于全公司的组，选"Public"。

图 10-13

所有公司的成员，可以通过连接到 Microsoft 365 的 Stream 组上传视频，与同事共享视频和展开沟通协作。

### 10.3.2 上传本地视频

当成员进入所在的组后,你可以看到【创建频道】和【上传视频】两个命令。你可以不选择频道直接上传视频,但对视频没有了分类管理。因此我建议你先创建频道再把视频上传到不同的频道里,这样既对视频有更好的分类管理,也方便其他人查找视频。

在 Stream 中创建的频道与 Teams 中的频道没有任何关系,此处的频道分类与电视台频道分类方法类似,如图 10-14 所示。

图 10-14

创建完频道后,你可以直接将任何位置的视频拖进来,也可也单击【选择更多要上传的文件】命令一次上传多个视频,如图 10-15 所示。

图 10-15

在视频上传过程中,可以单击【详细信息】命令对视频的名称、描述、视频语言、缩略图等进行设置;单击【权限】命令管理视频的权限;单击【选项】命令以开/关视频的评论、自动生成字幕或上传字幕等(如图 10-16 所示)。三项目设置完成后,查看视频上传进度,等完成后,单击【发布】按钮,在没发布视频前,视频是草稿状态,其他成员看不到视频。

第 10 章 Microsoft 365 额外的增值生产力应用

图 10-16

上传视频后，单击【共享】标签可以看到多种分享方式，你可以一键分享到 Yammer 上，或者复制视频链接将其分享到 Teams、电子邮件中，而单击【嵌入】标签可以复制一串嵌入式代码，将其嵌入 Sway 中，或者通过 SharePoint 中的 Web 部件将其呈现在企业团队网站上，如图 10-17 所示。

图 10-17

### 10.3.3 在 Stream 中开启直播事件活动

目前 Stream 提供了直播和点播功能，你可以在全球举办最多 10 000 名参与者参与的活动，提升沟通、公司会议和培训的效果。无论在何处，每个团队成员都能通过 Web 和移动应用获得无缝的视频体验。

在 Stream 主页上依次单击【创建】→【直播事件】命令，在弹出的直播事件对话框中根据提示设置直播事件的详细信息、名称、描述、视频语言（可设置实时翻译多种字幕）、活动时间，查看此直播的人的权限。这些全部设置完成后单击【保存】按钮完成设置，如图 10-18 所示。

图 10-18

保存后按提示进入【编码器安装程序】标签，如图 10-19 所示，表示在可以投入使用之前，需要连接外部编码器。如果对连接外部编辑器不熟悉，建议参考第 10 章中的操作步骤。若结合 Teams 中的开启实时事件就不需要安装外部编码器。

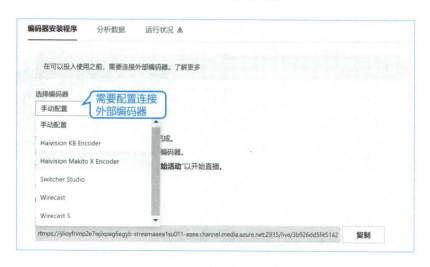

图 10-19

在 Stream 主页上依次单击【创建】→【录制屏幕或视频】命令，你可以在 Streams 里开启录制屏幕功能，录制完毕后文件自动保存到 Stream 中。录制视频功能在移动设备上同样适用。

当你单击【录制屏幕或视频】命令时，Stream 提供了非常详细的动画教程，在此不再赘述操作过程，其窗口如图 10-20 所示。

图 10-20

## 10.4 关于 Sway：网页上流畅的高可视化演示

Sway 是 Microsoft 365 提供的一个应用，可以在几分钟内帮助你快速创建流畅且具有视觉冲击力的报表、演示文稿、新闻稿和故事（如图 10-21 所示），并可以轻松一键分享。其无论是创建还是查看都可以在各种设备上进行。

图 10-21

在 Microsoft 365 主页上单击【Sway】命令，进入 Sway 主页，你有以下三种方式创建 Sway。

（1）通过空白文档创建 Sway。

（2）从文档开始，你可以把现在的 Word、PPT、PDF 等类型的文档一键转成 Sway。

（3）根据 Sway 模板创建。

创建 Sway 前，你可以根据系统自带的精选模板了解 Sway 效果，推荐使用"如何使用 Sway"模板，然后用户可以根据自己需求的方式创建，如图 10-22 所示。

图 10-22

在你创建 Sway 前要准备一些素材，如文案、图片、视频等。你的文案故事是连续的画布，那么 Sway 就可以把这张画布呈现出来。下面让我们开始 Sway 之旅。

第 1 步，准备素材。

选择一个名为"如何来一场说走就走的旅行"的 Word 文档，里面的图文内容是我的故事线的草稿。单击 Sway 主页上的【从文档开始】命令，几秒钟的时间就可以创建 Sway，如图 10-23 所示。

第 2 步，编辑 Sway。

进入 Sway 主界面，重点要关注中间的【故事线】区域，如图 10-24 所示。创建 Sway 后默认进入【故事线】视图，在【故事线】标签里，第一块是预置了一个类型为"标题"的卡片；第二块是文本卡；第三块是图像卡，这种配置源于 Word 内容。单击任意卡片可以对其进行修改。

因为 Word 里无法插入视频，你可以在这里完成，单击每个卡片的下方中间的➕就可以添加丰富的多媒体，视频、音频、PBI 报表的嵌入代码，Forms 的嵌入代码等都可以插入 Sway。这里要比 Word、PPT 展示的内容丰富很多。

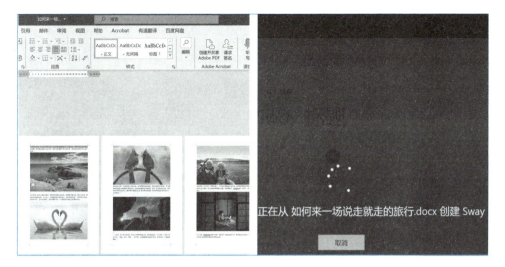

图 10-23

图 10-24

单击每个板块里的标题展开编辑，无论是重新修改标题文字，还是文字格式化、修改背景等都有提示，你可以根据提示自助完成。尤其是对于更改背景，Sway 提供了丰富的图片资源，你可以插入本地图片、OneDrive 上的图片、必应图像等，如图 10-25 所示。

第 3 步，优秀的设计样式。

把所有的内容编辑完成后，单击【样式】标签，优秀的设计可以让你的 Sway 彻底改头换面。

单击样式中的【垂直】、【水平】、【幻灯片】按钮，给你的 Sway 选择一个合适的整体版式，再单击【简体字】命令选择不同的字体样式，Sway 里默认提供了 7 组样式，共 35 种设计风格，肯定有一组适合你。如果没有的话，你可以单击【自定义】按钮来自定义你的 Sway。具体如图 10-26 所示。

图 10-25

图 10-26

第 4 步，分享与展示 Sway。

Sway 允许其他人共享创作的水平。完成编辑后，单击顶部导航栏上右侧的【播放】按钮进行预览，确认无误后，再单击【共享】按钮，若是在公司或学校使用组织账号登录 Sway，则有三个可用的权限级别：用户或组、组织内部获得链接的人员、获得链接的任何人。

共享的相关操作如下。

第一，选择共享对象。

一是用户或组，即只有你已明确授予许可的组织内的人或组才能查看或编辑你的 Sway。当你向特定人员或组发送视图或编辑链接时，他们将被要求登录以确认身份，他们登录后才可以看到你共享的 Sway。这是最安全的选项，在你不想公开共享的敏感或机密信息时使用。

二是组织内部获得链接的人员，即只有在组织内的人才能查看或编辑你的 Sway。当你向组织中的人员发送视图或编辑链接时，将要求他们登录以确认身份，他们登录后才能看到你共享的 Sway。此选项用于仅供组织内人员查看的敏感或机密信息。

三是获得链接的任何人，即无论谁获得了 Sway 链接，他们不需要登录就能够查看或编辑它。如果你共享的 Sway 不包含任何敏感或机密内容，则可以使用此选项。

第二，选择共享权限及共享方式。

之前一步是选择共享对象的人，这一步是设置共享对象是仅查看还是可以编辑。如果你向某人发送可视链接，则他们只能查看你的 Sway。如果你向某人发送编辑链接，他们将能够查看和编辑你的 Sway。共享选项会根据你是发送仅查看还是编辑链接而改变。而在共享时还有可视链接和嵌入代码两种共享方式可选。

如果你做的 Sway 是一个市场推广活动宣传片，建议在上一步中选择"获取链接的任何人"，然后在共享时获取 Sway 的嵌入代码，把 Sway 嵌入 SharePoint 门户网站，或者 Yammer、第三方网站。这样任何人都不需要登录就可以看到你的市场推广活动宣传片。

具体界面如图 10-27 所示。

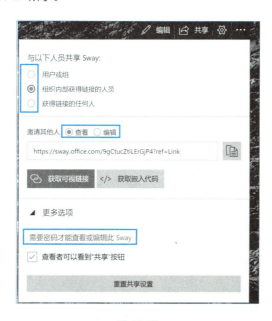

图 10-27

第三，共享时给 Sway 添加密码。

无论使用前面哪一种共享方式，共享时都可以添加密码。那么共享对象在查看或编辑前需要输入密码才可以进行查看或编辑。这无疑是多了一道保护，如图 10-28 所示。

图 10-28

尤其是给组织外部的人分享时，这个密码非常有用。

# Part III
# 高级应用篇：Microsoft 365 结合 Power Platform 流程自动化之道

# 第 11 章　Microsoft 365+Power Platform 团队无代码自动化流案例

Power Platform 平台包括 Power BI、Power Apps 和 Power Automate 等强大组件。在全球有 97% 的世界五百强企业在使用 Power Platform 平台，以实现"全民低代码开发"，用户可以用它构建前端应用并将其连接到现有数据库，与 Office 365、Dynamics 365、Azure 及第三方应用程序无缝集成，创建自动化流程，提升企业快速构建解决方案的能力。（因为篇幅原因，本章主要介绍 Power Automat 和 Power Apps。如需要 Power BI 方面的知识可以联系我。）

## 11.1　无代码轻松实现：流程自动化

Power Automate 用于打通 Outlook、OneDrive、SharePoint 等 Microsoft 365 组件及第三方服务，构建业务流程，为数字化转型提供助力。通过本节的内容，你将了解到 Power Automat 可能简单到只需鼠标单击并敲入几个字符，就能构建一个业务流。

### 11.1.1　场景案例：创建 Power Automate 审批流

**操作方法：**

登录 Microsoft 365，单击九宫格按钮中的图标 ➤，进入 Power Automate 应用界面，如图 11-1 所示。

Power Automate 为我们准备了三种创建流的方法，为了让你充分了解 Power Automate

的上手是多么简单，我们从模板开始创建流。

图 11-1

在搜索框中输入关键词"审批"，并按【Enter】键，如图 11-2 所示。

图 11-2

Power Automate 会列出一系列符合关键词的流，我们选择"从 SharePoint 列表中审批后，通过电子邮件发送通知"。该流的目的是添加一行新数据后，发送带有选项"批准（Approve）"和"拒绝（Reject）"的通知邮件，若审批人选择批准，系统就立即给提交人发送一封通知邮件，如图 11-3 所示。

单击【继续】按钮，我们还需要对该流做一些设置。从图 11-4 中我们可以看出，Power Automate 以绘制流程图的形式来编写流。流的每一个步骤在 Power Automate 中称为卡片，我们可以通过设置这些卡片中的参数，使流与我们的业务数据关联起来。

图 11-3

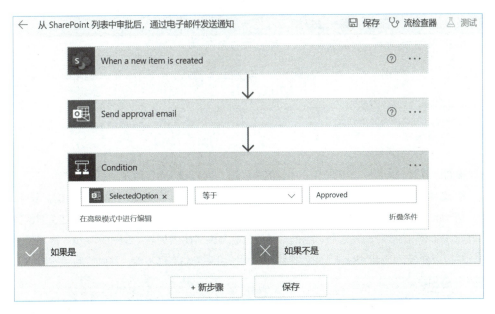

图 11-4

**案例背景数据补充**：为了让流更加贴近实际情况，我们需要在 SharePoint 中创建列表，列表名称为"DeviceRent"，以存储公司向员工出借电子设备的业务数据。同样，为了帮助你轻松上手,"DeviceRent"列表做了很多简化。具体创建 SharePoint 列表的方法请参考第 8 章的相关内容。

"DeviceRent"列表的结构见表 11-1。

表 11-1

| 列　　名 | 类　　型 | 业　务　目　的 |
| --- | --- | --- |
| No | 数字类型 | 数据行的编号 |
| DeviceType | 文本类型 | 出借设备的类型 |
| DeviceName | 文本类型 | 出借设备的名称 |
| ApplyDate | 日期类型 | 出借日期 |
| ApplyReason | 文本类型 | 出借原因 |
| Count | 数字类型 | 出借设备数 |
| Applicant | 人员类型 | 出借人 |
| LineManager | 人员类型 | 由直线经理审批 |

从开发的角度来说,字段名最好用英文或拼音,最好不要使用包括空格在内的特殊符号,想好之后再命名字段,尽量不要改名。即使不遵循该规范,也不影响一般开发,但对动态要求高、复杂度高的开发,有时会带来一些麻烦。

创建完成的列表后,添加列表记录,如图 11-5 所示。

| No | DeviceType | DeviceName | ApplyDate | ApplyReason | Count | Applicant | LineManager |
| --- | --- | --- | --- | --- | --- | --- | --- |
| 1 | Laptop | LM 220S | | | 1 | | |
| 2 | USB Mouse | 极光飞鼠 | | | 2 | | |
| 3 | Display | AO 32 4k | | | 1 | | |

图 11-5

接着配置第一张卡片,将图 11-4 中的流关联到"DeviceRent"列表。

单击卡片"When a new item is created",单击【站点地址】的输入框,选择 SharePoint 站点,在【列表名称】中选择前述创建的列表。作者在 Data Analysis 站点创建了"DeviceRent"列表,配置之后,当前的"流"就与设备出借列表"DeviceRent"做好了关联,并且只要在"DeviceRent"中创建新行,系统将会自动启动本流,并执行后续的操作,如图 11-6 所示。

本流执行的第一个操作是"Send Approval email",即向指定的收件人发送邮件,邮件中包含"Approve"和"Reject"两个选项。因此,我们需要告知流,收件人是谁,如图 11-7 所示。

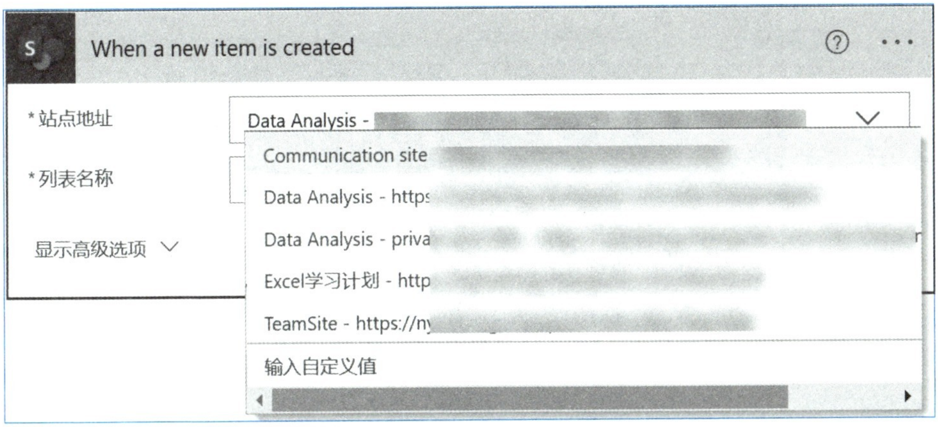

# 第 11 章 Microsoft 365+Power Platform 团队无代码自动化流案例

图 11-6

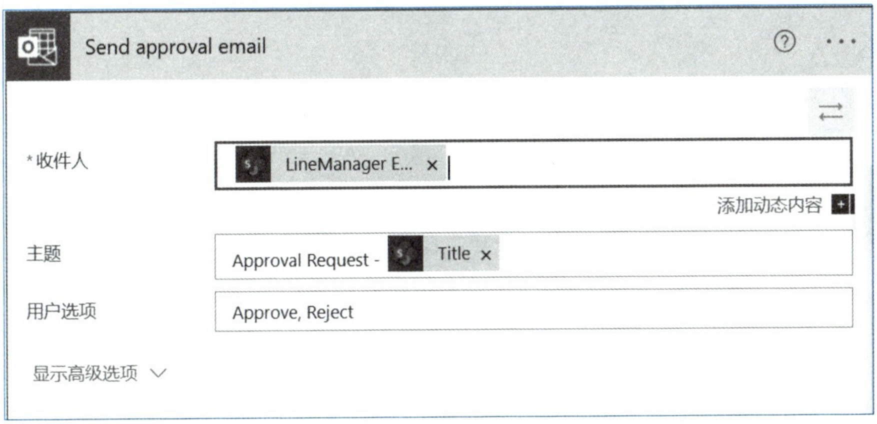

图 11-7

我们可以在【收件人】的输入框中填写固定的邮件地址，也可以稍微复杂一点，单击【添加动态内容】命令，并选择"DeviceRent"列表中提供的审批人"LineManager Email"，如图 11-8 所示。

单击【添加动态内容】命令后，Power Automate 会跳出一个新窗口，指示我们可以添加哪些动态内容。其中列出了第一张卡片"When a new item is created"所关联的"DeviceRent"列表中的可用内容。由于要设置的是收件人，Power Automate 默认列出所有"人员 Person"类型字段的邮件地址，"LineManager Email"邮件地址正是我们所需要的，单击选择它。

我们从这张卡片上还可以看到，流将发送一封审批通知邮件，邮件的主题为"Approval Request"+ 动态内容（"DeviceRent"列表中的 Title 字段内容）。但不巧的是，我们的"DeviceRent"没有使用 Title 字段，字段"DeviceName"才包含了关键信息，所以应该从卡片中删除 Title 信息，添加动态内容"DeviceName"信息，完成这一配置，如图 11-9 所示。

图 11-8

图 11-9

先剧透一下,配置好所有卡片,在"DeviceRent"中添加一条记录后,流自动给审批人发送的邮件如图 11-10 所示。

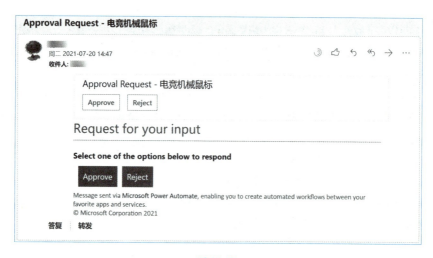

图 11-10

业务流程上，要求一旦申请通过，系统要立即给申请人发送一封通知邮件，申请失败则不需要额外操作。这要求流能区分审批人的操作结果，这也是流中包含"Condition"条件卡片，并分出"如果是""如果不是"2 个分支流程的原因，如图 11-11 所示。

图 11-11

"Condition"卡片的作用是测试上一步骤"Send Approval email"中收件人（审批人）的选择结果。卡片中使用了动态内容"SelectedOption"，如图 11-12 所示。模板中已经配置好，不需我们做更多操作。但如果你希望在将来的工作中较多地自定义设置 Power Automate，可以删除之后再重新添加，并仔细体会"等于""Approve"或"Reject"的配合使用。

图 11-12

此外，在"等于"中包含了"不等于""包含""不包含""开头为""结尾为"等多个选项，只不过在本环节中没有展开。

"Condition"卡片的计算结果有 2 种情况，用以处理审批人 2 种不同审批操作的后续流程。"如果是"，则发送电子邮件；"如果不是"，则没有其他操作。

其中，发送电子邮件使用了卡片"Send an email"，与前述的"Send Approval email"大同小异，相信你已经能自行配置这张卡片，以告知申请人已经通过审批。

在整个流中最值得调整的是"Send Approval email"卡片，但作为上手试做的第一个流，我们只做了一些简单配置，更复杂的操作我们后续再逐渐展开。有兴趣的读者可以参考图 11-13，对该卡片的选项进行调整、组合。

图 11-13

### 11.1.2 场景案例：提交决策文档后启动审批流程

向 OneDrive 上传或在 OneDrive 中编辑完成一份重要文档，寻求经理审核。

**操作方法：**

首先进入 OneDrive 上传一份文档"附件 3：分供方补充审批表"。单击文档右侧的图标 ，依次单击【自动化】→【请求签核】命令，如图 11-14 所示。

图 11-15

根据提示，连接到流所需的应用。若出现图 11-16 中的错误提示，请单击右侧的省略号或加号重新授权连接。在新弹出的窗口中重新授权现有的连接或单击【添加新连接】命令。在连接过程中，用户要根据提示登录 Microsoft 365 账号，如图 11-15 所示。

图 11-15

根据提示,在弹出的窗口中输入审核的附加信息,单击【运行流】按钮,即可针对文档"附件 3:分供方补充审批表"启动一个审批流程,如图 11-16 所示。

图 11-16

审批人将收到审批邮件,在邮件中执行审批。这个 Power Automate 审批流与 OneDrive 做了深度融合,通过 OneDrive 创建和运行。实际上,如果你打开 Power Automate 中的【我的流】,你将很容易找到这个新建的流,名称正是"请求签核",如图 11-17 所示。

选择这个流,并单击编辑图标,即可看到其真实面貌,如图 11-18 所示。

图 11-17

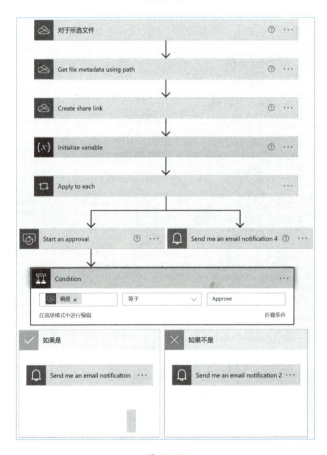

图 11-19

接着我们把整个流程梳理一下，根据流程图可见：启动流后，卡片"对于所选文件"确定操作的是哪个文档，供后续卡片使用；"Get file metadata using path"计算出该文档的更多信息；"Create share link"获取该文档的链接信息，这将用于审批卡片；考虑到在启动审批的时候可能填写多个审批人，"Initialize variable""Apply to each"用于对多人信息进行处理，在自动创建的这个流中并没有利用这两张卡片计算出来的信息。

在前述准备工作的基础上，一方面需立即发送信息给提交人，表示已经提交审批；另一方面，正式进入审批，等待审批人的操作。本流启用了2个并行的分枝，即"Start an Approval"执行审批，"Send me an email notification 4"通知提交人。

从"Condition"卡片可知，如果审批人进行了"Approve"，立即给提交人发送审批通过的通知，否则发送拒绝的通知。

### 11.1.3 场景案例：将通过审批的新文档移动到指定文件夹

#### 案例背景：

Mary 在 SharePoint 文档库中新建了一个文档并发起了审批，她希望此文档一旦通过经理的审批就自动转移到指定的文件夹。

#### 操作方法：

类似于前一节中的 OneDrive 审批流程案例，本案例的文档存储在 SharePoint 文档库中，所以创建流的起点是 SharePoint 站点。

在文档库中，单击选择一个文档，单击图标，再依次单击【自动化】→【Power Automate】→【创建流】→【查看你的流】命令，但是这一次没有很快找到我们所需的模板，我们就要单击【查看你的流】命令，如图11-19所示。此时系统会导航到Power Automate 主页上。

图 11-19

在新开的浏览器窗口"搜索可用模板"框中输入关键词"SharePoint 审批"查找所需模板，在弹出的许多模板中，单击选用"为新文件启动审批，以将其移动到其他文件夹"。

开启流配置，授权账号连接，等正常连接后，单击【继续】按钮。弹出流的配置卡，如图 11-20 所示。

根据本工作流的目的，配置各卡片。

"When a file is created"检测一旦有新文档创建，立即启动本工作流。根据提示，卡片中分别配置站点地址、文件夹 ID，如图 11-21 所示。

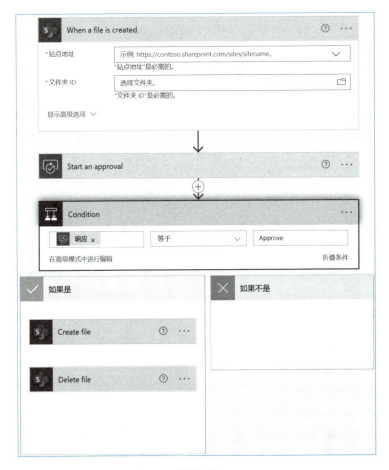

图 11-20

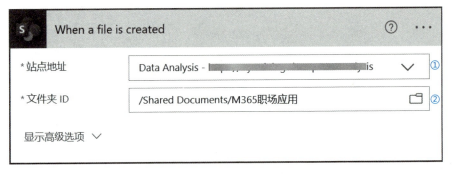

图 11-21

"Start an Approval"启动审批。在"审批类型"中选择"批准/拒绝-首先响应"。批准/拒绝对应了标准审批操作中的批准/拒绝，所有人都批准、等待一个响应用于多人审批时要求全部审批人员都通过或是任意审批人员通过的情景。其中自定义响应允许开发人员自己设定审批选项。具体如图 11-22 所示。

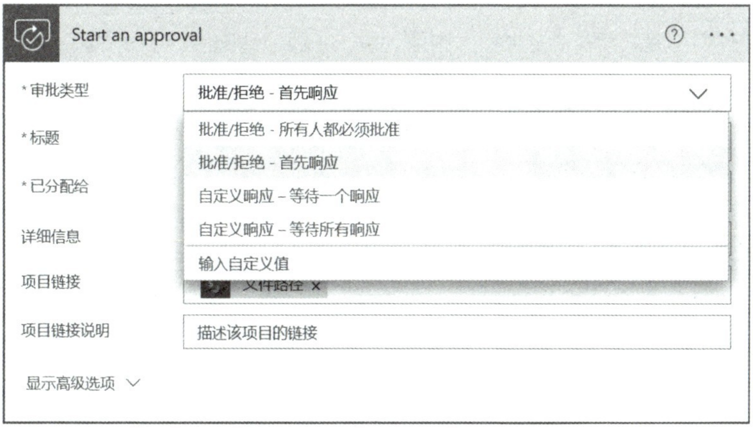

图 11-22

在"标题"中可以录入文字标题，可以添加"动态内容"。例如，单击标题栏，输入"新文件审批申请："，单击【添加动态内容】命令，在弹出的动态内容窗口中，选择"When a file is created"卡片中的文件名。

"已分配给"是指定审批人的电子邮箱地址。

接着修改判断环节，前面关于分支流程的卡片都称为"Condition"，这里却是"Create fileScope"，有什么区别吗？事实上，除了名称，其他方面并没有不同，如图 11-23 所示。在你的学习过程中，需要开始适应用图标和内容，来判断卡片代表的是什么操作，根据审批结果，执行不同的分支流程。由于本案例采用了标准响应操作，审批人的操作只有 2 种，即 Approve 或 Reject。所以，本卡片判断响应是否为 Approve。

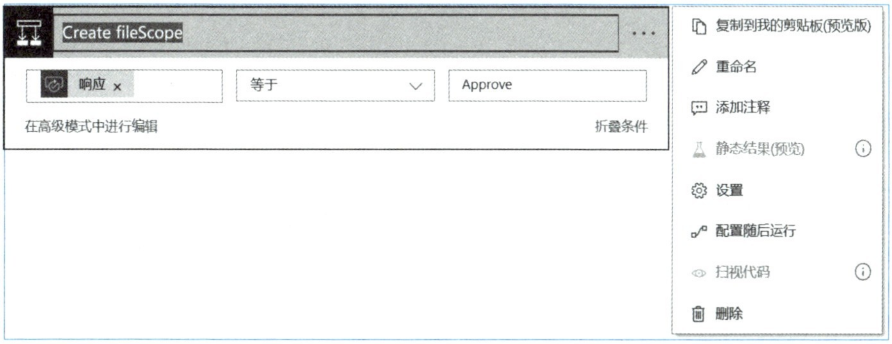

图 11-23

审批人在响应中批准（Approve）后，执行"如果是"卡片中包含的系列操作，否则没有其他操作。

审批通过后，应当将文档移动到另一个文件夹。在 Power Automate 中，移动文件至少需要 2 个分解操作，即复制文件到目标位置、删除源文件。

"Create file"在指定的位置新建文件。设置 SharePoint"站点地址"及"文件夹路径"后，保持文件名不变，即在"文件名"中依次单击【添加动态内容】命令和"When a file is created"卡片下的【文件名】命令，如图 11-24 所示。而在"文件内容"中也依次单击【添加动态内容】命令和"When a file is created"卡片下的【文件内容】命令。这就相当于把启动流程的文件复制到指定位置了。

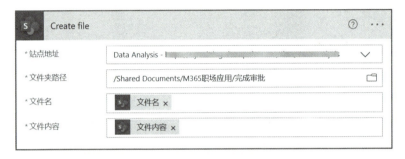

图 11-24

最后，用"Delete file"卡片删除原来的文件。本卡片中的站点地址是原文档"文件标识符"使用动态内容"When a file is created"卡片的【文件标识符】命令，如图 11-25 所示。

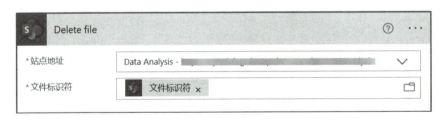

图 11-25

完成设置后，在 Power Automate 右上角单击【保存】按钮，如果有问题就单击【流检查器】按钮，若想试运行就单击【测试】按钮，如图 11-26 所示。

图 11-26

### 11.1.4 场景案例：在 Teams 上发布 Planner 新任务消息

Power Automate 可以与 Teams 无缝集成。打开 Teams 你就会发现前述案例中产生的审批申请也出现在了 Teams 活动中，如图 11-27 所示。由此你可能会产生一种想法，审批人员是否可以直接在 Teams 中处理 Power Automate 的审批流？答案当然是肯定的。

图 11-27

如图 11-27 所示，在 Teams 中添加审批应用就可以列出所有提交的审批（已发送），或者待处理的审批（已接收）；单击任意审批项，Teams 就以非常直观的方式展示审批线。

用户还可以更进一步通过 Power Automate 向 Teams 频道发布消息。

> **案例背景**：

Mary 在 Planner 中创建新任务后，想将新任务的消息发布在 Teams 上。

> **操作方法**：

准备工作：进入 Planner 新建一个计划，将其命名为"Power Apps 流程开发项目"；利用 Planner 管理项目任务，具体可以参考第 9 章。

进入 Power Automate，单击【模板】按钮，用关键词"Planner Teams"搜索模板，选用模板"在 Planner 中创建新任务时，将消息发布到 Microsoft Teams"，单击【继续】按钮开始配置卡片。卡片配置如图 11-28 所示。

在"When a new task is created"卡片中选择已准备的 Planner 计划：Power Apps 流程开发项目。当 Power Automate 检查到"Power Apps 流程开发项目"中有新任务创建时启动本流程，并执行后续操作。

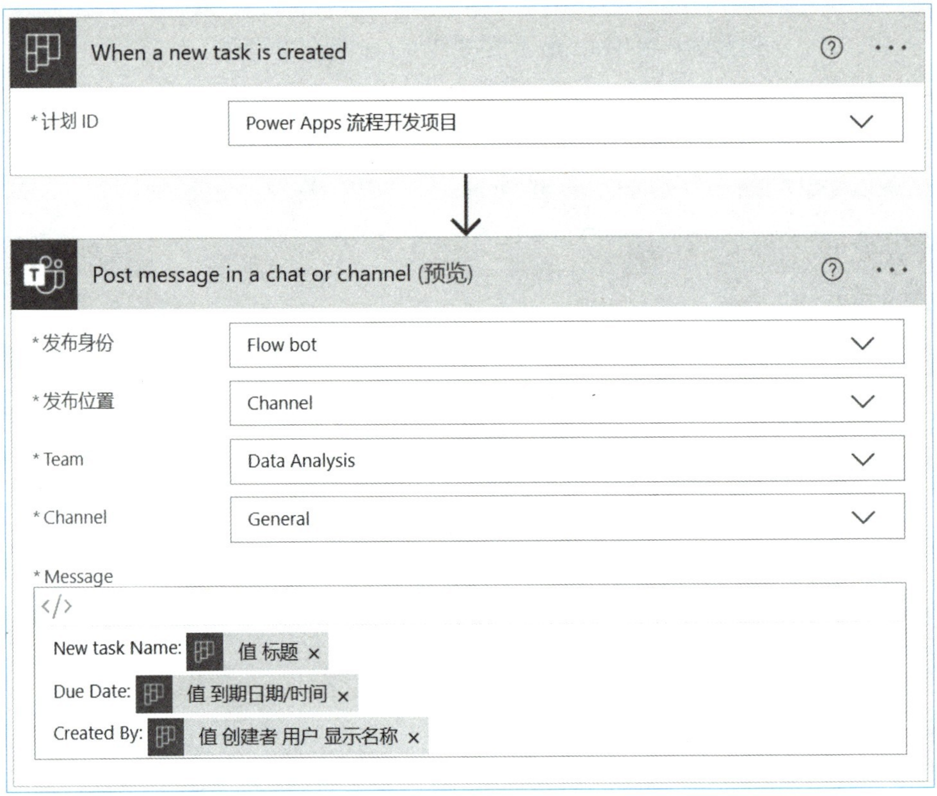

图 11-28

在"Post message in a chat or channel"卡片中默认发布身份：Flow bot。在"Team"中指定团队：Data Analysis。在"Channel"中填写频道"General"。在"Message"处填写发布的相关信息。以 Flow bot 的身份发布新任务的相关信息。完成流程设置后，在 Teams 中查看结果，如图 11-29 所示。

图 11-29

## 11.2 适度修改：处理由 Forms 收集的信息

**案例背景：**

员工填写表单后，立即启动审批，最后告知员工审批的结果。

在 Microsoft 365 的产品定位中,Power Automate 用于各组件之间的联动。在本案例中,很明显需要 Forms、审批、Outlook 协同工作,因此使用 Power Automate 关联这些组件,并借用预制的流模板减少开发难度。

### 11.2.1 Forms 表单的自动化审批流

首先,通过 Forms 创建表单"出差登记表",收集员工信息。表单详情请参考图 11-30,具体设计方法见第 9 章的相关内容。

 操作方法:

第 1 步,先在 Forms 中创建表单"出差登记表",如图 11-30 所示。

图 11-30

第 2 步,转到 Power Automate 应用,导航到模板中,输入关键词"Forms 审批"搜索模板,选用"Start an Approval process and send an email on Microsoft Form submission"模板。单击模板后,授权账号连接正常后,单击【继续】按钮。弹出流的配置卡,如图 11-31 所示。

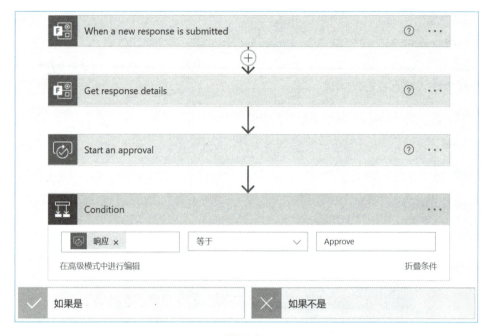

图 11-31

进入这个流的编辑界面之后你会发现它和前面的案例大同小异。当然，其中包含的卡片更多一点。在流中，每张卡片的左上角都包含一个图标，代表了该卡片涉及的 Microsoft 365 服务或第三方服务。具体图标代表的意义如下。

为 Microsoft Forms，可以获取表单信息的服务。

为 Office 365 用户，可以获取 Microsoft 365 用户信息的服务。

为 Approval 审批，是 Power Automate 的审批中心服务，可以启动或结束审批流程。

为 Power Automate 的标准服务，包含了流程分支、循环执行、强制终止等服务。

为 Office 365 Outlook，包含了 Outlook 涉及的邮件、日程、联系人等服务。

要想了解 Power Automate 究竟提供了哪些服务，一种方法是从 Microsoft 官方文档着手，了解服务的技术细节；另一种方法是仿照模板，手工设计一个业务流。前者可以通过单击 Power Automate 右上角的问号按钮完成，新开的页面为我们提供了大量的支持信息。后者是本书要介绍的重点。

从前述的案例，相信大家很容易形成一个共识，Power Automate 通过提供大量模板的方式，极大地降低了我们学习的难度。在较为简单的业务模型中，一旦能找到适用的模板，可能只要做一些简单的配置，就可以完成业务流的创建工作。

但是如果模板不能完全满足业务需求，或者找不到适用的模板，这就对我们提出了更多的技能要求。本书就以判断表单提交人的部门为例，简单地介绍一下此技能的重要性。

假设我们遇到的情况是提交"出差登记表"的职员必须隶属于 TR 部门，其他部门与这个流无关。很显然，在这个流的执行过程中，系统要拿到提交表格人员的部门信息，据此判断是否继续执行后续的审批操作。

总体上看，原来的流程图必须修改成下图所示样式，如图 11-32 所示。

图 11-32

其中，"用户信息"在原来的流的第 2 张卡片后面添加操作，在操作对话框中搜索"获取我的个人资料"，如图 11-33 所示。

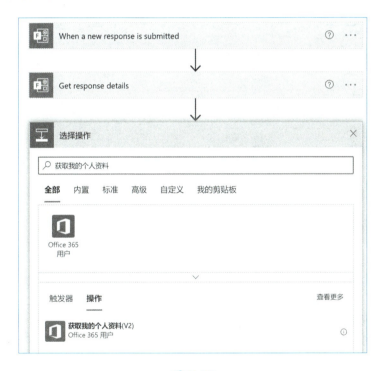

图 11-33

### 小贴士

例如"获取我的个人资料"卡片，实际是 Office 365 用户服务为开发人员提供的操作之一。通过这个操作，系统可以获取运行人员的个人信息，包括姓名、邮箱、所属部门、上级经理等（其中上级经理需要在 AAD 中有完善的个人上级经理的信息才可以获取到）。

但在继续后续的审批流程之前，系统先要判断部门信息。把鼠标光标悬浮在"获取我的个人资料 (V2)"卡片之后，单击加号插入新步骤，进入"选择操作"，在"选择操作"界面的搜索框中输入关键词"条件",列出符合要求的服务及触发器、操作。

服务是指 Microsoft 365 或第三方提供支持的平台、组件或 App,触发器和操作是这些服务提供的具体能力。

在本案例中则要依次单击【控件】→【条件】命令,如图 11-34 所示。

图 11-34

再按照操作过程,把后续所有卡片按原有顺序拖曳到"如果是"卡片内部,即判断"部门"等于"TR"的条件成立时,才执行后续审批操作,否则结束本流。以"部门=TR"作为条件,即单击"条件"卡片,单击【添加动态内容】命令,从"动态内容"中选择"获取我的个人资料 (V2)"提供的"部门"数据,运算逻辑选择"等于",值填入"TR",如图 11-35 所示。

到目前为止,我们并不需要过于关心究竟"获取我的个人资料 (V2)"能为我们提供哪些信息,因为这些在"动态内容"中已经做了很充分的描述。但实际业务总是会对开发做出各种意料之外的挑战。例如,我们的 TR 部门非常强大,为了更好地管理业务,IT 人员在 Microsoft 365 组织架构中对用户的部门做了更多细分,有 TR 一部、TR 二部、华东 TR、华南 TR 等,这可能导致我们当前的做法并不能满足业务需求,这就需要我们把运算逻辑"等于"改成"包含",甚至使用"动态内容"右侧的"表达式",通过公式计算来达成业务目标。当然,表达式在 Power Automate 中比较复杂,本书不做展开。

# 第 11 章 Microsoft 365+Power Platform 团队无代码自动化流案例

图 11-35

接下来在判断的逻辑分支"是"里添加操作,搜索"获取经理",并添加"获取经理"。单击"用户(UPN)"处的【添加动态内容】命令,选择【邮件】命令添加经理的电子邮箱,如图 11-36 所示。

图 11-36

在此模板的最后两个卡片步骤"Start an Approval"和"Condition"处分别进行"获取经理"的后续操作。

单击"Start an Approval"后的【…】，然后选择"复制到我的剪贴板（预览版）"，如图 11-37 所示，再依次单击"获取经理（V2）"后的【添加操作】→【我的剪贴板】命令，选择"Start an Approval"完成卡片的复制。

图 11-37

用同样的方法复制"Condition"卡片，再把多余的卡片删除。完成后的整体效果如图 11-38 所示。

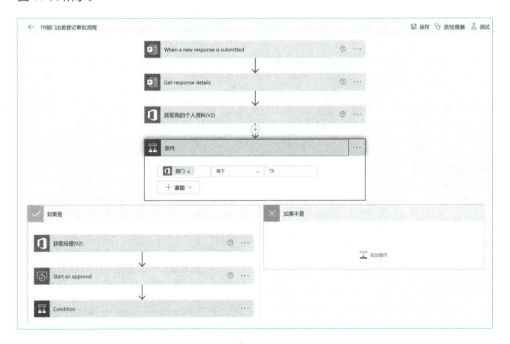

图 11-38

你在操作过程中除了可以复制卡片步骤也可以通过拖曳移动步骤，当你无法将某张卡片拖曳到另一个地方，可能意味着 3 种情况：一是后续卡片依赖这张卡片输出的数据，或者这张卡片依赖其他卡片输出的数据，重新调整位置会破坏这种依赖关系；二是漏洞；三是浏览器不兼容。

此外，我们也将发现，无论是"条件"卡片还是"Condition"卡片，其实是相同的操作，仅仅是中英文翻译造成的问题（Microsoft 已经做了很多翻译工作，所以添加的卡片大多以中文命名）。

最后再完善"Start an Approval"和"Condition"两个卡片内的具体信息。开始一个审批，分配给 Forms 表单提交者的经理，详细完善申请邮件信息。

当审批邮件到达经理处，无论经理审批结果是"Approval"还是"Rejected"都给表单提交人回复邮件说明审批结果，如图 11-39 所示。

图 11-39

操作完成后保存，检查流，然后开始提交表单测试流。

### 11.2.2 完成 Forms 表单审批流程

11.2.1 节就是自定义流的标准操作，请你一定掌握，我们将在后续章节继续展开。本案例剩下的工作就是完成其他卡片的配置。这一部分对于你来说，应该没有技术上的难度了。当然，还有一个难度不大，但你未必知道的问题，即如何获取表单 ID？

如果说，你为了复盘本案例，用自己的账号创建了一个表单"出差登记表"，并且很顺利地在"When a new response is submitted"卡片上指定了表单 ID 为"出差登记表"，如

图 11-40 所示。

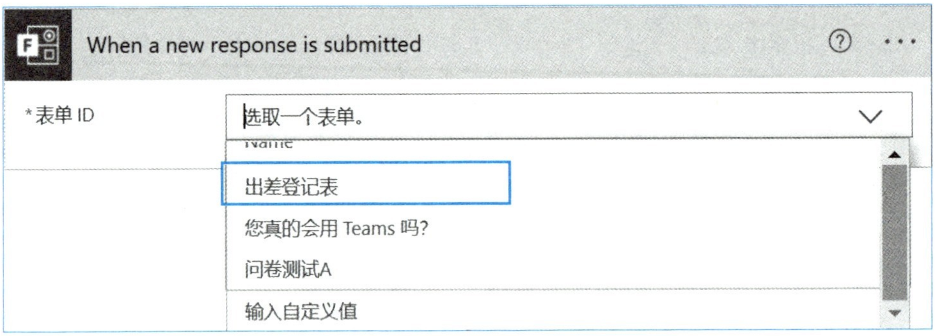

图 11-40

但问题可能并没有真正解决，你并不能找到团队表单。

例如，在"TeamSite"团队中，新创建的表单"在线培训调研"没有罗列出来（实际上，Power Automate 仅列出了个人创建的表单），如果要在流中收集这份表单的反馈信息，该怎么办？

其实，要得到表单 ID，说简单也很简单。

为了便于验证，你可以先把"出差登记表"移动到你所属的 SharePoint 站点。例如，我移动到了"Data Analysis"，如图 11-41 所示。

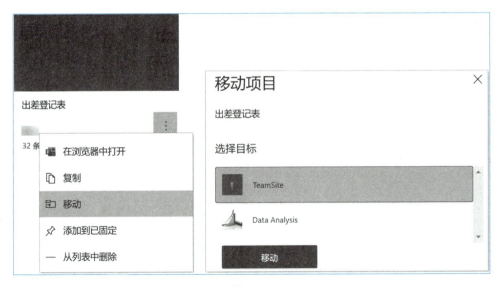

图 11-41

重新打开表单，浏览器的地址栏指明了该表单的 URL 地址。把这个地址复制到记事本。仔细观察，表单 ID 已经现形（FormId 之后的内容）。这正是"When a new response is submitted"和"Get response details"2 张卡片所要求的"表单 ID"，如图 11-42 所示。

图 11-42

转到 Power Automate 刚才的 Forms 流，单击【输入自定义值】命令，将 FormId 后的内容复制填入"表单 ID"。这样在填写并提交"出差登记表"表单时，仍然可以正常触发本工作流，如图 11-43 所示。

图 11-43

学习到现在，相信你已经能够参考图 11-44 将"Start an Approval""Send an email for Approval""Send an email for rejection"等卡片配置完成了（单独的纯文字可以手工录入，有图标的是动态内容）。

最后，根据本流的特点，单击编辑界面左上角流的名称，将"Start an Approval process and send an email on Microsoft Form submission"修改为"TR 部门出差登记申请流程"，然后保存，如图 11-45 所示。

图 11-44

图 11-45

## 11.3 深度修改：全面解锁 Power Automate 流程

当 SharePoint 列表检测到 TR 部门的员工填写了新的出差申请，要确认差旅目的地是否为疫情风险地区及员工是否已经注射疫苗，若发现异常，自动向申请人的上级发出审批请求。这一次并没有找到适用的流模板，只能手工制作。以此业务为切入点，我们可以更细致地了解 Power Automate 的开发问题。为了让你更好地理解流的方方面面，这一次，我们从零开始。当然，你完全可以在前文创建的流的基础上进行改造。

### 11.3.1 满足多种需求的流

从前述章节可知，我们既可以从 OneDrive、SharePoint 的数据或文档出发来创建流，也可以从流模板开始创建流。实际上，我们还可以从 Power Automate 主页单击【我的流】按钮，从零开始创建流。流的复杂度较高时，这可能反而是最常用的途径。

依次单击【我的流】→【新流】命令，在"从头开始创建自己的流"中列出了 5 种流的类型，如图 11-46 所示。

（1）自动化云端流。前述章节所有开发的流，实际上都是自动化云端流。其特点是当 Power Automate 检测到 OneDrive 中创建新文档、SharePoint 中新增一行数据、Forms 中提交一个表单等操作时，立即发出运行本流，执行流中预设的操作。

（2）即时云端流。在手动单击时，立即运行本流。例如，记录上班打卡的流。

（3）计划的云端流。按预设的周期或直到指定的时间才自动运行本流。例如，每周一早上 8:30，将业务表格中的数据汇总，并用电子邮件发送给相关人员。

（4）桌面流。记录桌面软件的操作过程，以便需要时自动重现这些操作（需提前安装 Power Automate Desktop）。

（5）业务流程流。与"Dataverse"紧密结合的一类流，通过在流中预设的操作，减轻填写"Dataverse"表格的难度和出错概率。例如，销售表包含 100 个字段，为了防止填错或遗漏信息，在流的开发中要为不同的销售阶段提供不同的字段，而不提供当前阶段的无关字段信息。

图 11-46

从上述相关描述可知，我们需要的是自动化云端流：当在 SharePoint 列表中添加一行数据（名为"外地出差登记"的列表）时，立即运行流，一旦检测到其符合条件（填表人的部门 =TR，是否有疫情风险 = 是，是否注射疫苗 = 否），就要求上级审批（审批人为填表人的经理）。

如果业务比较复杂，特别是多部门协作的业务流程，最好先用 Visio、MindManager 等流程绘制工具先绘制流程图，以便于我们厘清业务需求，如图 11-47 所示。

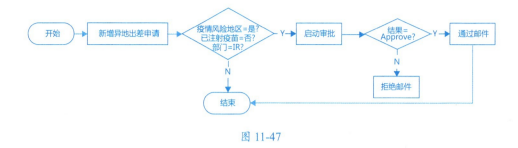

图 11-47

### 11.3.2 纯手工创建基于 SharePoint 列表的审批流

在 SharePoint 站点中要创建一个列表作为业务流程的基础，其名为“外地出差登记”。其数据结构如图 11-48 所示。

栏

栏可存储列表中每个项目的相关信息。此列表中当前包含下列栏:

| 栏(单击可编辑) | 类型 |
|---|---|
| Destination | 单行文本 |
| AreaAtRisk | 是/否 |
| Vaccined | 是/否 |
| DepartDate | 日期和时间 |
| ReturnDate | 日期和时间 |
| Applicant | 用户或用户组 |

图 11-48

**小贴士**

*尽量不要修改字段名，如果命名错误，最好删除后重新创建；字段名尽量用英文或拼音，名称中尽量不要包含空格。字段名违反上述建议时并非不能用，但在面向 Power Automate、Power Apps 开发时，在字符的编码解析方面会带来不必要的困扰。*

以自动化云端流为例，选择该类型的流之后，系统就进入创建向导。录入流名称之后按关键词搜索触发器（当然这里不需要，因为流所需要的“当创建项时”正好显示在列中），单击【创建】按钮，【跳过】命令是指跳过本导航，直接进入流编辑界面，如图 11-49 所示。

进入流编辑器之后第一张卡片正是“当创建项时”。在编辑界面，所有的卡片都通过单击【新步骤】按钮或两张卡片之间的加号添加操作步骤。

流的触发器（Trigger）与操作（Action）的区别如下。

你可以将触发器理解为本流触发运行的时机。例如，Outlook 检测到新邮件时，SharePoint 站点检测到新项被创建时。

相应的，流需要完成的业务需求可能很多、很复杂，这就需要我们把业务需求分解为若干个动作单元，这些动作单元就是操作。例如，发送邮件，判断审批操作的结果是否为Approve，将当前日期转换为"年.月.日"的格式等。任何一个流必然包含一个触发器，并且至少包含一个操作。

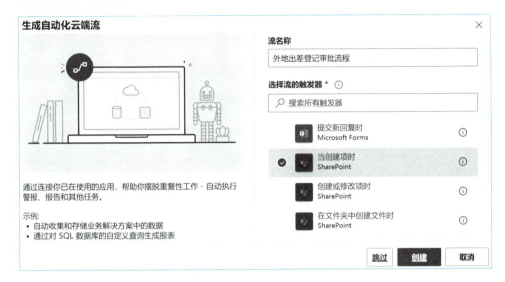

图 11-49

为了检测新的出差申请，配置触发器，依次单击【…】→【重命名】命令，如图 11-50 所示，将其更名为"创建新的出差申请时"。

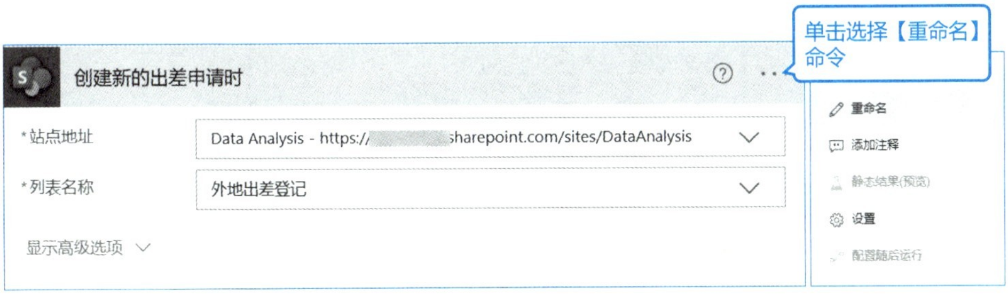

图 11-50

通过"新步骤"添加操作，将"获取我的个人资料(V2)""获取经理(V2)"分别更改名为"获取申请人的个人信息""获取经理信息"。

单击"获取申请人的个人信息"的"显示高级选项"，在"选择字段"中可以要求操作的结果仅提供指定的字段。例如，输入部门、城市，并在字段间用英文字符逗号分隔。这将意味着本卡片不再提供其他信息。

但究竟某张卡片能够提供哪些信息呢？我们可以从以下 2 个途径了解。

第一，从简便的角度来说，单击任意后续卡片，如"获取经理信息"，在"动态内容"中就列出了"获取申请人的个人信息"提供的可用字段，如图 11-51 所示。

图 11-51

**小贴士**

若要更全面地了解卡片提供的信息，请删除"选择字段"中的内容，再单击编辑界面右上角的测试按钮，依次单击或选择"手动""测试"或"保存与测试"，在 SharePoint 列表"外地出差登记"中添加一行数据，流立即进入测试状态，单击展开卡片"获取申请人的个人信息"，你将查看到这张卡片输出的所有信息，如图 11-52 所示。

图 11-52

第二，单击卡片上的"显示原始输出"可以查看卡片输出内容的数据结构及字段的英文名，这在编辑表达式时非常重要，如图 11-53 所示。

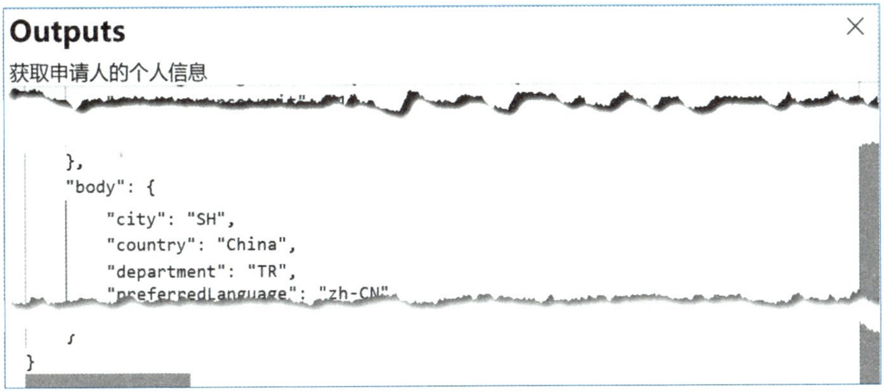

```
Outputs
获取申请人的个人信息
    },
    "body": {
        "city": "SH",
        "country": "China",
        "department": "TR",
        "preferredLanguage": "zh-CN"
```

图 11-53

上述测试完成后，重新在"选择字段"中添加"部门""城市"。然后单击添加"条件"操作，添加 3 个条件，如图 11-54 所示。

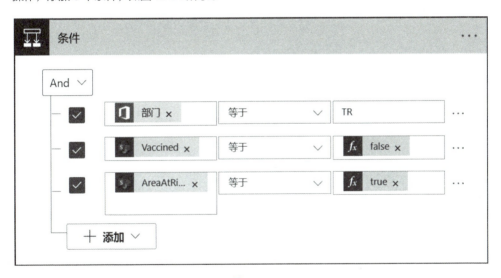

图 11-54

逻辑值中的"true"或"false"请通过表达式输入，而不是直接输入字符 true 或 false。输入方式：单击编辑框，在弹出的窗口中单击【表达式】标签，输入"true"，单击【确定】按钮，如图 11-55 所示。

继续添加卡片，在"如果是"中添加操作，在弹出的对话框中搜索关键词"审批"，选择"启动并等待审批"，再修改卡片名为"出差审批"，并完善出差审批设置。

435

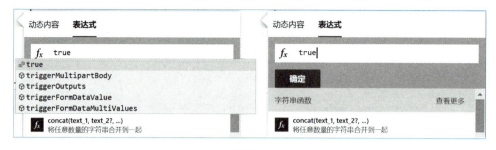

图 11-55

将"审批类型"配置为"批准/拒绝 - 首先响应",输入标题,添加一些动态内容,在"获取经理信息"中选入"邮件"动态内容到"已分配给",具体详细内容请参考图 11-56。

图 11-56

由于不涉及多人审批等复杂情况,配置的结果意味着针对添加的出差申请数据要启动一个审批流程,并等待提交人的经理的审批。

同理,根据业务的要求,将其他操作逐一添加进流,并进行适当的配置,包括对审批结果的条件判断,通过申请发送给申请人的邮件,拒绝申请发送给申请人的邮件等,如图 11-57 所示。

图 11-57

完成设置后，可以从测试的角度来验证：依次单击【测试】→【手动】→【保存与测试】命令，在"外地出差登记"中录入一条信息，立即自动触发本流，如图 11-58 所示。

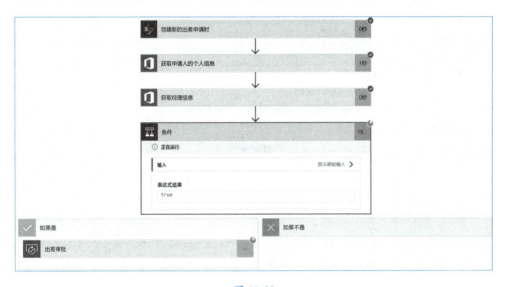

图 11-58

在测试或运行状态中，可以看到每张卡片右上角的状态图标，其具体含义如下。

- 代表已经成功通过的操作。
- 代表等待中的操作。
- 代表本次运行没有经过的操作。
- 代表失败的操作。

### 11.3.3 排查流中存在的问题

若排查流中存在的问题，要注意以下 4 个方面。

第一，需要多人配合的操作，如审批操作，为了便于测试，在未完成开发之前，都将"已分配给"修改为开发人员自己。

第二，将 Power Automate 界面设置为自己最习惯的语言，如中文 ( 简体 ) 或 English。设置方式是单击 Power Automate 右上角的齿轮图标、选择"查看所有 Power Automate 设置"，相应界面如图 11-59 所示。

图 11-59

第三，充分利用"测试"功能。从前述的讲解可知，Power Automate 上手其实很简单，最大的难度在于用户不熟悉有哪些操作可用，每个操作能为后续操作提供哪些数据支持。例如，"获取申请人的个人信息"所能提供的数据，"出差审批"的动作结果究竟是怎样的，在测试界面上打开测试结果卡片，或单击【显示原始输出】命令，这些就一目了然了，如图 11-60 所示。

第四，在复杂的配置中，借助 Power Automate 右上角的"流检查器"检查、排除错误。

如图 11-61 所示，"警告"中的内容未必会产生问题，但"错误"情况必须纠正。

Create file 代表出错的卡片名，"站点地址"代表发生错误的卡片属性或表达式内容。

第 11 章　Microsoft 365+Power Platform 团队无代码自动化流案例

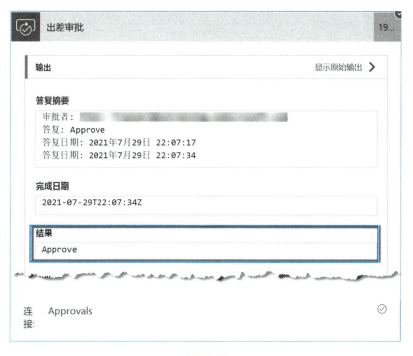

图 11-60

图 11-61

### 11.3.4　运行和管理流

如果你已经完成了上述案例，自然已经了解到运行 Power Automat 是怎么回事。在本书中，所有的流都是自动运行的，不需要通过其他方式触发。但在实际业务中，会有更多的情况需要处理。例如，在流的修改过程中，如果担心一旦修改失败使以往的工作全部浪费，可以将流另存为，或导出到本地，如图 11-62 所示。

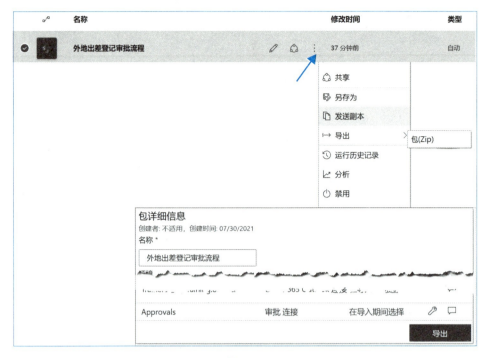

图 11-62

单击待处理的流右侧的操作按钮,列出操作菜单。

另存为:另存为之后,请记得禁用旧版的流。

导出:导出时,按照导航,一般不需做更多操作文件就会自动下载到本地。

共享:共享就是使其他同事也能用上该流。当然要考虑到一种情况:流使用了一些服务,包括 Outlook、SharePoint、Office 365 User 等,在共享的过程中流系统也会告知被共享人将访问这些服务,也就是说,被共享的人必须具有相关服务的使用权限。

其他的功能就相对比较简单了,在此不再赘述。如果有更深层的兴趣,通过卡片上的问号可以获取帮助,使你解锁更多 Power Automate 的技能。

### 11.3.5 Teams 中自带的审批中心

当流程漫游于团队内部时,你是否知道哪些请求已经批准?哪些请求还未批准呢?可以在你创建、管理和共享的 Teams 系统的审批中心中进行查看。用户可以直接在 Teams 中审阅并执行操作,快速完成工作。

在 Teams 左下角的应用中搜索"审批"应用并不添加频道、聊天、机器人等,直接单击打开应用。在左侧导航中可以看到"审批"应用,这是临时按钮,你可以右击【审批】命令,在菜单中单击【固定】命令将其定在左侧导航中,单击【取消固定】命令即可取消,如图 11-63 所示。除此之外,你可以在图中看到【已接收】和【已发送】两个标签,一个是等待你审批的流程;另一个是你已发送的申请请求。

图 11-63

默认情况下，Teams 中的"审批"应用可用，可在 Teams 管理中心中禁用"审批"应用。如果你的 Teams 中的"审批"应用不可用，请和企业 Teams 管理员联系。

## 11.4 轻松实现：Power Apps 无代码创建业务 App

顾名思义，Power Apps 是一款 App 的强力开发工具。在无须掌握太多 IT 知识的情况下，管理层要鼓励公司全员参与开发 App，让他们可以通过计算机、手机等智能设备，随时随地填写表单，提交业务信息。

### 11.4.1 场景案例：基于 OneDrive 的 App

单击 Microsoft 365 九宫格按钮中的 Power Apps 图标 ◆，进入 Power Apps 主页，如图 11-64 所示。

Power Apps 为我们提供了三种创建 App 的方式，即从空白开始、从数据开始、从模板开始。相对来说，Power Apps 的模板比 Power Automate 的模板少很多，但仍然不失为学习借鉴的一种好方式。不过，在大多数场合下，从空白开始或从数据开始创建 App 可能更加常用。

📑 案例背景：

Excel 工作簿"附件 3：分供方补充审批表"存储在 OneDrive 中，直接在 Excel 中填写的出错机会很大，出于各种考虑某公司决定用 App 实现填表功能。

## 操作方法：

第 1 步，先创建 Excel 表格并保存到 OneDrive 中，在 Power Apps 接收 Excel 工作簿中的数据时，必须使用"表"，否则系统将提示此文件没有任何表，如图 11-65 所示。

图 11-64

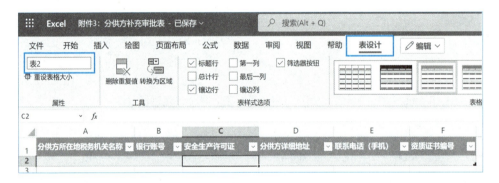

图 11-65

所谓"表"指的是由普通数据区域转换成的表。表有最重要的三项特点，一是拥有独立的工具选项卡【表设计】，其中包含了一系列表工具；二是可以命名，如用"分供方补充审批表"来代表表区域；三是填充数据时自动扩大表区域，如图 11-66 所示。

图 11-66

依次单击【主页】→【从数据开始】→【Excel Online】命令。从"连接"中选择 OneDrive 的相关连接，如图 11-67 所示。界面中会立即列出存储在 OneDrive 中的文档，其中就包括已经上传的"附件 3：分供方补充审批表"。

如果在中间区域的连接列表中没有包含 OneDrive，请单击【新建连接】命令，选择连接列表中的"OneDrive for Business",然后单击【创建】按钮即可,如图 11-68 所示。

列出 OneDrive 中的文件后,选择表"附件 3:分供方补充审批表",单击【连接】命令,Power Apps 就基于该表开始创建 App。设置完成后系统自动进入编辑开发界面,如图 11-69 所示。

图 11-67

图 11-68

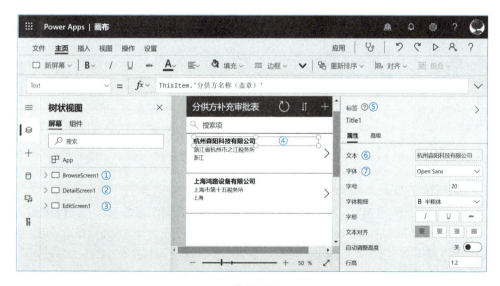

图 11-69

依次单击图 11-69 中的内容，首先初步了解一下 Power Apps 的开发界面。①②③处的 BrowseScreen1、DetailScreen1、EditScreen 是 Power Apps 开发的容器控件，称为屏幕，你也可以理解为页面。当我们用手机打开任何 App，如 Outlook，单击底部的导航按钮，可以切换到邮件、日历等不同风格的界面，它们以迥异的布局风格显示邮件列表、日程列表。每种布局风格就相当于 Power Apps 的一个屏幕，负责以最友好的形式显示本页面应该呈现的内容。

（1）BrowseScreen1，以列表的形式显示 Excel 工作簿中的所有行。

（2）DetailScreen1，显示具体某一行数据的各列信息，即某家分供方的名称、所属省市、安全生产许可证等各列的信息。

（3）EditScreen1，编辑某一行数据的界面，即新增一家分供方，或编辑某家分供方时，在该界面进行操作。

在 App 运行过程中，多个屏幕之间通过预先设定的、合理的机制实现跳转。例如，打开 App，显示 BrowseScreen1；单击任意分供方，系统自动跳转到对应的 DetailScreen1；单击 BrowseScreen1 的加号按钮或 DetailScreen1 的编辑按钮，跳转到 EditScreen1。

选择 BrowseScreen1，中间区域显示该屏幕的布局样式，其中包含了标题、刷新按钮、排序按钮、新增按钮及分供方列表等数据信息。Power Apps 以各种各样的控件来显示数据信息，或者与用户交互，用户单击这些控件可以了解控件的更多细节。

例如，如图 11-69 所示，单击显示第一家分供方名称的控件④，右侧列出了该控件的标签⑤、文本内容⑥、字体⑦等属性。单击左上角的【文件】选项卡，将 App 命名为"分供方审批 App"，单击【保存】按钮。重新打开 Power Apps 主页，在"应用"中找到本 App，如图 11-70 所示。

图 11-70

单击即运行该 App，其界面与开发界面完全一致。

至此，我们已经非常轻松地完成了这个具有基本查看和编辑功能的 App，尽管仍然很简陋但其已有具有基本的应用功能。美中不足的是，从数据源出发创建的 App 会自动采用"手机布局"，而不能更改为"平板电脑"布局，这对非手机设备的用户显得不是那么友好。

最后要发布并共享该应用给你的目标用户，如图 11-71 所示。同时别忘记 OneDrive 中的 Excel 表格也要共享编辑权限给目标用户（共享方法参考第 7 章相关内容）。

图 11-71

这样接受共享的这些用户可以通过 Apps 直接填写表单信息。他们虽然对 OneDrive 中的表格也有编辑权限，但如果不想用户编辑你的 Excel 表格则可以不把 Excel 编辑链接分享给用户，这样用户也找不到你的 Excel 表格。

### 11.4.2 场景案例：基于 SharePoint 列表的 App

#### 案例背景：

按照公司的安全策略，每个用户应当只能看到自己的出差申请记录。很显然，直接在 SharePoint 站点编辑列表并不安全。在 Power Apps 中开发一个 App 让用户直接通过 App 提交信息就可以很容易解决这个问题。

#### 操作方法：

首先在 SharePoint 站点中创建列表，如图 11-72 所示（可参考第 8 章相关内容）。

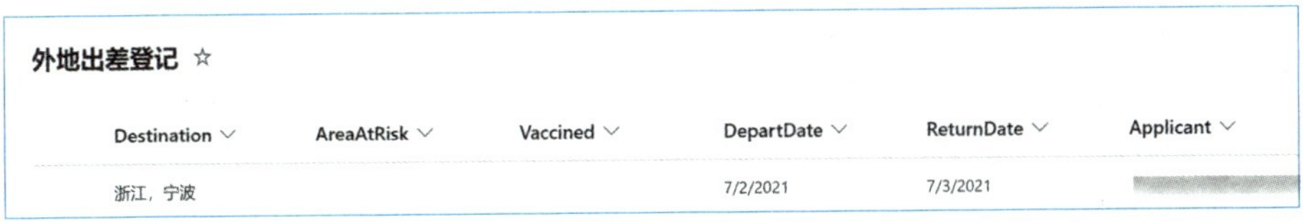

图 11-72

然后在 Power Apps 中单击【新建】按钮，可以依次单击【从数据开始】→【SharePoint】命令，选择一个 SharePoint 连接或新建一个 SharePoint 连接，连接到 SharePoint 中"Data Analysis"站点的"外地出差登记"列表，如图 11-73 所示。

图 11-73

只需等待 1 分钟，Power Apps 就可以基于"外地出差登记表"自动创建出一个基本可用的 App。仔细观察你会发现，它的布局风格与 11.4.2 节的效果完全一致。少许的差别是数据源不同带来的。但是按照此前的需求调查，BrowseScreen1 中应该仅显示与用户有关的出差申请记录，但目前的列表中包含了列表中的全部数据。我们来验证这一点。

首先，将提交人的姓名显示在 BrowseScreen1 中。

参考图 11-74，在该屏幕中，单击出差申请记录区域的第一条数据①，单击【插入】选项卡②和【标签】控件③，Power Apps 就在包含所有出差申请记录的控件中添加了一个新的标签控件。保持选中控件④的情况下，确定属性列表中为 Text ⑤，编辑公式⑥为"ThisItem.Applicant.DisplayName"，如图 11-74 所示。

图 11-74

这一系列操作体现了控件显示数据源中的数据的逻辑,在此我们先不去追究细节,这将在后续章节逐渐展开。为了让列表中仅包含使用者(就是登录用户本人)的出差申请记录,需要修改公式。

单击包含所有出差申请记录的控件,其被称为库 Gallery,名为 BrowseGallery1(保险起见,请单击第二条记录),即选中库①。确定属性列表中显示为 Items ②,修改其公式。

修改前:SortByColumns(Filter([@ 外地出差登记 ], StartsWith(Title, TextSearchBox1.Text)),"Title", If(SortDescending1, Descending, Ascending))。

修改后:SortByColumns(Filter([@ 外地出差登记 ], StartsWith(Title, TextSearchBox1.Text), Applicant.Email=User().Email), "Title", If(SortDescending1, Descending, Ascending)),如图 11-75 所示。

注意:公式标记部分的第一个字符是逗号。

图 11-75

另外,Title 在本公式中没有意义。Title 是 SharePoint 创建列表时自动添加的字段,在前面 Power Automate 部分定义该列表的结构时,没有使用 Title 字段。但 Power Apps 自动生成 App 时,按照标准流程依然使用了 Title 字段。为了让 App 更贴合开发需求,移除任何使用 Title 字段的地方。右击"目的地"上方的控件①(因为 Title 字段没有数据,显示为空白),右击之后选择【剪切】命令②,或按下键盘上的【Delete】键,删除代表 Title 字段的控件。注意箭头所示位置,可知该控件的名称为 Title1,如图 11-76 所示,类型为标签 Label。

删除 Title1 控件后系统中立即出现错误提示。根据错误提示,单击"在编辑栏中编辑",已知出错控件"Subtitle1"的垂直布局位置 Y 引用了已被删除的控件 Title1 的垂直位置值 Y 和高度值 Height,如图 11-77 所示。

所以把 Title1.Y+Title1.Height+2 修改为数值 30 即可(控件 Subtitle1 所在的位置)。

图 11-76

图 11-77

回到库的 Items 属性，在公式编辑器中按【Shift】+【Enter】键换行，再按【Tab】键增加 4 个空格。公式修改为图 11-78 所示的内容，并进行格式化，提高易读性。

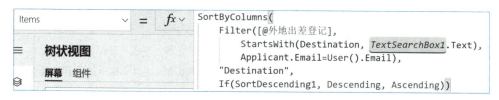

图 11-78

本公式使用了 5 个函数，可以这样简化理解。

（1）StartsWith(文本,字符)，判断文本中是否以"字符"开头；在公式中，"字符"的内容取自 TextSearchBox1 控件的 Text 属性，也就是图 11-76 中"搜索项"文字所在的控件。选中该控件，即可从右侧面板查看到名称，如图 11-79 所示。

图 11-79

（2）User()，获取 App 使用者的信息，点号计算出其中的子一级信息。你在书写 User() 并加上点号时，会弹出可选子一级信息以供选择，如图 11-80 所示。

图 11-80

User() 可以计算出使用者的 Email、FullName、Image 三项信息。准确地说，User() 计算出的使用者信息是一个含有内部结构的复杂数据类型，包含了 Email、FullName、Image 三项属性，并且可以使用点号运算符获取指定的属性值。

这其实与公式中的 Applicant.Email 是类似的。只不过 Applicant 是"外地出差登记"表的一个字段，而这个字段是一个 Person 类型的数据结构，存储了包括 Email、DisplayName、Department 的 Office 365 用户信息。

（3）Filter(表,条件)，按指定的"条件"对表进行筛选，仅保留符合条件的数据行。

（4）SortByColumns(表,字段名,排序依据)，用于对筛选结果进行排序，并显示在库中；排序依据可取值为 Descending 降序排序、Ascending 升序排序。

（5）IF 函数在这里涉及了变量和人机交互，暂时先不深入介绍。

整合起来，这段公式的意思是按照 TextSearchBox1 搜索出差申请记录的目的地字段，并且要求 Applicant 字段值是使用者本人，筛选出符合条件的申请记录，再按 Destination 字段排序，最后显示在库中。

此外，要想单击任意条出差申请记录就跳转到新的页面，并显示详细信息，该怎么办呢？这需要 BrowseScreen1 和 DetailScreen1 的配合。

从 BrowseScreen1 的角度来说，开发人员要告诉它，鼠标单击库的时候就跳转到 DetailScreen1。Power Apps 实现的方式是，在库的 OnSelect 属性中设置代表跳转的行为函数 Navigate，如图 11-81 所示。

图 11-81

Navigate（屏幕，转场效果），指示导航到"屏幕"；转场效果包含 Cover、Fade 等效果，不必记住有哪些效果，DetailScreen1 后跟上逗号，这些效果就都有了。

对 DetailScreen1 来说，它得知道用户单击了哪一条出差申请记录。我们选择 DetailScreen1 屏幕之下的 DetailForm1 控件。可以单击该屏幕底端的空白区域，或者依次单击【树状视图】→【DetailScreen1】→【DetailForm】命令，如图 11-82 所示。

图 11-82

DetailForm1 控件的 2 个属性决定了它应该显示什么内容：DataSource，连接到"外地出差登记"表；Item，利用 BrowseGallery1.Selected 得到 BrowseScreen1 的库的当前选择。

依次单击【文件】→【保存】→【发布】命令，确认发布此版本之后我们再单击打开该 App 时其将以最新修改状态运行，如图 11-83 所示。

图 11-83

再次转到 Power Apps 应用页面，这时候你可以关注 Power Apps 其他按钮，如图 11-84 所示。

图 11-84

（1）播放：运行选中的 App。

（2）共享：将 App 共享给其他同事使用，共享对象有 2 种权限，即仅使用和参与开发，后者即图 11-85 中的"共有者"。

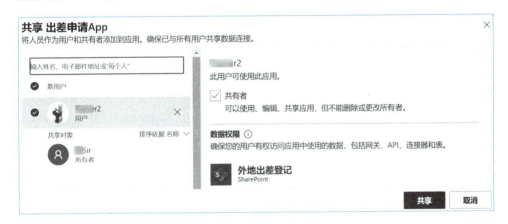

图 11-85

（3）导出包：将 App 打包成 Zip 文件并下载到本地（这与 Power Automate 的导出类似）。

（4）详细信息：这里主要关注 Power Apps 开发的版本管理思路。在开发过程中，每次保存，都将生成一个版本号，以便我们随时还原到早前的版本。还原时，为了不丢失后面的版本，Power Apps 将该早期版本处理为一个最新版本。例如，当前 App 已经有 3 个版本，如图 11-86 所示，当想要回到"版本 2"时，单击"版本 2"右侧的省略号之后进行还原，将生成"版本 4"。

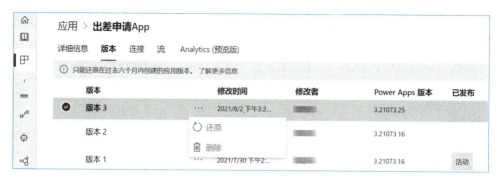

图 11-86

### 11.4.3 场景案例：基于 Dataverse For Teams 构建应用

将 App 嵌入 Teams，只需在团队 Team、频道 Channel 中添加选项卡 Tab 即可。详细操作请参考第 9 章 Teams 的相关操作。但是，Teams 里并不只是将已开发完成的 App 嵌入 Teams，你还可以直接在 Teams 中构建自己的 App。通过前面的学习我们了解到 Power Apps 可连接的数据库有 Excel、SharePoint 列表、SQL、Dataverse（以前称为 Common Data Service，简称 CDS）。

**案例背景：**

为了让更多的用户愿意使用 Power Platform 的开发成果，用户不必知道在实施业务的过程中，触发了哪些流，去哪里找 Power Apps 的 App。Dataverse 中新的 Power Apps 应用提供了集成体验，供应用开发者在 Teams 内创建和编辑应用与工作流，并快速发布和共享以供团队的任何人使用，不必在多个应用和服务之间切换。

**操作方法：**

第 1 步，在 Teams 中创建 PowerApps 应用。

单击 Teams 左侧导航栏中多个添加的应用图标，输入关键词，找到并单击 Power Apps 图标，然后单击【立即启动】按钮，选择团队，单击【创建】按钮，如图 11-87 所示。

在 Teams 内部打开 Power Apps 编辑器，虽然其在功能上与 11.4.2 节的 Power Apps 开发环境（Power Apps Studio）一致，但按钮布局有少许差异，输入应用名称"市场活动创意"并单击【保存】按钮，如图 11-88 所示。

第 2 步，创建 Apps 数据表。

Teams 中内置的应用数据以表的形式存在于 Dataverse for Teams 环境中。这些数据可以像其他数据库一样，添加更多列字段来跟踪每条记录的不同属性。

# 第 11 章 Microsoft 365+Power Platform 团队无代码自动化流案例

图 11-87

图 11-88

单击左侧导航中的数据库按钮,单击【创建新表】按钮,在"创建表"对话框中,为新表输入一个有意义的名称,即"市场活动创意记录表",用于描述该数据集,然后单击【创建】按钮,如图 11-89 所示。

接下来向表添加列以跟踪新数据。

按照步骤依次单击【添加列】命令,输入最能描述新列的名称,选择列的类型,必要的情况下单击【高级选项】命令更改所选列的类型,完成后单击【保存】按钮。重复这几个步骤以添加其余数据列,如图 11-90 所示。

关闭表后,默认情况下系统将会自动刷新已添加到应用屏幕的应用模板以使用新表。导航到数据库,单击【编辑数据】命令,可重新更改表,添加删除字段,如果不需要数据源可以删除表,如图 11-91 所示。

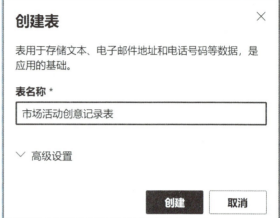

图 11-89

图 11-90

图 11-91

如果某个人想添加其他数据源（如新表），或者重新打开应用，可将数据连接到应用之后手动刷新。

第3步，手动将数据连接到应用。

屏幕中心提示，单击【包含数据】命令，选择前面创建的数据表"市场活动创意记录表"，Power Apps 自动创建库和窗体，如图 11-92 所示。不过自动创建库和窗体组件仅使用第一个数据源的数据自动刷新。如果添加其他数据源（如新表），或者重新打开应用，用户必须手动将数据连接到模板库和窗体。

图 11-92

第4步，添加容器管理 Power Apps 控件。

转到树状视图，你可以看到 RightContainer1、LeftContainer1 等容器控件。每个容器里有几个控件，容器方便我们在应用中整体布局规划，当前页面分为左侧一个区域，右侧一个区域，完全可以用容器来管理布局。将来自定义 App 时也可以把很多应用控件装在一个容器里，以防在控件很多时找不到想找的控件，如图 11-93 所示。

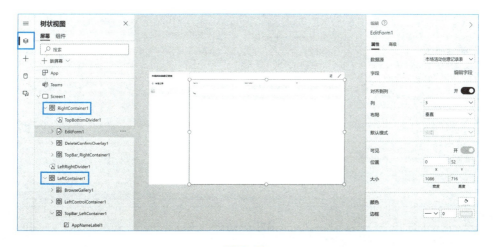

图 11-93

我们先看 Right Container，其中的 Edit Form1 是个窗体，它是 Form 表单，是用来新建、编辑数据的，它的数据源也连接到"市场活动创意记录表"；再看下 Left Container 容器控件，BrowseGallery1 是库，它可以展示所有提交的数据，它的数据源也连接到"市场活动创意记录表"。

现在可以单击窗口上方的【预览】按钮，或者按【F5】键预览应用，如图 11-94 所示。

图 11-94

单击【新建记录】命令添加记录，ID 是自动编号，用户不能填写，最后单击对号提交创意，如图 11-95 所示。

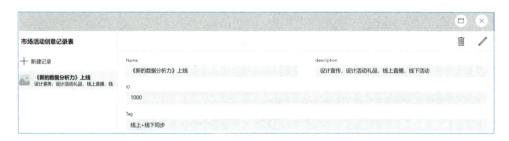

图 11-95

第 5 步，在 Apps 上添加更多控件。

回到树状图视图可以看到 Teams，通过 Teams 控件可以读取到当前 Team 中的数据源。

首先添加一个标签，然后将标签中的"Text"修改为：Teams.ThisTeam.DisplayName。然后，在右侧任务窗格中修改标签字体颜色、位置等其他外观，如图 11-96 所示。

图 11-96

Teams.ThisTeam.DisplayName 表示可以读取 Teams 控件，Teams 控件很多，你可

以看到 ThisChannel（当前频道）、This Team.（当前 Team），This Team 后还可以看到 DisplayName、GroupID、ID 等信息。Teams.ThisTeam.DisplayName 在应用发布后，会把当前团队的名称显示到应用上。

单击左侧导航中 TopBar_LeftContainer1 里的 AppNameLabel1 控件，在公式栏把应用的名称更改为"市场活动创意收集"。

单击左侧导航中 LeftControlContainer1 里的 IconButton_Add_Label1 控件，即新建记录控件，把它的"Text"更改成"提交创意"，如图 11-97 所示。

更改后先预览，再保存。

图 11-97

第 6 步，发布到 Teams。

单击【发布到 Teams】命令把应用固定到需要的频道中，单击加号将其添加到频道，单击叉号将其从频道中删除，再单击【保存并关闭】命令。接下来提示在 Teams 发布的 Power Apps 应用将共享给团队所有人，再单击【下一步】按钮，设置在哪个频道上显示隐藏选项卡，再单击【保存并关闭】命令，如图 11-98 所示。

图 11-98

在 Teams 里发布 Power Apps 应用与单独发布 Power Apps 应用是有区别的。

Power Apps 单独发布应用后，还要给团队共享应用对应的数据权限。

而在 Teams 中发布应用会把应用发布给团队的所有人，这时团队的成员和访客都可以使用应用，并且数据源都在 Dataverse Teams 当中，就是我们开始创建的表里，团队的成员是可以直接访问和使用表数据的，不需要再单独的授权操作，省去了单独授予权限的过程。这也是 Power Apps 单独发布应用与在 Teams 中发布应用比较大的区别。

切换到 Teams 中的市场部团队，在常规频道中可以看到【员工活动创意】选项卡，从中可以看到团队的名字及提交的创意，这样所有的团队成员和来宾都可以看到并使用这个应用了。

**小贴士**

来宾用户登录 Teams 后可以提交创意，但只能看到自己提交的创意。团队成员可以看到所有的提交记录。

## 11.5　场景案例：全面解锁 Power Apps 低代码创建 App

**案例背景：**

某公司基于公司数字化转型战略，要求员工出差申请的提交和审批均通过 App 完成。

从前面的几个章节，相信你已经认识到用 Power Apps 创建 App 可以说非常容易上手，但在要解决一些特定需求时如果运用 Power Apps 中的函数和公式，可以让 Power Apps 变得更加强大。

本节不依赖模板，也不从现有数据出发，而是从零开始创建 App，以便帮助你系统地了解 Power Apps 开发。

### 11.5.1　Power Apps 支持多种形式的 App

Power Apps 作为 App 的开发工具，并非完全独立的，而是 Power Platform 的组件之一。总体而言，Power Apps 主要用于开发出 App 界面，当然这不可避免地会涉及一些业务逻辑。因此，用 Power Apps 开发应用时要重视用户体验。例如，App 的颜色、页面布局、输入项应该采用文本框还是下拉选项、字段值之间的依赖关系等都应该是开发时人们要关注的点，要与实际用户密切沟通，不应该由开发人员拍脑袋来决定。

在开始创建 App 之前，首先考虑应该创建哪一种类型的 App，如图 11-99 所示。

（1）画布应用：随心所欲地创建 App（我们前面案例中创建的都是画布应用）。

（2）模型驱动应用：与 Dataverse 结合紧密的一类 App（由于其涉及的技术技巧非常多，因此在本章节没有涉及）。

（3）门户应用：为公司外部用户提供服务的一类 App（由于其涉及 JavaScript 之类的开发语言，本章节不涉及）。

图 11-99

### 11.5.2 Power Apps 可连接多种数据源

Power Apps 作为 App 开发工具，本身并不负责维护数据，需要通过其他的应用来存储和管理数据。

一般来说，Excel 工作簿或 SharePoint 列表比较深入人心，公司或业务部门可能不需付出额外成本和学习代价就能接受其作为数据源。因此，存储于 OneDrive 或 SharePoint 中的 Excel 工作簿、SharePoint 列表是最常用的数据源。

此外，Microsoft 更推荐使用 Dataverse 作为数据源，因为它具备更强的数据管理能力、更高的数据处理效率。当然，Power Apps 也支持 Google 表格、Salesforce 等云服务，支持本地部署的 SharePoint、Excel Online、SQL Server 等数据库，如图 11-100 所示。

无论使用哪种数据源，如果在云上，要选择正确的数据源类型、连接方式；如果不在云端，还需安装和配置 Data Gateway。

图 11-100

### 11.5.3 从白板开始创建 App,开局很简单

正如前文中的案例,创建 App 可能只需要用鼠标单击即可完成。因为 Microsoft 为我们提供的 Power Apps 很强大,不需要我们具备 IT 背景,不需要我们配置开发环境,并且不需要我们必须掌握某种编程语言。

但我们也发现,但凡要做个性化修改,就需要和公式接触。而且很明显,如果用户拥有一定的编程开发知识背景肯定非常有利于其理解 Power Apps 的开发套路。

单击 Power Apps 主页中的【从空白开始创建画布应用】命令,或依次单击【应用】→【新应用】→【画布】命令,将其命名为"出差申请 App3",选择"手机"布局。这时系统就自动插入一个屏幕控件,将其重命名为"ScrBrowse",如图 11-101 所示。

图 11-101

在这个开发过程中,除了要针对业务逻辑、用户习惯做细节开发,整体上,在【常规】选项卡中还有一些设置需要我们掌握。单击【常规】选项卡,你可以从中看到应用图标(如图 11-102 所示)等设置。

应用图标:打开 App 时呈现的图标。

自动保存:设定自动保存 App 的时间间隔。

图 11-102

数据行限制：简单应用的情况下不用考虑，但需要通过编写公式从大数据量的数据源中检索、计算数据时，请你仔细考虑其中的一些问题，如设定为数字 2，它带来的影响可能是你只能就数据源的前 2 行数据检索和计算，其结果可能是错误的：其将数字改为 2 000（最大值），它的影响是检索和计算的结果不包含第 2 001 行之后的数据。

但并不总是这样的，如果你所编写的公式支持代理，这个限制就不存在。因为 Power Apps 会将公式提交给服务器进行检索和计算，再将结果返回到 App。如果你的公式不支持代理，它将受限于这一限制性数量。

例如，将数据行限制设为 2，验证选项的影响。

 操作方法：

第 1 步，先连接到数据源。

依次单击 ScrBrowse 屏幕的【连接到数据】→【添加数据】→【SharePoint】命令，连接到 SharePoint 站点 Data Analysis 中的"外地出差登记"表。

第 2 步，绘制一个库，在内部插入一些控件以显示出差申请记录。

在 ScrBrowse 上插入"垂直空白库"，将其命名为 gryBrowse，设定其 Items 属性为"外地出差登记列表"。选中第一行模板，继续插入 4 个标签控件，命名为 lblReturnDate、lblDepartDate、lblApplicant、lblDestination。

在库之外绘制一个标签，命名为 lblCountRows，其 Text 属性为"CountRows（外地出差登记）"，如图 11-103 所示。

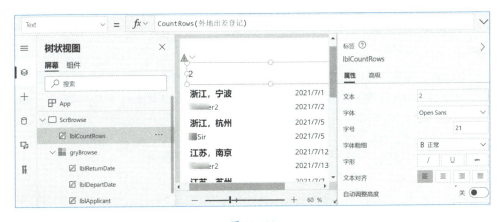

图 11-103

很显然，统计结果是错误的，实际的测试数据一共有 6 行。为了得到正确的结果，可以修改数据行限制为 2 000（设置完毕，请参考图 11-104 刷新数据源）；但这不是很好的解决方法，因为我们无法预知在生产环境中会产生多少行出差申请记录。

对于本案例来说，可以通过公式"CountRows(gryBrowse.AllItems)"来解决。但是实际业务一般不会要求返回大批量的数据，而是通过 Filter 等函数计算出符合条件的少量数据。

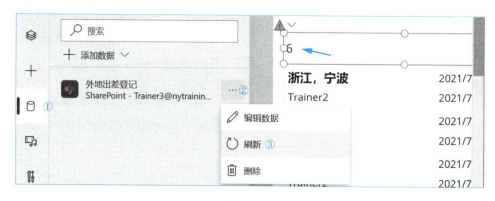

图 11-104

### 11.5.4 常用六个控件带你渐入佳境

我们再来回顾一遍 Power Apps 究竟怎样显示数据。

1. 文本控件

先添加一个文本输入控件，命名为"txtApplicant"，前缀代表它的控件类型为"文本输入 Text input"。

在前面创建的 gryBrowser 中，为了能显示所有"出差申请"记录，设定其 Items 属性为"外地出差登记"，如图 11-105 所示。

图 11-105

这代表了整个"外地出差登记"列表中的数据。如果需要更改为指定申请人的数据，设定其 Items 属性为 Filter( 外地出差登记, Applicant.DisplayName=txtApplicant.Text)，如图 11-106 所示。

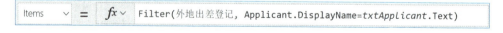

图 11-106

还可以仿照前文中自动生成的 App，按 DepartDate 做正序、逆序排序。为了能让一个排序按钮搞定两种不同方向的排序，需要用到变量。或者换个角度来说，筛选完毕的数据用函数 Sort 或 SortByColumns 排序时，由于排序参数只能在 Ascending 或 Descending 之间二选一，干脆不直接选用，而是用一个变量来保存当前的排序参数，由排序按钮决定下一次应该使用哪个参数值。

2. 按钮或图标

插入一个按钮或图标（无论用按钮、图标、标签或其他的控件都一样，关键在于

OnSelect 属性；本文选择"排序"图标），设定其属性 OnSelect 为 Set(sortVal, If(sortVal= Ascending,Descending,Ascending))，如图 11-107 所示。

图 11-107

这就意味着，用户单击这个图标时，App 判断 sortVal 的值是否为 Ascending，如果是，就赋值为 Desending，否则赋值为 Asending。将 sortVal 变量用于 gryBrowser 的 Items 属性如下。

Sort(

Filter( 外地出差登记，Applicant.DisplayName=txtApplicant.text),

DepartDate,SortVal)

具体内容如图 11-108 所示。

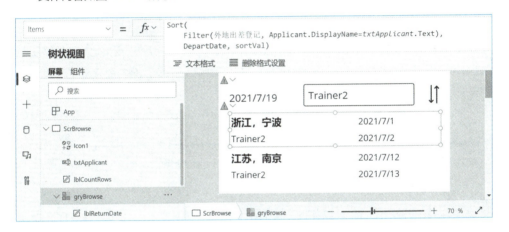

图 11-108

### 3. 标签控件

当库 gryBrowser 对应的是符合条件的若干行数据时，为了能显示各行数据的某些关键字段信息，在库内要插入控件，内部控件显示数据的属性与字段绑定。因此，为了让标签控件 lblDepartDate 显示离开日期，指定其 Text 属性为 ThisItem.DepartDate，如图 11-109 所示。

图 11-109

ThisItem 代表各行数据本身，点运算符计算出该行数据的某个字段值。也因此，相信你能得出这个公式的写法："Depart Date: " & ThisItem.DepartDate。其中的 "&" 是文字连接符，与 Excel 中的含义完全相同，如图 11-110 所示。

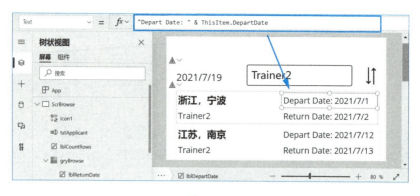

图 11-110

### 4. 库

此外，gryBrowser 库中的某行数据可以通过库的 Selected 属性计算得到。这一点可以通过修改 lblCountRows 的 Text 属性来验证：gryBrowse.Selected.DepartDate。

此时，lblCountRows 显示的是当前被选中出差申请单的 DepartDate 值。

当然，虽然系统可以通过标签帮助我们判断究竟选择了哪条申请单，但其仍然是很复杂的。最好的设计应该能直观地反映出当前的选择项，如用颜色标识出来。Power Apps 中与控件外观有关的属性比较多，如填充色、边框颜色、鼠标选中的外观、鼠标悬停的外观等。

请参考图 11-111 修改库的 TemplateFill 属性，突出显示被选中的记录。

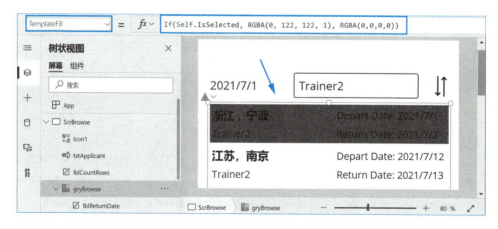

图 11-111

TemplateFill 用于设定库中各行的背景色，Self 代表控件 gryBrowser 本身，IsSelected 代表被选中的记录。用 If 函数判断各行记录是否被选中，将被选中数据的背景色设定为 RGBA(0, 122, 122, 1)，而未被选中的背景色设定为透明，即 RGBA（0,0,0,0）。

单击开发界面右上角的【预览应用】命令，或按【F5】键，此时 App 进入预览运行状态，用以验证前述开发的效果。

### 5. 库执行跳转

此外，我们还希望单击任意行就打开新的页面，并显示详细申请单记录。很显然，这需要库执行跳转到另一个屏幕的功能，即在库的 OnSelect 属性中设计包含 Navigate 函数的公式。

添加一个新的空白屏幕，将其命名为"scrDetails"。scrBrowser 的 OnSelect 设定为 Navigate(scrDetails,ScreenTransition.Cover)。

### 6. 窗体

插入一个编辑窗体，命名为"frmDetails"，其属性 DataSource 为"外地出差登记"。为了对接 scrBrowse 单击的结果，将 frmDetails 的属性 Item 定为 gryBrowse.Selected。与库类似的是，窗体控件是一个容器，可以显示某行数据的众多字段值，但需在内部插入控件，并将子控件属性与字段进行绑定。Power Apps 提供了一种非常便利的布局子控件及绑定字段的方式，如图 11-112 所示。

图 11-112

## 11.5.5 提交设置修改保存数据

### 1. 提交按钮设置

选中 frmDetails，单击右侧属性面板中的"编辑字段"，在弹出的窗口中单击【添加字段】命令，勾选需要编辑的字段之后单击【添加】按钮即可。在添加的字段列表面板中，调整字段之间的顺序关系，直到符合用户的操作习惯。右侧属性面板中的"列""对齐到列""布局"等都会影响最终的排版布局。

当数据修改完成，要将其保存到"外地出差登记"列表，这时需在 scrDetails 屏幕上再插入一个按钮控件，其代表"提交 Submit"功能，其 OnSelect 属性为 SubmitForm(frmDetails)。

为了能让 App 提交当前申请单之后返回 scrBrowser 屏幕，提交按钮的 OnSelect 的属性应该改成图 11-113 的内容，以返回上一屏幕。

图 11-113

OnSelect 一类的属性可以执行多个公式所代表的行为，公式之间用分号分隔。

设置完成后请你按【F5】键进入预览状态进行测试。

2. 日期错位的提示方法设置

在实际业务中，为了提高用户的满意度，我们要考虑的问题往往会比本章节中的描述多得多。例如，DepartDate 早于 ReturnDate，是否可以通过开发减少这个错误？

（1）窗体高级设置

一旦两个日期发生错位，系统会通过颜色标识予以提醒。经检查，发现 frmDetails 的结构比 gryBrowser 还要复杂，包含窗体、卡片、显示字段值的控件共三级结构。

窗体对应一行申请单数据，一张卡片对应一个字段，再下一层，除了显示字段值的控件，还包含了显示错误信息的控件、显示字段名的控件、标记字段是否为必填的控件。我们这里仅把显示字段 DepartDate、ReturnDate 值的控件重命名为 dtpDepartDate、dtpReturnDate。

为了得到 dtpDepartDate 的边框色控制权，需选中该控件，单击属性面板，单击【高级】标签，单击【解锁以更改属性】命令，如图 11-114 所示。

按图 11-115 所示的步骤修改 dtpDepartDate 的 BorderColor 属性（为了突出效果，将 BorderThickness 改为 8）。

（2）按钮高级设置

一种常见的做法是，当 dtpDepartDate 的日期晚于 dtpReturnDate，禁止提交保存。这样就需要修改【提交 Submit】按钮的可用性。在 Power Apps 中，控件是只读还是可编辑或可单击，由其 DisplayMode 属性决定，取值三选一，三个选项如下。

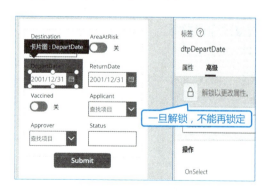

图 11-114

图 11-115

DisplayMode.Edit：可编辑或可单击。

DisplayMode.Disabled：不可用（灰色）。

DisplayMode.View：只读，单击无效果。

仿照 dtpDepartDate 边框的设计思路，按钮的 DisplayMode 属性可修改为图 11-116 中的格式。

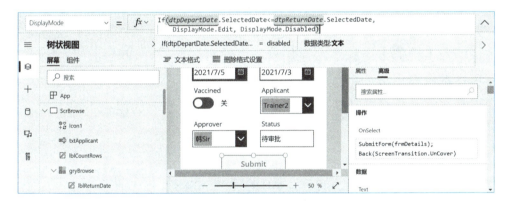

图 11-116

# 反侵权盗版声明

电子工业出版社依法对本作品享有专有出版权。任何未经权利人书面许可，复制、销售或通过信息网络传播本作品的行为；歪曲、篡改、剽窃本作品的行为，均违反《中华人民共和国著作权法》，其行为人应承担相应的民事责任和行政责任，构成犯罪的，将被依法追究刑事责任。

为了维护市场秩序，保护权利人的合法权益，我社将依法查处和打击侵权盗版的单位和个人。欢迎社会各界人士积极举报侵权盗版行为，本社将奖励举报有功人员，并保证举报人的信息不被泄露。

举报电话：（010）88254396；（010）88258888
传　　真：（010）88254397
E-mail：　dbqq@phei.com.cn
通信地址：北京市万寿路173信箱
　　　　　电子工业出版社总编办公室
邮　　编：100036